Das Buch

Rezeptfreie Arzneimittel gegen Alltagsbeschwerden (Schmerzen, Erkältung, Infektionen, Verdauungs- und Schlafstörungen, Vitaminmangel), alle Arten von Körperpflegemitteln (Haut- und Haarreinigungsmittel, Parfüms, Deos, Make-up-Präparate, Zahn- und Mundpflegemittel und viele andere), Zusätze zur Konservierung von Lebensmitteln, Wasser, Back- und Bindemittel, Würz- und Aromastoffe – wir haben uns längst daran gewöhnt, diese Produkte der chemischen Industrie fast täglich in Badezimmer und Küche zu verwenden. Dabei ist es für den einzelnen Verbraucher zumeist unmöglich, das jeweils beste oder auch nur richtige Erzeugnis auszuwählen; Werbung und Verpackung stiften zusätzliche Verwirrung für den Laien. Wie sind diese chemischen Artikel aufgebaut? Welche Wirkungen haben sie? Wie und wann kann sie der einzelne sinnvoll anwenden? Unter welchen Umständen haben sie unheilvolle Folgen für uns und unsere Umwelt? Das Buch gibt grundlegende Informationen über diese Palette chemischer Produkte und bietet über praktische Tips zu Auswahl und Handhabung hinaus auch allgemeinverständlich einen Einblick in die wissenschaftlichen Zusammenhänge. Ein fundiertes Handbuch, das in keinem Haushalt fehlen sollte.

Die Autoren

Dr. Günter Vollmer ist Professor für Chemie und ihre Didaktik an der Universität Düsseldorf. Verfasser zahlreicher Werke für die Aus- und Fortbildung sowie populärwissenschaftlicher Bücher, u. a.: ›Lern- und Arbeitsstrategien‹, ›Streß unter Kontrolle‹, ›Führen und Verantworten‹, ›Pillen, Pflanzen und Patienten‹.
Dr. Manfred Franz ist Akad. Direktor an der Universität Düsseldorf, u. a. tätig am Lehrstuhl für Chemie und ihre Didaktik sowie am Erziehungswissenschaftlichen Institut und in der Lehrerfortbildung; außerdem Dozent am Staatlichen Studienkolleg für ausländische Studierende an der Universität Köln.

Wissenschaft für den Alltag
Herausgegeben von Günter Vollmer

Lebensmittelführer Obst, Gemüse,
Getreide, Brot, Wasser, Getränke
Inhalte, Zusätze, Rückstände
3-13-750901-7

Lebensmittelführer Fleisch, Fisch,
Eier, Milch, Fett, Gewürze, Süßwaren
Inhalte, Zusätze, Rückstände
3-13-750801-0

Strahlen, Wellen, Felder
Ursachen und Auswirkungen auf
Umwelt und Gesundheit
3-13-750601-8

Chemie in Bad und Küche
Körperpflege, Kosmetika, Arzneimittel,
Getränke, Nahrungsmittel
3-13-758301-2

Chemie in Hobby und Beruf
Farben, Holzschutz, Korrosionsschutz,
Klebstoffe, Schweiß- und Lötmaterialien,
Büromaterialien
3-13-758201-6

Weitere Titel in Vorbereitung

Günter Vollmer, Manfred Franz:

Chemie in Bad und Küche

Körperpflege, Kosmetika, Arzneimittel, Getränke, Nahrungsmittel

Mit 14 Abbildungen und 21 Tabellen

Deutscher
Taschenbuch
Verlag

George Thieme
Verlag
Stuttgart · New York

Professor Dr. Günter Vollmer
Lehrstuhl für Chemie und
ihre Didaktik
Universität Düsseldorf
Universitätsstr. 1
4000 Düsseldorf

Dr. Manfred Franz,
Akad. O. R. am Institut für
Chemie und ihre Didaktik
Universität Düsseldorf
Universitätsstr. 1
4000 Düsseldorf

Die Deutsche Bibliothek – CIP-Einheitsaufnahme

Vollmer, Günter:
Chemie in Bad und Küche : Körperpflege, Kosmetika,
Arzneimittel, Getränke, Nahrungsmittel ; mit 21 Tabellen /
Günter Vollmer ; Manfred Franz. – Originalausg. – München :
Dt. Taschenbuch-Verl. ; Stuttgart ; New York : Thieme, 1991
(Wissenschaft für den Alltag)
NE: Franz, Manfred:

Originalausgabe
Juli 1991
Gemeinschaftsausgabe der Verlage Georg Thieme, Stuttgart · New York
und Deutscher Taschenbuch Verlag, München

Umschlaggestaltung: Dominique Loenicker
Gesamtherstellung: C. H. Beck'sche Buchdruckerei, Nördlingen
Printed in Germany
ISBN 3-13-758301-2 (Georg Thieme Verlag)
ISBN 3-423-11266-4 (Deutscher Taschenbuch Verlag)

Inhalt

Kapitel 2
Gesundheit: Arzneimittel

Kapitel 3
Chemie in der Küche: Würzstoffe, Hilfsstoffe, Konservierung

Kapitel 4
Wasser und Getränke

Vorwort

Bad und Küche sind die Verwöhnzonen des Haushalts. Hier geht es um das körperliche Wohlbefinden, hier betrifft uns alles »hautnah«. Kein Wunder, daß es uns »unter die Haut« geht, wenn Produkte dieses Bereichs ins Kreuzfeuer der Kritik geraten. Risiken durch Chemie? Was ist da dran, beziehungsweise: Was ist da drin?

Mit ›Chemie in Bad und Küche‹ unternehmen wir den Versuch, möglichst praxisnah und objektiv über die dort verwendeten chemischen Produkte zu informieren. Dabei beschränken wir uns auf naturwissenschaftliche Argumentationen und zeigen, welche Inhaltsstoffe die behandelten Produkte und Produktklassen enthalten. Mit »objektiv« meinen wir, daß wir die persönliche Konsequenz aus diesen Fakten bzw. die Wahl bestimmter Produkte und die Entscheidung, ob der Leser/Verbraucher gewisse Restrisiken zu tragen bereit ist oder nicht, im allgemeinen nicht durch Wertungen oder Empfehlungen unsererseits beeinflussen. Die gegebenen Hintergrundinformationen und Erklärungen sollen – über die Kenntnis von Einzelfakten hinaus – Zusammenhänge erhellen und so helfen, kompetenter zu handeln, das heißt, chemische Produkte für Bad und Küche gezielter auszuwählen und besser zu handhaben. In den Kapiteln zur »Chemie in der Küche« beschränkten wir uns dabei bewußt auf jene chemischen Produkte, die die Industrie für den Gebrauch im Haushalt vorsieht. Eine umfassende Darstellung des Bereichs »Lebensmittel« geben die ebenfalls zu dieser Reihe, ›Wissen und Praxis‹, zählenden Lebensmittelführer.

Zum Entstehen dieses Buches haben viele Personen durch Informationen, Beschaffen von Materialien und kritische Anmerkungen beigetragen. Ihnen möchten wir danken, vor allem aber Herrn Gerhard Kinzel (Produkte zum Salzen), Frau Dipl.-Trophologin Ch. Biermann und Herrn G. Zacharias (Produkte zum Süßen), Herrn Dr. Fritz Reiners (Bindemittel und Backtriebmittel), Frau Hannelore Heinen und Herrn Hans Joachim Cramer (Arzneimittel) und dem »Industrieverband Körperpflege und Waschmittel e. V.« (Kosmetika). Für aktuelle Hinweise sind wir besonders Frau Birgit Hoffmann und Herrn Univ.-Prof. Dr. Karl Schriever zu Dank verpflichtet.

Ebenso gilt unser Dank den Mitarbeitern beider Verlage, insbesondere Frau Dr. Gertrud Marotz, für ihr Verständnis und ihre Mühe bei der Bearbeitung und Umsetzung des Manuskripts.

Hervorzuheben ist die Mitarbeit von Frau Irmgard Hestermann. Durch ihre Sorgfalt, ihre Umsicht und ihr Engagement bei der Beschaffung und Vorauslese der Informationsquellen und bei vielen anderen

Aufgaben hat Frau Hestermann wesentlich zum Werden dieses Bandes beigetragen.

Bonn und Köln, im Herbst 1990

Günter Vollmer
Manfred Franz

Kapitel 1
Hygiene, Körperpflege, Kosmetik

Die Inhalte dieser drei Begriffe greifen ineinander und dienen schließlich denselben Zielen: der Erhaltung eines gesunden Körpers und seiner Funktionen sowie der Verschönerung seines Äußeren. Die hierfür erhältlichen Produkte dürfen die Gesundheit nicht schädigen und gelangen daher erst nach positiven Beurteilungen von Dermatologen und Toxikologen in die Hände des Verbrauchers. Sie können auch lindernde und heilende Wirkungen haben. Überwiegen diese Wirkungen, gelten sie allerdings als »Arzneimittel«.

Die für Hygiene, Körperpflege und Kosmetik angebotenen Mittel reinigen, pflegen, schützen und verschönern insbesondere unser größtes menschliches Organ, die Haut, ebenso die Haare, Nägel und Zähne. Als Körperhülle stellt die Haut die Verbindung und zugleich Abgrenzung des Individuums zur Außenwelt, zu seiner Umgebung dar. Über sie erfolgt die Kontaktnahme mit allem, was Leben ermöglicht – aber auch gefährden kann.

1.1 Die Haut

Die Haut ist ein für unser Wohlbefinden und Leben sehr wichtiges Organ mit mehreren Funktionen: Stoffwechsel (auch Atmung), Regelung der Körpertemperatur, Schutz des Körpers gegen Austrocknung und gegen äußere mechanische, chemische und bakterielle Einwirkungen. Sie hat außerdem die Funktion eines Sinnesorgans.

Zu Ernährung und Stoffwechsel enthält die Haut Blut- und Lymphgefäße, durch deren Wand hindurch der Austausch von Lymphflüssigkeit, Gasen, Nähr- und Abfallstoffen stattfindet. Die Wärmeregulierung wird von den Kapillargefäßen, dünnwandigen, feinsten Blutgefäßen, und den Schweißdrüsen übernommen: Die Kapillargefäße füllen sich bei einer Überhitzung des Körpers (z. B. durch große körperliche Anstrengung) mit Blut – wobei sie bis zu ein Drittel des gesamten Körperblutes aufnehmen können –, um die Wärme nach außen abzugeben. Deshalb »glüht« die Haut in solchen Fällen. Schweiß schützt durch seine Verdunstungskälte gegen Überhitzung.

Sekrete von Hauttalgdrüsen halten die Haut geschmeidig und helfen bei der Regulierung des Wasserhaushaltes. In der Haut enthaltene freie

Nervenendigungen und besondere sensible Organe vermitteln dem Organismus Tast-, Wärme-, Kälte- und Schmerzreize. Die Haut kann unser körperliches Befinden widerspiegeln: Klima- und Umwelteinflüsse (besonders Hitze- und Sonnenlicht-Einwirkung), Streß, ungesunde Lebensweise und Krankheit, falsche Ernährung und zuwenig Schlaf lassen die Haut welk, alt und ungesund aussehen.

1.1.1 Hautschichten

Mit einer Oberfläche von 1,3 bis 1,7 m^2 ist die Haut das ausgedehnteste Organ des Menschen. Sie besteht aus drei deutlich unterscheidbaren Schichten:
- Oberhaut (Epidermis)
- Lederhaut (Corium, Cutis, Dermis)
- Unterhaut (Subcutis, Hypodermis)

Oberhaut: Die sehr dünne Oberhaut läßt sich bei mikroskopischer Betrachtung noch weiter in eine »Hornschicht« und eine »Keimschicht« unterscheiden.

Die *Hornschicht*, der obere Teil der Oberhaut, besteht aus verhornten, abgestorbenen Zellen, die wie Plättchen neben- und übereinander angeordnet sind und ständig abgeschilfert werden.

Die Hornschicht setzt sich zu etwa 58% aus Keratin, zu etwa 11% aus Fettsubstanzen und zu etwa 30% aus einem Gemisch wasserlöslicher und wasserbindender Stoffe, wie Kohlenhydrate, Aminosäuren, Pyrrolidon-

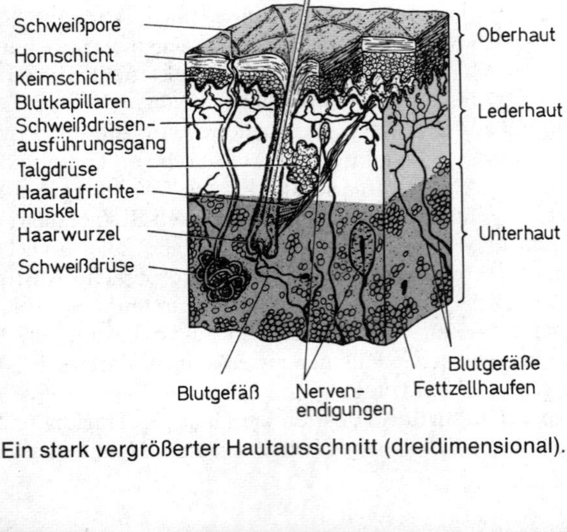

Abb. 1: Ein stark vergrößerter Hautausschnitt (dreidimensional). (25)

carbonsäuren, Harnstoff, Salze usw., dem sogenannten »Natürlichen Feuchtigkeitsfaktor« (»Natural Moisturizing Factor«: »NMF«; siehe dazu den Exkurs »Hautfeuchtigkeitsregulatoren«, Seite 36) zusammen.

Unter der Hornschicht liegt (nach der »Glanzschicht« und der »Körnerschicht«) die *Keimschicht*, in der dauernd neue Zellen gebildet werden, die zur Hornschicht hinaufwandern, hierbei unter Zersetzung absterben und schließlich abgestoßen werden. In einem Zeitraum von etwa 30 Tagen erneuert sich so ständig die gesamte Oberhaut.

In der Keimschicht (und in der nachfolgend erwähnten Lederhaut) befinden sich auch die körnigen Hautpigmente, die der Haut ihre Farbe geben. Hier wird durch bestimmte Zellen das »Melanin« erzeugt, das für die verschiedenen Hautfarben, für Sonnenbräune und Sommersprossen verantwortlich ist.

Lederhaut: Sie ist viel dicker als die Oberhaut und enthält Blutgefäße, Lymphgefäße, Nerven, Schweißdrüsen, Talgdrüsen und Haarwurzeln. Sie besteht zum großen Teil aus faserigem Bindegewebe, welches die Struktur, Elastizität und Spannkraft der gesamten Haut bestimmt. Von hier nehmen die altersbedingten Veränderungen der Haut im wesentlichen ihren Ausgang, indem sich Prallheit, Spannung und Wasserbindungsvermögen verschlechtern, so daß Furchen und Runzeln entstehen und die Haut erschlafft.

Unterhaut: Die Lederhaut geht allmählich in die Unterhaut über, ein lockeres Bindegewebe mit schwammiger Struktur, in das mehr oder weniger Fettzellen eingeschlossen sind. Sie dient vor allem der Wärmeisolierung, als Fettdepot und als Schutz gegen mechanische Stöße und ist an verschiedenen Körperstellen ungleichmäßig dick – die Nase weist fast keine Unterhaut auf, das Gesäß hingegen besonders viel. Wie die Lederhaut, enthält auch sie Blut- und Lymphgefäße, Nerven, Haarwurzeln und Schweißdrüsen.

Nicht nur in bezug auf die Unterhaut, sondern insgesamt ist die Hautdicke an den verschiedenen Körperstellen unterschiedlich: Bei einer Gesamtdicke von 2 mm beträgt die Dicke der Oberhaut etwa 0,2 mm, die der Lederhaut etwa 1,8 mm. Am dünnsten ist die Haut der Augenlider (0,2 bis 0,6 mm), am dicksten die an Handtellern und Fußsohlen (2 bis 4 mm).

1.1.2 Hauttypen

Der Dermatologe teilt im wesentlichen ein in
- trockene (sebostatische) Haut (fettarm und/oder wasserarm),
- normale Haut,
- fette (seborrhoische) Haut.

Der Hauttyp hängt von der Anzahl und Funktion der Talg- und Schweißdrüsen ab, so daß an verschiedenen Körperstellen auch verschiedene Hauttypen vorkommen können. In der Kosmetik kennt man daher zusätzlich den Begriff der Mischhaut: Die Haut von Stirn, Nase und Kinn ist fett, von Wangen, Augenpartien und Hals normal oder trocken.

Viele Faktoren wie Erbanlage, hormonelle Situation (Pubertät, Klimakterium), Hautalterung, Umwelteinflüsse (Sonne, Witterung), psychische Einflüsse, Krankheiten, falsche kosmetische Maßnahmen usw., können den Hauttyp bestimmen bzw. verändern. Der Hauttyp eines Menschen entwickelt sich erst während der Pubertät, da die Talgdrüsen dann heranreifen und ihre Funktion aufnehmen. Bei jüngeren Menschen bis zum 30. Lebensjahr überwiegt eine fette Haut. Da mit dem Altern die Aktivität der Talg- und Schweißdrüsen ständig nachläßt, überwiegt bei den über 50jährigen der trockene Hauttyp.

1.2 Hautreinigungsmittel

Es lassen sich vier verschiedene Methoden der Hautreinigung unterscheiden:
- Reinigung mit Wasser,
- Reinigung mit Öl,
- Reinigung mit festen Stoffen, die den Schmutz adsorbieren,
- Reinigung durch mechanische Verfahren.

Wasser läßt die Hornzellen quellen und weicht sie auf. Durch mechanisches Reiben wird der Schmutz zusammen mit den obersten Hornzellen gelockert und mit Wasser abgespült. Wasser ist ein für die normale Haut unschädliches Reinigungsmittel, doch nur begrenzt wirksam: Denn als ein polares Lösemittel kann es zwar hydrophile (wasserbindende, polare) Stoffe, z. B. Salze, nicht aber hydrophobe (wasserabstoßende, unpo-

Exkurs: Hydrophil – hydrophob

Ein entscheidender Faktor für das Entfernen von Schmutz ist dessen Löslichkeit und Benetzbarkeit mit Wasser. Die meisten Verschmutzungen enthalten sowohl Bestandteile, die von Wasser nicht benetzt werden (hydrophobe, wasserabstoßende Stoffe), als auch solche, die sich von Wasser benetzen lassen (hydrophile, wasserbindende Stoffe). Die hydrophoben Stoffe (z. B. Fette) sind immer wasserunlöslich, die hydrophilen können wasserlöslich oder wasserunlöslich sein.

Warum Stoffe sich in Wasser lösen oder nicht, wird einsichtig, wenn man weiß, daß Wassermoleküle elektrische Dipole sind – also zwei Ladungen mit gleichem Betrag und verschiedenem Vorzeichen tragen –, die durch beträchtliche Kräfte aneinanderhängen. Nur andere starke Dipole oder Ionen können die aneinanderhängenden Wassermoleküle voneinander trennen und sich dazwischenschieben. Stoffe, die sich in Wasser lösen, müssen daher aus Ionen oder Dipolen bestehen (mit Ausnahme weniger unpolarer Stoffe – beispielsweise Chlor –, wenn deren Moleküle genau in die Zwischenräume zwichen den Wassermolekülen hineinpassen). Umgekehrt setzen sich hydrophobe Stoffe aus elektrisch ungeladenen bzw. nicht dipolaren Teilchen zusammen. Da die Anziehungskräfte solcher Moleküle gegenüber Wasser gering sind, gelingt es den Molekülen nicht, in Verbände von einander stark anziehenden polaren Molekülen einzudringen, sie bleiben »unter sich«. Für die Mischbarkeit der beiden Stoffgruppen gilt also die Regel: Ähnliches kann von ähnlichem gelöst werden.

Man kennt aber auch Moleküle, die sowohl eine polare (hydrophile) als auch eine unpolare (hydrophobe) Gruppe enthalten. Zu solchen »amphiphilen« Stoffen gehören die »Tenside«. Sie vermögen aufgrund dieser Zwischenstellung als »Lösungsvermittler« bzw. als »Emulgatoren« (siehe die Seiten 21 und 34) zu wirken.

Je nach Anteil der beiden Strukturelemente »polar«/»unpolar«, die in einem Molekül vereint sein können, tendieren die resultierenden Stoffeigenschaften mehr zu hydrophilem oder hydrophobem Verhalten.

lare) Stoffe, z. B. Fette, lösen. Die unpolare, wasserabweisende Hautoberfläche wird von Wasser sehr schlecht benetzt. Zur Reinigung der Haut von unpolaren Stoffen verwendet man daher entweder Wasser zusammen mit »Lösungsvermittlern« (Stoffen, die in Wasser unlösliche Stoffe löslich oder emulgierbar machen), z. B. mit »Tensiden« (siehe Seite 20), oder unpolare Lösemittel. Diese lösen polare Stoffe zwar schlecht, unpolare jedoch gut. Eine dritte Reinigungsmöglichkeit ist die Verwendung von schmutzadsorbierenden bzw. schmutzaufsaugenden Feststoffen als Reinigungsmittel. Die Hautreinigung durch rein mechanische Verfahren, wie Abschaben oder Abreiben des Schmutzes, dient nur zur groben Entfernung größerer Schmutzmengen. Meist wird die mechanische Reinigung bzw. die milde Schleifwirkung durch Schleifmittel nur zur Wirkungsverstärkung der anderen Reinigungsmethoden eingesetzt. Da sie keiner weiteren Ausführung bedarf, besprechen wir im folgenden nur die ersten drei der genannten Reinigungsmöglichkeiten genauer.

1.2.1 Wasserbasierende Hautreinigungsmittel (Reinigung mit Wasser)

Seifen und Syndets

Seife, genauer Natrium- oder Kaliumseife, ist das älteste und auch heute noch meistgebrauchte Hautreinigungsmittel, obwohl sie ihre Bedeutung als Waschmittel im technischen und textilen Bereich verloren hat. Bei dieser »klassischen« Seife handelt es sich um ein Gemisch von Natrium- oder Kaliumsalzen natürlicher höherer Fettsäuren, z.B. von Natriumstearat $C_{17}H_{35}COONa$, Natriumpalmitat $C_{15}H_{31}COONa$, Natriumoleat $C_{17}H_{33}COONa$ usw. Sie ist ein Anion-Tensid (eine oberflächenaktive Substanz mit einer negativ geladenen hydrophilen Gruppe).

»Synthetische« Seifen, die sogenannten »Syndets«, enthalten als reinigende Komponente synthetische Tenside (die ersten Silben der englischen Bezeichnung »synthetic detergents« ergeben den Namen), z.B. Fettalkoholsulfate, Alkylethersulfate, Monoglyceridsulfate, α-Sulfofettsäureester, Zuckerfettsäureester, Eiweiß-Fettsäure-Kondensationsprodukte und viele andere. Hierbei kann es sich um Anion-Tenside, nichtionische Tenside oder amphotere Tenside handeln (siehe dazu Exkurs »Tenside«, Seite 20). Zur Einstellung der gewünschten Konsistenz und zur Verbesserung der Gebrauchseigenschaften sind den Syndets noch Zusätze, wie Überfettungsmittel, Füll- und Quellstoffe, Wachse usw., beigefügt.

Darüber hinaus befinden sich Gemische aus klassischer Seife und synthetischen Tensiden, die sogenannten »Halbsyndets«, sowie »Hartwasserseifen«, bestehend aus klassischer Seife mit calciumseifendispergierenden synthetischen Zusätzen im Handel.

Der Reinigungsmechanismus ist bei klassischen und synthetischen Seifen gleich: Die Oberflächen- bzw. die Grenzflächenspannung des Wassers wird erniedrigt und der Schmutz besser benetzt und gelöst bzw. emulgiert. Allerdings ist die klassische Seife in hartem Wasser nicht gut wirksam, da hier wasserunlösliche Calciumseifen (»Kalkseifen«) und Magnesiumseifen entstehen. Sie sind es, die Ränder an Wannen und Waschbecken verursachen und sich auch auf der Haut als Niederschläge absetzen können. Außerdem reagieren wäßrige Lösungen klassischer Seife alkalisch (der pH-Wert liegt zwischen 9,5 und 10,8), da die Seifen-

Exkurs: Zu »Seife« und ihrer Bezeichnung

Chemisch versteht man unter »Seifen« die Salze der langkettigen Fettsäuren der Harzsäuren des Kolophoniums und der Naphthensäuren. Die negativ geladenen Teilchen (Anionen) dieser Salze sind die eigentlichen waschaktiven Substanzen (Anion-Tenside): Sie bestehen aus einem langkettigen unpolaren (hydrophoben) Teil, der Kohlenwasserstoff-Gruppe, und einem polaren (hydrophilen) Teil, der negativ geladenen Carboxylat-Gruppe. Durch diesen bifunktionalen »amphiphilen« Aufbau können sie als Lösungsvermittler wirken (siehe Exkurs »Tenside«, Seite 20). Je nach Art des positiv geladenen Teilchens (Kations) spricht man von »Metallseifen« (z.B. Magnesiumseifen), »Aminseifen« (z.B. Triethanolammoniumstearat) usw. – Wie erwähnt, ist die Seife üblicherweise ein Anion-Tensid, doch kommt auch der umgekehrte Fall vor: Bei den »Invertseifen«, synthetischen organischen Salzen, ist das Kation oberflächenaktiv. Sie gelten als Kation-Tenside, denn die langkettigen unpolaren Molekülteile tragen positiv geladene polare (hydrophile) Gruppen.

In der Alltagssprache meint man mit »Seife« die (wasserlöslichen) Natrium- oder Kaliumseifen, d.h. die Natrium- und Kaliumsalze der natürlichen langkettigen Fettsäuren (siehe oben).

Anionen zum Teil mit Wasser Hydroxid-Ionen bilden (R ist der Kohlenwasserstoffrest mit 8 bis 18 Kohlenstoffatomen):

$$R{-}COO^- + H_2O \rightleftharpoons R{-}COOH + OH^-$$

Die oberste Hautschicht reagiert aber schwach sauer (pH-Wert bei Männern durchschnittlich 4,9, bei Frauen 5,6). Beim Waschen mit Seife wird dieser natürliche »Säuremantel« angegriffen, nach guter Spülung jedoch normalerweise innerhalb von 30 Minuten wieder hergestellt. Personen, bei denen sich der Säuremantel langsamer erneuert, vertragen Seife schlecht.

Syndets schäumen und reinigen im Gegensatz zur Seife auch in hartem Wasser (sogar in Meerwasser) und bilden keine unlöslichen Calcium- und Magnesiumsalze, also keine Ränder an Wannen und Waschbecken. Da ihre wäßrige Lösung meist nahezu neutral reagiert, wird der natürliche Säureschutzmantel der Haut kaum angegriffen, so daß bei Seifenunverträglichkeit die Benutzung von Syndets oft geeigneter ist.

Allerdings können synthetische Tenside die Haut stärker entfetten als die klassische Seife. Personen mit trockener Haut betrifft dies besonders nachteilig. Die stark entfettete Haut quillt und entquillt übermäßig schnell: Sie wird erst weich und schwammig und dann unter schneller Wasserabgabe sofort hart, spröde und rissig, so daß Bakterien und Allergene (Stoffe, die bei entsprechend disponierten Menschen Krankheitserscheinungen auszulösen vermögen) leichter in die Haut einzudringen vermögen und Schmutzstoffe besser haften. Bei trockener Haut sind die klassischen Seifen also vorzuziehen, weil sie die Haut weniger auslaugen.

Da an Seifen und Syndets verschiedene Ansprüche gestellt werden, richtet sich ihre Zusammensetzung nach den gewünschten oder benötigten Gebrauchseigenschaften. Im wesentlichen unterscheidet man folgende Seifen- und Syndetarten.

Exkurs: Tenside

Tenside sind oberflächenaktive Substanzen: Sie reichern sich bevorzugt an Grenzflächen an und vermindern die Grenzflächenspannung bzw. die Oberflächenspannung. Eingesetzt werden sie zur Verbesserung der Benetzbarkeit, zur Bildung und Stabilisierung von Emulsionen sowie als »Lösungsvermittler«, d.h. zum Löslichmachen bzw. zur Emulgierung von Stoffen, die in Wasser normalerweise unlöslich sind.

Tenside bestehen aus »amphiphilen« Molekülen, das heißt aus Molekülen mit unpolaren (hydrophoben) und mit polaren (hydrophilen) Gruppen (siehe auch Seite 16). Der unpolare Teil besteht aus einem ketten- oder ringförmigen Kohlenwasserstoffrest. Je nach Ladung bzw. Eigenschaft des polaren Teils unterscheidet man die nachfolgend genannten vier Typen (R = Kohlenwasserstoffrest).

- Anion-Tenside: Die polare Gruppe ist negativ geladen, z.B. $R{-}COO^-$ (Carboxylat), $R{-}SO_3^-$ (Sulfonat), $R{-}O{-}SO_3^-$ (Sulfat), $R{-}O{-}PO_3^-$(Phosphat).
- Kation-Tenside: Die polare Gruppe ist positiv geladen, z.B. $R{-}NH_3^+$ (primäre Ammoniumgruppe), $R_2NH_2^+$ (sekundäre Ammoniumgruppe), R_3NH^+ (tertiäre Ammoniumgruppe), R_4N^+ (quartäre Ammoniumgruppe).
- Amphotere Tenside (Amphotenside): Sie enthalten bei einem bestimmten pH-Wert (dem »isoelektrischen Punkt«, siehe Sei-

te 100) eine negativ geladene und eine positiv geladene Gruppe, sind also »Zwitterionen« bzw. zwitterionische Dipole. Ein Beispiel: $^{+}R_3N-CH_2-COO^{-}$ (Betain).

- Nichtionische Tenside (Niotenside): Ihre polare Gruppe ist ungeladen. Beispiele sind Aminoxide, Polyether, Zuckerester, mit Fettsäuren teilweise verestertes Glycerin und andere Polyalkoholfettsäureester.

An Grenzflächen von Stoffen unterschiedlicher Polarität erfolgt eine Orientierung der Tensidmoleküle, wobei die unpolaren Gruppen mit der unpolaren Phase, die polaren Gruppen mit der polaren Phase in Wechselwirkung treten. Stark vereinfacht, läßt sich der Effekt der Tenside als Lösungsvermittler (auch als Emulgatoren; siehe Seite 34) so veranschaulichen, daß sie sich z. B. in einem Wasser-Fett-Gemisch mit ihrer unpolaren Gruppe in dem hydrophoben Fett verankern und dessen Oberfläche belegen. Die polaren Gruppen der Tensidmoleküle weisen dann nach außen, so daß eine hydrophile Fettoberfläche »vorgetäuscht« wird. Diese kann nun von Wasser benetzt, zerteilt und in Form feinster, mit einem Tensidfilm umhüllter Tröpfchen mit Wasser »gelöst« bzw. emulgiert werden.

Haushaltsseifen

Sie sind die einfachsten klassischen Seifenprodukte, die ausschließlich dem Reinigen im Haushalt dienen. Zur Körperreinigung werden sie nur noch wenig benutzt.

Kernseifen sind feste Seifen (Natriumsalze der Fettsäuren), bei denen die Qualität der Rohfette nicht sehr hoch zu sein braucht. Sie enthalten im wesentlichen nur Parfümöl als Zusatz. Vor allem früher bildeten sie das Ausgangsprodukt für die als Waschmittel verwendeten Seifenflocken. Hierzu werden stark getrocknete Festseifen warm zu einem dünnen Film ausgewalzt und mit Messern zerschnitten.

Schmierseifen sind streichfähige Seifen (Kaliumsalze der Fettsäuren), die als Zusätze zur Verbesserung der Streichfähigkeit und des Wasserbindevermögens z. B. Kaliumcarbonat, Kaliumchlorid und Celluloseether enthalten.

Feinseifen (Toiletteseifen)

Cremeseifen bzw. Hautschutzseifen sind besonders reich an Überfettungsmitteln (bis zu 10%).

Kinderseifen (Babyseifen) sind ebenfalls besonders mild und hautschonend. Spezielle pflegende Zusätze, wie Azulen, Weizenkeimöl, Milcheiweiß usw. pflegen die Haut. Kinderseifen sollen kein freies Alkalihydroxid enthalten, sind sehr mild parfümiert und ohne desodorierende Wirkstoffe.

Deodorantseifen (Deoseifen) enthalten Deodorantien (siehe oben). Die desodorierende Wirkung von Deoseifen hält einige Stunden an, ist aber wesentlich schwächer als die von Deodorants.

Transparentseifen (Glycerinseifen) sind Feinseifen, in die Glycerin, Zuckerlösung, Polyalkohole, Polyvinylalkohol, eventuell Ethanol usw. zur Kristallisationshemmung eingearbeitet sind.

Sie gelten als die heute üblichen Seifen zur Körperreinigung. Man stellt sie aus reinsten Fetten bzw. ausgewählten Fettsäuregemischen her, wobei das Fertigprodukt einen möglichst hohen Prozentsatz an hautverträglichen Fettsäuresalzen enthalten soll. Zum Beispiel reizt reine Kokosseife wegen ihres hohen Natriumlaurat-Gehalts die Haut stärker als reine Talgseife, die hauptsächlich aus Natriumstearat besteht.

Feinseifen können mehrere Bestandteile enthalten, wie nachstehend aufgeführt.

Parfümöle: Oft sind nicht die reine Seife, sondern diese Parfümbestandteile der Grund für Hautreizungen und Hautschädigungen. Am besten verwendet man daher vorsorglich nur leicht parfümierte Seifen. (Außerdem beeinflussen Parfümöle den Preis der Seife erheblich.)

Stabilisatoren (Antioxidantien): Sie werden zugesetzt, um das Ranzigwerden und die hiermit verbundenen Verfärbungen sowie Fleckenbildungen bei längerer Lagerung zu verhindern. Geeignet ist unter anderem Tolylbiguanid.

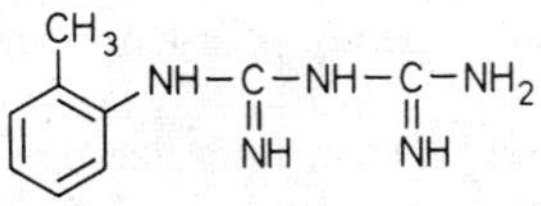

Tolylbiguanid
(Saponox®)

Komplexierungsmittel: Komplexierungsmittel (Komplexbildner) umhüllen zersetzungsfördernde Spuren von Schwermetallen und machen diese durch eine solche »Maskierung« unwirksam. Hierfür eignen sich z. B. Polyphoshate, Trilon®-B, Turpinal® SL, Derivate der beiden Phosphonsäuren 1-Hydroxyethan-1,1-diphosphonsäure und Aminotrimethylenphosphonsäure (s. Formel auf S. 23, oben).

Überfettungsmittel (Rückfetter): Seifen mit »Rückfettern« bewirken eine besonders schonende Reinigung der Haut. Verwendet werden unter anderem Wollwachs (Lanolin), Wollwachs-Derivate, Fettsäuren, Fettalkohole, Fettsäuremonoglyceride, Fettsäurealkanolamide und Lecithin. Der genaue Wirkungsmechanismus ist noch nicht vollstän-

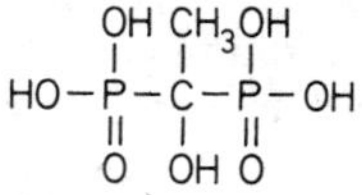

1-Hydroxy-ethan-
1,1-diphosphonsäure

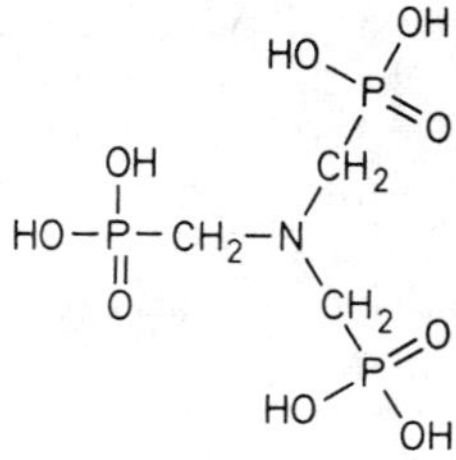

Aminotrimethylen-
phosphonsäure

dig geklärt, doch scheinen diese Stoffe sowohl »rückfettend« zu wirken (d.h., sie setzen sich auf der Haut ab und ersetzen so das durch Waschen entfernte Fett), als auch die entfettende Eigenschaft der Seife abzuschwächen.

Als hautschützend erwiesen sich auch Stoffe, welche die Seifenwirkung durch Schutzkolloid-Bildung mildern, z.B. Carboxymethylcellulose (Tylose®), Eiweiß-Fettsäure-Kondensationsprodukte und andere. Durch solche Stoffe mit Schutzkolloid-Wirkung werden außerdem Schaumqualität, Glanz und Glätte des Seifenstücks positiv beeinflußt und die wasserunlöslichen Calcium- und Magnesiumsalze der Fettsäuren (»Kalkseifen«) teilweise in Lösung gehalten.

Deodorantien: Darunter versteht man Wirkstoffe, die schweißzersetzende Bakterien töten und schlechte Gerüche binden können, z.B. 3,4,4'-Trichlorcarbanilid (TCC) und 2,4,4'-Trichlor-2'-hydroxy-diphenylether (Irgasan® DP 300):

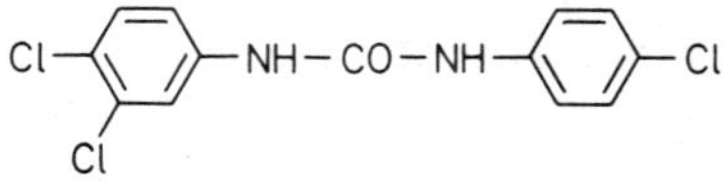

3,4,4'-Trichlorcarbanilid (TCC)

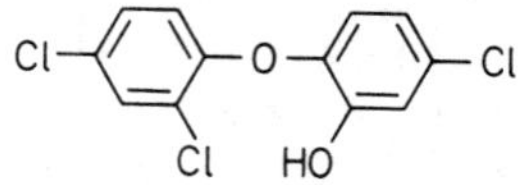

2,4,4'-Trichlor-2'-hydroxy-diphenylether
(Irgasan DP 300)

Medizinische Seifen

Hierbei handelt es sich um Festseifen, zu deren Inhaltsstoffen Desinfektionsmittel (Teer, Schwefel, Chlorphenole usw.) gehören. Sie zählen nicht zu den kosmetischen Mitteln und werden bei Hautkrankheiten angewendet.

Syndets zur Reinigung kranker und empfindlicher Haut

Durch verschiedene Beimischungen erfüllen feste und flüssige Syndets die Anforderung, die Haut nicht zu reizen und bei Unverträglichkeit klassischer Seife ein alternatives Reinigungsmittel darzustellen. Solche hautschonenden Zusätze in festen Syndets sind etwa Lamepon®, neutral oder nur schwach alkalisch wirkende Eiweiß-Fettsäure-Kondensationsprodukte (z.B. $C_{17}H_{33}$-(CO−NH−CHR−)$_x$−COO^-Na^+). Außerdem sollen Gerbstoffe (z.B. Dermolane) eine Adsorption der waschaktiven Substanz am Hautkeratin verhindern. Beimischungen von hochpolymeren Kolloiden dienen als Gleitmittel.

Zu den nachfolgend erwähnten synthetischen Flüssigseifen zählen Lösungen wie die der Natriumsalze von bestimmten Sulfaten und Tauriden (z.B. von Oxystearylsulfat und Oleylmethyltaurid, bekannt als Igepon® T).

Flüssigseifen

Sie werden hauptsächlich in Dusch- und Waschräumen, Toiletten usw. verwendet. Man unterscheidet zwei Arten von Flüssigseifen, solche auf der Basis von natürlichen Ölen und Fetten und synthetische Flüssigseifen.

Flüssigseifen auf der Basis von natürlichen Ölen und Fetten: Hierbei handelt es sich um Kaliumseifenlösungen, die man durch Verseifung von Ölen und Fetten bzw. deren Fettsäuren mit Kaliumhydroxid erhält. Man wählt besonders solche Fette und Öle, die einen hohen Anteil an Fettsäuren mit 8 bis 10 Kohlenstoff-Atomen aufweisen, also besonders Cocosöl oder Palmkernöl. Auch Ricinusöl mit seinem hohen Gehalt an Ricinolsäure ist gut geeignet. Da aber diese mittelkettigen Fettsäuren hautreizende Eigenschaften haben, werden noch Überfettungsmittel zugesetzt. Außerdem enthalten diese Flüssigseifen hautpflegende Substanzen und Parfümöle.

Flüssigseifen auf der Basis von Syndets (Synthetische Flüssigseifen): Sie ähneln in ihrer Zusammensetzung der von Shampoos, Duschgels und ähnlichen Produkten. Als Tenside verwendet man Alkylsulfate (z.B. Natriumlaurylsulfat oder Ammoniumlaurylsulfat), Ethanolaminsalze, Alkylethersulfate, α-Olefinsulfate, Betaine, Aminoxide, Sulfosuccinate und Sarcosinate. Den oft gewünschten »Perlglanzeffekt« erreicht man durch Beimischung von Ethylenglykolstearat. Hinzu kommen noch hautpflegende Stoffe, wie Wollwachs (Lanolin), Wollwachs-Derivate, Protein-Derivate usw.

Hautreinigungsgelees

Sie können ohne zusätzliches Wasser zur Hautreinigung verwendet werden, sind in Tuben abgefüllt und besonders auf Reisen sehr bequem. Man verreibt das Produkt auf der Haut und entfernt es dann mit einem trockenen Tuch oder Papierhandtuch.

Es handelt sich bei den Reinigungsgelees entweder um eine etwa 5%ige wäßrige Syndet-Lösung mit Verdickungsmittel oder um eine wäßrige Emulsion eines organischen Lösemittels mit Syndet-Zusatz.

Durch das Lösemittel werden unpolare Verschmutzungen (Teere, Lacke usw.) entfernt, das Syndet dient als Emulgator für das eingesetzte Lösemittel und gleichzeitig als Waschmittel für die Haut. Verwendet werden nur mild wirkende synthetische Tenside (Niotenside, siehe Seite 20).

Reinigungsmittel für stark verschmutzte Haut (Handreinigungsmittel)
Diese Mittel sind vor allem für die Reinigung stark verschmutzter und mit normalen Seifen schwer zu säubernder Hände bestimmt, z.B. bei intensiven und extrem schmierigen Öl- und Fettverschmutzungen (meist im beruflichen Bereich, wie in der metallverarbeitenden Industrie, in Schlossereien, Autoreparaturwerkstätten usw.). Zusätzlich zu den Tensiden enthalten sie meist noch Scheuermittel (z.B. Quarzmehl, Holzmehl, Kunststoffmehl, Bimssteinmehl, Kalktuffmehl usw.), manchmal auch organische Lösemittel (Alkohole, Aceton, Benzin, Hexalin, Tetralin, Trichlorethylen, Perchlorethylen usw.). Sowohl klassische Seifen als auch Syndets können solchen Mitteln beigemengt sein. Auch werden manchmal hautschonende Stoffe, wie Wollwachs oder Fettalkohole, zugesetzt. Beimischungen von Stoffen mit Quell- und Schutzkolloidwirkung (wie Methylcellulose, Carboxymethylcellulose, Polyacrylate, Stärke usw.) erleichtern die Verteilung der Scheuermittel und unterstützen die Reinigungskraft.

Feste Handreinigungsseifen sind Seifen mit Scheuermitteln als Füllstoffe.

Handreinigungspulver weisen meist einen geringen Tensidanteil (etwa 5% – Seife oder Syndet) auf, dazu in größerer Menge »Builder« (z.B. Polyphosphate, Phosphate, Carbonate, wie Soda, Metasilicate usw.) zur Verbesserung der Waschwirkung der Tenside und Celluloseether (z.B. Methylcellulose) zur Hautschonung und Unterstützung der reinigenden Wirkung.

Handreinigungspasten (Handwaschpasten) sind im allgemeinen Mischungen aus Schmierseife oder Syndet-Pasten (z.B. Fettalkoholsulfat-Pasten), Feuchthaltemitteln (z.B. Glycerin, Glykol, Sorbit), Scheuermitteln, Quell- und Schutzkolloidmitteln und teilweise auch organischen Lösemitteln.

Handreinigungsflüssigkeiten (flüssige Handwaschmittel) gelangen in der Regel als Flüssigseifen mit Beimischungen von organischen Lösemitteln in den Handel.

Gesichtswässer
Sie bestehen im Prinzip aus einer wäßrigen (20- bis 40%igen) Alkohol-Lösung. Verwendet wird Ethanol oder Isopropanol. Isopropanol hat eine bessere fettlösende und desinfizierende, jedoch eine weniger erfrischende Wirkung als Ethanol und stört die Parfümierung durch seinen

Eigengeruch. Gesichtswässer können zur Unterstützung der Reinigung noch Tenside als Lösungsvermittler und Feuchtigkeitsbindemittel zur besseren Hautdurchfeuchtung und Hautglättung enthalten. Manchmal werden den Gesichtswässern adstringierende Stoffe zugesetzt: Pflanzenextrakte, wie Hamameliswasser, oder Salze, z. B. Kaliumaluminiumsulfat (»Alaun«). Da aber die adstringierende (zusammenziehende, also porenschließende) Wirkung für den Reinigungsprozeß nicht günstig ist, werden immer nur kleine Anteile solcher Mittel beigemischt.

In der Kosmetik dienen Gesichtswässer hauptsächlich der Nachreinigung, um restliche wasserlösliche Verschmutzungen (und bei hartem Wasser auch Kalkreste) von der Gesichtshaut zu entfernen. Sie werden daher oft nach der Verwendung von ölbasierenden Reinigungsmitteln (z. B. nach dem Abschminken) und vor dem Auftragen einer Gesichtscreme zur Reinigung und Hautdurchfeuchtung benutzt. Bei Akne und trockener Haut sollte man sie normalerweise nicht verwenden.

1.2.2 Ölbasierende Hautreinigungsmittel (Reinigung mit Öl)

Das Entfernen von Verschmutzungen, die hauptsächlich aus unpolaren Stoffen bestehen (z. B. Make-up) gelingt mit unpolaren Lösemitteln besser als mit Wasser. Als hautmilde unpolare Lösemittel verwendet man in der Kosmetik überwiegend Öle und Fette, oft in Form von mehr oder weniger viskosen Emulsionen (Cremes, Milchen usw.). Je nach Zusammensetzung unterscheidet man »Öl-in-Wasser-Emulsionen« (O/W-Emulsionen), »Wasser-in-Öl-Emulsionen« (W/O-Emulsionen) und »Mischemulsionen« (Näheres dazu siehe Seite 34).

Ölbasierende Reinigungsmittel enthalten meist große Anteile an Paraffin-Kohlenwasserstoffen (Vaseline, Mineralöle und Mineralwachse), manche zusätzlich auch milde Tenside und Polyethylenglykol als Lösemittel. Da Mineralöle und Mineralfette im Gegensatz zu den pflanzlichen und tierischen Fetten oder Ölen nicht in die Haut eindringen, besteht die Gefahr der Bildung einer wasserundurchlässigen, daher schweiß- und wärmestauenden Schicht auf der Hautoberfläche sowie einer Porenverstopfung. Durch Beimischen von Emulgatoren oder Fetten mit verzweigten Kohlenwasserstoff-Resten läßt sich diese nachteilige Eigenschaft vermindern.

Bei trockener oder empfindlicher Haut sind ölbasierende Hautreinigungsmittel günstiger als die Benutzung von Wasser mit Tensiden, da die Haut weniger stark entfettet, der Säuremantel weniger angegriffen wird und die wasserlöslichen und wasserbindenden Hautbestandteile (»Feuchtigkeitsfaktor«) kaum entfernt werden.

Hautreinigungsöle und wasserfreie Fettcremes (Liquefying Cleansing Creams)

Das natürlichste gut wirksame und gut hautverträgliche Reinigungsöl ist reines Olivenöl. Der Handel bietet als Reinigungsöle meist einfache Mischungen von Ölen und Wachsen an.

Die wasserfreien Reinigungscremes sind auf eine optimale Viskosität eingestellt: nicht zu dünnflüssig, damit der Schmutz nicht zerfließt und nicht zu zäh, damit beim Verteilen auf der Haut und beim Abwischen möglichst wenig Reibung auftritt. Viele dieser Cremes sind so zusammengesetzt, daß sie »thixotropes« Verhalten zeigen, d.h. unter Druck (beim Auftragen) dünnflüssiger werden (Zur Thixotropie siehe nachstehenden Exkurs.)

Die Wasserdurchlässigkeit und somit die Hautfreundlichkeit des nach dem Abwischen verbleibenden Fettfilms erreicht man durch Zusetzen von Emulgatoren oder Fetten mit verzweigten Kohlenwasserstoff-Resten.

Neben pflanzlichen Ölen und Mineralölen können die Reinigungsmittel noch Isopropylpalmitat, Oleylalkohol, Butylglykolether, Butylstearat, Polyethylenglykol und anderes in größerer Menge enthalten.

Hautreinigungsemulsionen W/O-Typ (Reinigungscremes, Cleansing Creams)

Sie ähneln den wasserfreien Reinigungscremes, nur ist zur besseren Entfernung der wasserlöslichen Verunreinigungen zusätzlich Wasser ein-

Exkurs: Thixotropie

Unter Thixotropie versteht man die Erscheinung, daß gelartige Stoffe bei der Einwirkung mechanischer Kräfte (z.B. Rühren, Schütteln, Pressen usw.) sich ohne Änderung des Wassergehalts verflüssigen und danach wieder verfestigen. Zum Beispiel sind Lacke und andere Anstrichmittel durch Thixotropiermittel während des Streichens dünnflüssig.

Bei kosmetischen Präparaten erhält man thixotrope Eigenschaften z.B. durch Beimischung von Paraffinwachs, Walrat oder Cetylpalmitat zu Ölgemischen. Zur Stabilisierung einer solchen thixotropen Creme werden noch Bindemittel (z.B. Cetylalkohol und Wachse, wie das gereinigte Erdwachs Ceresin, Ozokerit, Bienenwachs usw.) eingearbeitet. Vor allem Reinigungs- und Massagecremes werden thixotrop eingestellt, damit sie sich beim Auftragen auf die Haut sofort verflüssigen.

emulgiert und der Anteil an hautfreundlichen wasserbindenden und emulgierenden Stoffen (Wollwachs, Wollwachsalkohole, Cetylalkohol usw.) größer. Bei zu hoher Konzentration können letztere allerdings durch Anhaften zusammen mit dem Schmutz an der Hautoberfläche die Reinigung erschweren.

Hautreinigungsemulsionen Mischemulsionstyp (Cold-Cream-Typ)
Wie die W/O-Typ-Cremes enthalten sie oft mehr Öle und Fette als Wasser, liegen aber durch ein spezielles Emulgator-System (meist Bienenwachs-Borax-Emulgator) weder als reine W/O- noch als reine O/W-Emulsion vor.

Cold Creams haben wegen ihres speziellen Emulsionstyps eine sehr glatte Konsistenz, eine schneeweiße Farbe und sind leicht streichbar. Sie werden oft als »Allzweckcremes« – als Reinigungscreme, »Sportcreme«, »Nachtcreme« und anderes – verwendet. Doch empfiehlt es sich, je nach beabsichtigtem Einsatzbereich Cold Creams mit darauf abgestimmter Rezeptur auszuwählen: Eine Cold Cream mit hohem Mineralölgehalt ist eine gute Reinigungscreme, aber keine gute Nachtcreme, da Mineralöle kaum in die Hornschicht eindringen. Umgekehrt ist es unnötig, eine gute und teure Nachtcreme, die wertvolle Pflanzenöle enthält, als Reinigungscreme zu nehmen, wenn eine speziell für die Hautreinigung konzipierte Cold Cream mit Mineralölen denselben Dienst leistet.

Hautreinigungsemulsionen O/W-Typ (Reinigungsmilchen, Cleansing Lotions)
Bei diesen milchartigen Emulsionen überwiegt der »Öl-in-Wasser«-Typ. Sie bilden den Übergang zwischen ölbasierenden und wasserbasierenden Hautreinigungsmitteln. Oft unterscheidet der Verbraucher nicht zwischen den auf die Hautpflege ausgerichteten Körperlotionen (z.B. Hautmilchen) und den Reinigungslotionen (Reinigungsmilchen): Bei Verwendung einer Körperlotion (Hautmilch) als Tagescreme sollte für eine Pudergrundlage die Ölphase größtenteils aus Stearin und eventuell Glycerinmonostearat bestehen. In einer Hautmilch zur Hautreinigung bewähren sich Mineralöle besser. Die Emulgatoren in den Reinigungslotionen (Reinigungsmilchen) sind meistens Aminseifen (z.B. Triethanolaminstearat), da diese weiche Emulsionen ergeben, oder sie sind nichtionisch. Vitamine oder andere Wirkstoffe sind hier zweckentfremdet und nutzlos eingesetzt. Kleinere Mengen von Glycerin oder Schleimstoffen bzw. Wollwachs und Cetylalkohol können günstig wirken, führen in größeren Mengen aber zur Klebrigkeit auf der Haut bzw. vermindern die reinigende Wirkung.

Gesichtswaschcremes
Hierbei handelt es sich um wasserverdünnbare Öl-in-Wasser-Emulsionen mit Mineralölen (z. B. Paraffinöl) und größeren Anteilen an nichtionischen und anionischen Tensiden bzw. Emulgatoren (z. B. Natrium-Cetylstearylsulfat, Cetylstearylalkohol, Glycerinmonostearat, Natriumlaurylethersulfat, Polyoxyethylensorbitanmonostearat usw.). Außerdem kann unter anderem noch Isopropylmyristat, Stearinsäure, Cetylalkohol oder Wollwachs enthalten sein. Nach dem Auftragen läßt sich die Creme mit Wasser abwaschen, wobei gelöste und emulgierte Schmutzteilchen, Make-up-Reste und Hautschüppchen entfernt werden.

1.2.3 Reinigung mit festen Stoffen, die den Schmutz adsorbieren

Bei dieser Reinigungsmethode adsorbieren und saugen geeignete Bestandteile (Krümel) die Verunreinigungen auf. Die Reinigungswirkung ist oft gut und hautschonend, sofern nicht stark alkalische, stark scheuernde Stoffe oder große Mengen Desinfektionsmittel beigegeben werden.

»Krümelige« Präparate
Sie sind unter dem Namen »Mandelkleie« im Handel, selbst wenn sie keine Mandelkleie enthalten. Mandelkleie (Mandelmehl) ist der getrocknete und pulverisierte Preßrückstand echter Mandeln, der häufig durch die billigeren Preßrückstände von Aprikosen- oder Pfirsichkernen teilweise oder vollständig ersetzt wird. Roßkastanienmehl unterstützt die Reinigung durch seinen Gehalt an Saponinen. Andere Zusätze sind Iriswurzel- und Veilchenwurzelpulver, Bohnenmehl, Stärkepulver, Talkum und manchmal auch Seifenpulver. Oft wird noch feiner Seesand zur mechanischen Reinigung zugesetzt. Quarzmehl ist dagegen ungeeigneter, da seine Teilchen scharfkantig sind. Die Parfümierung von Mandelkleie-Präparaten erfolgt hauptsächlich mit Bittermandelöl.

Cremige Präparate (Rolling Creams)
Hier enstehen die »Krümel« erst nach Verdunsten des Emulsionsmittels Wasser. Adsorptionsmittel sind meist Celluloseether, verschiedentlich auch Stärke oder Hartparaffin. Ein Zusatz von Ethanol wirkt entquellend und beschleunigt so die »Krümelbildung«. Außerdem werden manchmal Glycerin, Lanolin, desinfizierende Substanzen und bei Präparaten für die Handreinigung auch wasserunlösliche organische Lösemittel zugesetzt.

1.2.4 Wissenswertes für die Praxis

Ölbasierende Hautreinigungsmittel reinigen die Haut schonender als die wasserbasierenden Hautreinigungsmittel, sind daher oft das Mittel der Wahl in der Gesichtspflege. Sie dringen nicht sehr tief in die Haut ein, wirken nicht quellend und nicht oder nur wenig entfettend. Bei der Anwendung der ölbasierenden Hautreinigungsmittel sollte man stets auf die in der Packungsbeilage gegebenen Empfehlungen achten. Das Präparat nicht in die Haut drücken oder reiben, also nicht einmassieren, denn damit würde der gelöste Schmutz wieder in die Haut gepreßt.

Für das Entfernen von Fettschminken (Theater- oder Karnevalsschminken, Rouge, Make-up) eignen sich besonders die wasserfreien, nicht emulgierten Reinigungscremes.

Gesichtswässer trocknen die Haut aus, wenn man sie nicht unmittelbar nach dem Aufbringen mit einem Kosmetiktuch oder ähnlichem abnimmt. Je trockener die Haut ist, desto geringer sollte der Alkoholgehalt des Gesichtswassers sein: Für trockene Haut sollte er höchstens 20% betragen, normale Haut verträgt einen Alkoholgehalt von 25 bis 40%, fette Haut bis zu 50%.

1.3 Badezusatzmittel

Badezusatzmittel werden wegen ihrer Reinigungs- und Pflegewirkung, aber auch (oft sogar hauptsächlich) wegen ihrer »tonisierenden« Eigenschaften benutzt, also zur Steigerung des Lebensgefühls und Wohlbefindens (Anregung, Erfrischung, Entspannung, Entkrampfung usw.) durch z. B. angenehmen Duft oder üppigen weichen Schaum. Heilkräuter- und andere Pflanzenextrakte können zusätzlich wohltuend wirken und die Durchblutung der Haut fördern.

Die meisten Badezusatzmittel enthalten synthetische waschaktive Substanzen (Syndets). Da Wasser in Verbindung mit Syndets die Haut stark entfetten und austrocknen kann, sollte man die Einwirkzeit auf die Haut nicht zu lange ausdehnen. Ein Wannenbad von zehn bis fünfzehn Minuten ist erfrischend und wohltuend, eine längere Badezeit hebt diesen Effekt wieder auf. Zu häufiges Baden laugt die Haut bei Anwendung eines Schaumbads bzw. Zusetzen waschaktiver Substanzen aus und entzieht ihr zuviel Fett. Besser ist tägliches Duschen und nur ein bis höchstens zwei Vollbäder pro Woche. Die Temperatur des Badewassers sollte zwischen 32 und 37 °C liegen. Eine Wassertemperatur von 37 °C gilt als nervenberuhigend, mehr als 40 °C sind belastend für Haut und Kreislauf.

Bezüglich der verschiedenen Hauttypen bestehen folgende Faustregeln:
- für fettige Haut: Schaumbäder (sie entfetten die Haut)
- für normale Haut: Schaum- oder Cremeschaumbäder
- für trockene, spröde Haut: Ölbäder, stark überfettete Cremeschaumbäder
- für sehr empfindliche Haut: spezielle Babybäder.

Badesalze sind meist universell verwendbar, da sie keine oder nur sehr wenige Tenside enthalten. Allerdings sollte man bei trockener und empfindlicher Haut bedenken, daß manche Badesalze alkalisch reagieren.

Schaumbäder

Schaumbad-Präparate dienen zur Reinigung der Haut und zur Erfrischung im Wannenbad. Sie geben dem Badewasser Schaum sowie angenehmen Geruch und verhindern auch die Bildung eines Badewasser-Schmutzrandes. Sie sind meistens flüssig, seltener pulverförmig und enthalten als wichtigste Wirkstoffe nicht zu aggressive synthetische Tenside (z. B. Ethersulfate, Alkoholsulfate usw.) in ziemlich unterschiedlicher Menge (bis über 60%). Billige Produkte enthalten verhältnismäßig wenig waschaktive Substanzen. Sie schäumen zwar, doch handelt es sich nur um »optischen Schaum«, denn solche Schaumbäder besitzen keine gute Reinigungskraft. Zusätzliches Anwenden von Feinseifen zerstört den Syndet-Schaum, da Seifen als Schauminhibitoren wirken. Bei Schaumbädern mit hohem Anteil an Tensiden braucht man zur Entfernung von normalen Hautverschmutzungen nicht zusätzlich Seife zu benutzen.

Um die austrocknende und entfettende Wirkung der Tenside abzuschwächen, werden Schaumbädern – wie den Feinseifen – »Rückfetter« und andere hautpflegende, auf die Haut übergehende Stoffe zugesetzt: etwa Fettsäurealkanolamide, Dinatriumsalze von Sulfobernsteinsäurefettsäure-alkanolamiden, Fettsäure-Eiweiß-Kondensate usw. Billigprodukte enthalten weniger solcher pflegenden Zusätze und schäumen stärker. Schaumbäder mit einem hohen Gehalt an rückfettenden Substanzen entwickeln dagegen weniger Schaum. Dies trifft vor allem auf die sogenannten »Cremeschaumbäder« zu.

Zugesetzte Parfümöle und Kräuterextrakte haben die Aufgabe zu erfrischen und zu beleben bzw. zu entspannen. Darüber hinaus können noch Wasserenthärtungsmittel und Füllstoffe, z. B. Polyphosphate und andere anorganische Salze zugesetzt sein. Eine hautnährende Wirkung durch Zusätze von Vitaminen und Spurenelementen zu Schaumbädern ist umstritten. Abgesehen von der grundsätzlichen Diskussion über den Sinn einer Zumischung solcher Wirkstoffe in kosmetischen Mitteln scheinen diese speziell bei Badepräparaten wegen ihrer hohen Verdünnung und kurzen Einwirkzeit kaum eine maßgebliche Wirkung zu haben.

Cremeschaumbäder
Hierbei handelt es sich um Schaumbäder, die in Form einer Emulsion eine größere Menge Überfettungsmittel (z. B. Isopropylfettsäureester, Wollwachs-Derivate, flüssige Fettalkohole), manchmal auch Öle und feste Fette enthalten. Diese Zusätze mildern die auslaugende (allerdings auch reinigende) und schäumende Wirkung der Tenside mehr oder weniger.

Badeöle (Ölbäder)
Badeöle haben keine reinigende, sondern nur eine hautpflegende Wirkung: Sie ziehen auf die Haut auf, machen sie glatt und geschmeidig und schützen sie gegen Austrocknung. Die klaren, flüssigen Präparate bestehen meist zu 75 bis 85% aus pflanzlichen Ölen, Paraffinölen, Isopropylfettsäureestern, Laurinsäurehexylestern, Stearinsäurebutylestern, Ölsäuredecylestern usw., zu 5 bis 15% aus nichtionischen öllöslichen Tensiden als Emulgatoren und bis zur 10% aus Parfümölen.

Badeöle schäumen nicht und enthalten keine ionischen Tenside. Einfache Badeöle breiten sich als dünne Schicht auf dem Badewasser aus und überziehen die Haut mit einem sichtbaren Ölfilm (der die Kleidung verschmutzen kann und sich oft von der Wannenwand schwer entfernen läßt).

Emulgatorhaltige Badeöle bilden mit Wasser stabile, milchähnliche Emulsionen, die das Öl auf der Haut verteilen und keinen sichtbaren Ölfilm hinterlassen. Als Emulgatoren verwendet man oxy-ethylierte und oxy-propylierte Fettalkohole (wie oxy-ethylierter Laurylalkohol), oxyethylierte Sorbitan-, Glycerin- und Pentaerythritfettsäureester.

Wirkstoffbäder (medizinische Badezusätze), Etherisch-Öl-Bäder bzw. Parfümölbäder
Duftende und sonstige Wirkstoffe sind in größerer Menge in »Parfümölbädern« bzw. speziell in »Etherisch-Öl-Bädern« oder in »Drogenvollextrakt-Bädern« enthalten.

Die Parfümöle bzw. die etherischen Öle werden in neutral oder sauer reagierenden Lösungsvermittlern gelöst, weil viele Parfümöle und etherische Öle alkaliempfindlich sind. Solche Emulgatoren können sein: Polyoxyethylensorbitanmonolaurat (»Tween® 20«), sulfoniertes Ricinusöl (»Türkischrotöl«), Glykolether und andere. Diese Zusätze bleiben nicht an der Wannenwand zurück, verhindern Schmutz- und Kalkseifen-Ränder und haben eine gewisse Schaumwirkung.

Bei den Drogenvollextrakt-Bädern handelt es sich um Kräuterextrakte, die entweder ohne weitere Zusätze zum Badewasser gegeben werden oder den anderen Badepräparaten beigemischt sind.

Die Duft- und anderen Pflanzenwirkstoffe reizen im Badewasser die Haut (Anregung der Durchblutung). Die flüchtigen Stoffe (wie die verdampfenden etherischen Öle) wirken durch Inhalation auch auf Schleimhäute und Atemwege. Alltagsbeschwerden erfahren Linderung, wobei ein Teil der belebenden Wirkung auf seelische Faktoren zurückzuführen ist: Die Wirkung der Gerüche wird als wohltuend und die Farbe des Badewassers als angenehm empfunden.

Besondere, häufig altüberlieferte Wirkstoffbäder dienen der Bekämpfung spezieller Erkrankungen (33).

Bademilchen

Sie sind »Öl-in-Wasser«-Emulsionen, wobei die Ölphase hauptsächlich aus Parfümöl besteht. Ihre Wirkung gleicht denen der Parfümölbäder, nur sind sie billiger.

Badesalze und Badetabletten

Ihre Aufgabe ist die Enthärtung, Färbung und Parfümierung des Badewassers. Zu diesem Zweck enthalten sie Parfümöle, Farbstoffe und als Hauptbestandteil anorganische, zum Teil großkristalline Salze, wie z. B.

- Natriumchlorid,
- Natriumsulfat: schöne Kristalle, aber nicht wasserenthärtend,
- Borax: kleine gleichmäßige Kristalle, reagiert mild alkalisch, ist leicht anfärbbar, nicht hygroskopisch (wasseranziehend), wasserenthärtend, doch in kaltem Wasser schwer löslich,
- Natriumcarbonat (»Soda«): wasserfrei ein feines Pulver, kristallwasserhaltig schöne, aber zerfließende Kristalle, reagiert alkalisch, wasserenthärtend,
- Natriumphosphate und Natriumpolyphosphate: sind gute Wasserenthärter und reagieren unterschiedlich stark alkalisch.

Tonisierende (stärkende) und adstringierende (»zusammenziehende«) Badesalze können zusätzlich noch Meeressalze, Magnesiumsulfat, Aluminiumsulfat usw. enthalten.

Sprudelnde Salze ergeben entweder »Kohlensäure-Bäder« oder »Sauerstoff-Bäder«. Durch Beimischung von Natriumhydrogencarbonat und festen organischen Säuren (z. B. Citronensäure, Weinsäure usw.) entwickeln die Salze beim Auflösen in Wasser Kohlendioxid, durch Beimischung von Peroxo-Verbindungen (Natriumperborat, Natriumpercarbonat usw.) in Kombination mit festen Säuren (Bernsteinsäure, Adipinsäure usw.) oder Mangan(II)-sulfat (als Katalysator) wird im Kontakt mit Wasser Sauerstoff frei.

Badetabletten enthalten neben feingemahlenen Salzen, Parfümölen und Farbstoffen noch Bindemittel (z. B. Talkum, Kieselsäure, Magnesium-Aluminium-Silicate, Stärke usw.) und Sprengmittel (z.B. Natriumcarboxymethylcellulose, Gelatine und Pektine). Letztere erleichtern durch Aufquellen den Zerfall in kleine Bruchstücke und auf diese Weise eine schnellere Auflösung der Tabletten. Auch hier können gasentwickelnde Mischungen und geringe Mengen von Tensiden eingearbeitet sein.

Duschbäder
Weil sie beim Duschen direkt auf die Haut aufgebracht werden, enthalten sie niedrigere Tensid- und Parfümölkonzentrationen und höhere Anteile an rückfettenden Mitteln als die Präparate für Wannenbäder. Zusätzlich sorgen Verdickungsmittel (z.B. Methylcellulose, Carboxymethylcellulose, Alginate usw.) für die richtige Viskosität, die ein leichtes und gleichmäßiges Verteilen auf der Haut ermöglicht.

1.4 Hautpflege- und Hautschutzmittel

Die Anzahl der kosmetischen Mittel zur Pflege und zum Schutz der Haut ist beträchtlich. Sie bieten sich in vielen Zubereitungsformen an: als Cremes, Lotionen, Öle, Lösungen, Suspensionen, Gele, Puder, Aerosole, Schäume und Stifte.

Hautpflegemittel haben vor allem den Zweck, den Fett- und Feuchtig-

Exkurs: Emulsionen

Allgemein versteht man unter einer Emulsion die feinste Verteilung einer Flüssigkeit in einer anderen, nicht mit dieser mischbaren flüssigen Phase. Bei den kosmetischen Mitteln zur Hautpflege und zum Hautschutz spielen Emulsionen eine besondere Rolle. Hier sind es feinste Verteilungen von Wasser (Wasserphase), wasserunlöslichen Ölen, Fetten oder öllöslichen synthetischen Stoffen (generell als Ölphase bezeichnet).

Bei einer »Öl-in-Wasser-Emulsion« (O/W-Emulsion) sind kleinste Tröpfchen (meist mit einem Durchmesser von 0,001 bis 0,005 mm) der Ölphase in einer geschlossenen Wasserphase so fein verteilt, daß man die einzelnen Tröpfchen nicht mehr mit bloßem Auge, sondern nur noch unter dem Mikroskop erkennen kann (ähnlich wie bei Milch).

Bei einer »Wasser-in-Öl-Emulsion« (W/O-Emulsion) ist die Wasserphase in einer geschlossenen Ölphase feinst verteilt (ähnlich wie bei Butter).

Bei einer sogenannten »Mischemulsion« bestehen O/W- und W/O-Verteilung nebeneinander, obwohl die Ölphase mengenmäßig überwiegt. Solche Mischemulsionen liegen in den sogenannten »Cold Creams« vor: Beim Auftragen einer klassischen Cold Cream auf die Haut wird das instabil emulgierte Wasser zum Teil freigesetzt und bewirkt beim Verdunsten Verdunstungskälte.

O/W-Emulsionen lassen sich leicht von W/O- und Mischemulsionen unterscheiden: Man trägt die Emulsionen auf eine glatte Fläche auf und versucht, mit Wasser abzuspülen; nur die O/W-Emulsionen, nicht aber die anderen Emulsionen lassen sich mit Wasser verdünnen und abspülen.

Die Bildung einer Emulsion geschieht durch Hilfsstoffe, sogenannte »Emulgatoren«. Emulgatoren verhindern das Zusammenfließen der emulgierten Teilchen, indem sie deren Oberflächen gleichartig aufladen (so daß die Teilchen einander abstoßen) oder indem sie die Teilchen als stabile, oft hochviskose Schutzschicht umhüllen.

Die unpolare Gruppe der Emulgatoren kann 6 bis 22 Kohlenstoffatome enthalten. Je nach der Ladung bzw. Eigenschaft der polaren Gruppe unterscheidet man (da meist Tenside – siehe Seite 20 – als Emulgatoren dienen, deren Einteilung entsprechend) anionische, kationische, amphotere und nichtionische Emulgatoren. (Der Emulgator der klassischen Cold Creams war Bienenwachs, jener der modernen Cold Creams ist häufig eine Bienenwachs-Borax-Mischung.)

Oft fügt man noch »Stabilisatoren« hinzu, um eine Zersetzung der Emulsion (Demulgierung) zu verhindern. Stabilisatoren sind Stoffe, die in Wasser kolloidale Lösungen bilden und die emulgierten Tröpfchen mit einem Schutzfilm umgeben (Schutzkolloid-Wirkung). Diese Fähigkeit haben Tragant, Stärke, Dextrine, Pektine, Alginate, Cellulose-Derivate, Eiweißstoffe, synthetische Polymere, wie Polyvinylalkohol usw.

keitsverlust der Haut infolge von Waschen, Witterungs- und Umwelteinflüssen usw. auszugleichen und die Oberhaut vor Austrocknung zu schützen. Damit die Haut weich und elastisch bleibt, sollte die Hornschicht mindestens 10% Wasser enthalten. Eine Verjüngung der Haut läßt sich allerdings durch kein kosmetisches Mittel erreichen, wohl aber eine Verbesserung ihrer Glätte und Elastizität sowie eine Verlangsamung des Alterns: Die Zufuhr von Feuchtigkeitsbindemitteln (»Feuchtigkeitsfaktoren«) erhöht das Wasserbindevermögen der Hornschicht, und Fette oder Öle dienen als isolierende und verdunstungshemmende Schutzschicht. Auch Collagen (ein lösliches Gerüsteiweiß aus dem Bindegewebe junger Tiere) kann, als kittende und wasserbindende Substanz, die Hornhaut geschmeidig und elastisch halten und hautglättend wirken. Vorteilhaft ist dies besonders bei alter Haut, deren Collagen-Gehalt fortschreitend abnimmt. Eine Tiefenwirkung von Collagen-Präparaten ist jedoch umstritten.

Hautpflegemitteln zugesetzte Vitamine und manche Hormone können das Aussehen der Haut ebenso für einige Zeit lokal verbessern. Doch fehlt in vielen Fällen noch der wissenschaftliche Nachweis für Eigenschaften, die die Werbung solchen Mitteln zuschreibt. Manche Wirkstoffe verschönern das Erscheinungsbild der Haut durch eine hautstraffende (etwa infolge leichter Quellung) und durchblutungsfördernde Wirkung. Diskutiert wird allerdings die Gefahr, daß eine dauernde Anwendung dieser Mittel die Haut überlastet und sie schneller erschlafft bzw. altert. Wie schon erwähnt, ist keines der Präparate in der Lage, die

Exkurs: Hautfeuchtigkeitsregulatoren

Die Keimschicht und die darunter liegenden Hautschichten werden durch eine zwischen Keimschicht und Hornschicht liegende Membran vor dem Austrocknen geschützt. Die Hornschicht schützt sich durch wasserbindende Substanzen gegen ein Austrocknen, die Wasser aber herauslösen kann. Dieser »Natürliche Feuchtigkeitsfaktor« (NMF) der Hornhaut besteht aus Aminosäuren, Natriumsalzen der Milchsäure und 2-Pyrrolidon-5-carbonsäure, Glucosamin, Harnstoff, Harnsäure, Kohlenhydraten sowie aus Alkali- und Ammoniumsalzen von Hydroxycarbonsäuren. Hautpflegemittel (z. B. Feuchtigkeitscremes) enthalten oft Stoffe, die im NMF der Haut vorkommen oder eine ähnliche feuchtigkeitsregulierende Wirkung haben, z. B.

- Aminosäuren (Glutaminsäure, Arginin, Histidin, 2-Pyrrolidon-5-carbonsäure, Natriumlactat),
- Collagen-Hydrolysate,
- Zucker (Pentosen),
- Reaktionsprodukte von D-Glucose und L-Glutaminsäure,
- Milchsäure, Hydroxybernsteinsäure (im Gurkensaft) und Polyhydroxycarbonsäuren.

Nach Entfernung des Hautfettes kann Wasser den NMF herauslösen, so daß die Hornschicht austrocknet, spröde und rissig wird. In solchen Fällen empfiehlt sich die Zufuhr von Hautfeuchtigkeitsregulatoren.

Nicht zu verwechseln sind diese Feuchtigkeitsregulatoren (Feuchthaltefaktoren) mit den sogenannten »Feuchthaltemitteln« (z. B. Glycerin, Sorbit oder anderen Polyalkoholen), die ein Eintrocknen der kosmetischen Präparate verzögern bzw. verhindern sollen. Solche Feuchthaltemittel verbessern nicht das Feuchthaltevermögen der Hornschicht, sondern können entgegengesetzt wirken: Sie nehmen zwar Feuchtigkeit auf, geben diese allerdings in trockener Luft auch leicht wieder ab, so daß dann diese Stoffe den tieferliegenden Hornhautschichten Wasser entziehen und die Haut dadurch sogar austrocknen können.

Haut tatsächlich zu verjüngen, bestenfalls erhält sie vorübergehend ein jüngeres Aussehen.

Ebensowenig ist eine Ernährung der Haut durch Hautpflegemittel möglich, sie läßt sich nur über den Blutkreislauf erzielen. (Begriffe wie »Nährcreme« usw. sind also höchst fragwürdig.)

Wichtig für eine gesunde Haut sind: keine übertriebenen Sonnenbäder, gesunde, eiweiß- und vitaminreiche Ernährung, Förderung der Hautdurchblutung (z. B. durch Sport), viel frische Luft und ausreichender Schlaf. Sind Schäden entstanden, können geeignete Hautpflegemittel zur Wiederherstellung des normalen Hautzustandes beitragen, indem sie die Haut vor weiterem Austrocknen und vor dem Eindringen von Fremdkörpern so lange schützen, bis sich wieder genug neues Oberflächenfett gebildet hat und sich der Wasserhaushalt der Hornschicht wieder normalisiert hat.

Hautpflegende Präparate auf der Basis von Fettstoffen eignen sich speziell zur Korrektur einer Entfettung und werden vor allem bei der Pflege der Gesichtshaut angewendet.

Hautpflegepräparate auf der Basis von Glycerin und ähnlichen wasserbindenden Stoffen sind besonders wirksam gegen Austrocknungserscheinungen. Sie sind vor allem als Handgelees und Handlotionen im Handel.

Eine Zwischenstellung zwischen dekorativen und pflegenden kosmetischen Mitteln nehmen die Präparate ein, die zur Glanzabdeckung bei fetter Haut oder als Grundlage für Puder oder Make-up verwendet werden (z. B. Tagescreme, Vanishing Cream usw.).

Für die verschiedenen Hauttypen werden auch unterschiedliche Rezepturen angeboten. Bei trockener Haut ist meist eine fetthaltigere Emulsion (z.B. W/O-Emulsion), bei Mischhaut, fetter oder relativ feuchter Haut ist meist ein fettärmeres Produkt vorteilhafter. Doch lassen sich für die Emulsionstypen keine generellen Anwendungsregeln aufstellen: Manche Öl-in-Wasser-Emulsionen können der Haut nur wenig gebundene Feuchtigkeit geben, wenig glätten und sogar einen starken Fettfilm zurücklassen. Umgekehrt werden auch Wasser-in-Öl-Emulsionen abgeboten, die auf der Haut nur einen geringen Fettrückstand hinterlassen. Die Wirkung des jeweiligen Produkts hängt von der Spreitfähigkeit (dem Ausbreitungsvermögen auf einer Oberfläche) und dem Eindringvermögen der verwendeten Fette in die Haut ab (z.B. dringen Stearate besser in die Haut ein als Mineralöle).

Die Grundbestandteile der Cremes und Lotionen sind hauptsächlich Öle, fettähnliche Stoffe und Wachse sowie Emulgatoren. Die Wasserphase enthält neben Konservierungsstoffen manchmal noch Feuchthalte- und Verdickungsmittel. Außerdem werden geeignete Parfümöle zugesetzt.

Hautpflege-Lotionen sind meist mehr oder weniger zähflüssige milchartige O/W- bzw. W/O-Emulsionen. Sie sind besser zu handhaben als die Cremes und ziehen verhältnismäßig schnell in die Haut ein.

Hautschutzmittel bilden einen dünnen, geschmeidigen Schutzfilm auf der Haut, der im Idealfall wie ein unsichtbares, nicht spürbares, völlig undurchlässiges Kleidungsstück wirkt.

1.4.1 Kosmetische Mittel mit überwiegender Hautpflegewirkung

Fettcremes

Dieser Cremetyp ist je nach Zusammensetzung unter den Namen Emollient Cream, Cold Cream, Nachtcreme, Hautnährcreme, Allzweckcreme allgemein bekannt. Fettcremes bestehen aus einem Wachs-Öl-Gemisch ohne oder mit nur einem geringen Anteil an Mineralölen, emulgierend wirkenden und für eine geschmeidige Haut sorgenden Fettstoffen wie Wollwachs, Wollwachsalkohole, höhere Fettalkohole (z.B. Cetylalkohol), Glycerinmonostearat usw., die zugleich auch das Wasserbindevermögen und die Hautfreundlichkeit von Mineralölen erhöhen. Manchmal enthalten sie noch weitere Emulgatoren, Parfümöle und andere spezielle Zusatzstoffe (z.B. Vitamine usw.).

Fettcremes können als wasserfreie Gemische, W/O-, O/W- und Mischemulsionen vorliegen. Cremes vom O/W-Typ enthalten zusätzlich Feuchthaltemittel (Glycerin, Sorbit usw.), um das Austrocknen der Creme in der Dose zu verhindern. Fettcremes sind auch in Form von flüssigen Hautlotionen (Hautmilchen, Körperlotionen usw.) erhältlich.

Sie überziehen die Haut mit einer dünnen, sichtbaren, glänzenden

Fettschicht, welche die Hautoberfläche glättet und die Wasserverdunstung verzögert.

So sind die meisten *Nachtcremes* W/O-Emulsionen mit zum Teil hochwertigen Pflanzenölen und oft noch mit Vitamin- oder Pflanzenextrakt-Zusätzen. W/O-Emulsionen entsprechen weitestgehend den physiologischen Bedingungen der Haut, weil das Hautfett ebenfalls in Form einer W/O-Emulsion vorliegt. Diese Emulsionsform eignet sich daher vor allem als Grundlage für Stoffe, die fettlöslich sind und von der Haut rasch aufgenommen werden sollen. Nachtcremes reinigen die Hautoberfläche von den in der Ölphase löslichen Talgablagerungen, die zusätzlichen Wirkstoffe sollen in die Haut eindringen und pflegend wirken.

Glycerin-Präparate

Diese Hautpflegemittel kommen vor allem in Form von Handlotionen und Handgelees auf den Markt. Sie trocknen auf der Haut zu einem hygroskopischen (wasseranziehenden) Film ein, der Wasser bindet und so auf der Hautoberfläche hält: Die Haut wird geglättet und ein weiteres Austrocknen der Hornschicht verhindert (in trockener Luft jedoch: siehe Exkurs »Hautfeuchtigkeitsregulatoren«, Seite 36).

Die Präparate enthalten meist etwa 10 bis 20% Glycerin. Eine höhere Glycerin-Konzentration würde die Haut reizen. Glycerin kann teilweise oder ganz durch Sorbit-Sirup oder Propylenglykol ersetzt werden. Weitere Zusätze können sein: Polyethylenglykole (sind nicht fettend und wasserbindend), nicht klebrig wirkende Schleim- und Gallertstoffe, manchmal auch Ethanol zur Beschleunigung des Eintrocknens auf der Haut.

Eine Beimischung von Fettstoffen (z. B. Glycerylmonostearat) oder Siliconölen schützt die Haut gegen weitere schädliche Einwirkungen.

Seltener wird Honig als wasserbindender Bestandteil eingesetzt.

Hautgelees und Hautlotionen auf Glycerin-Basis müssen sehr gut konserviert sein, da sie sonst leicht (besonders bei Verwendung natürlicher Schleimstoffe) bakteriell zersetzt werden oder schimmeln.

Zur Parfümierung verwendet man wasserlösliche oder wasserunlösliche Parfümöle.

Wirkstoffpräparate

Die Zahl der für die Hautkosmetik angepriesenen Wirkstoffe ist groß und steigt ständig an. Doch viele (besonders manche Vitamine und Pflanzenextrakte) werden leider oft ohne exakte vorherige Untersuchungen bzw. klinische Überprüfung kosmetischen Mitteln zugesetzt, da solches erlaubt ist, solange keine nachteiligen Wirkungen bekannt sind. Der Zusatz von Hormonen tierischen Ursprungs ist dagegen generell verboten. Einige bekannte Wirkstoffe und Wirkstoffkombinationen, die mehr oder weniger erfolgreich zur Hautpflege eingesetzt werden, sind Vitamine, Enzyme, Schwefel und schwefelhaltige Stoffe, Allantoin,

Azulene, vitaminreiche Öle, Placenta-Extrakt und andere tierische Organextrakte, Pflanzen und Pflanzenkeimextrakte, eingedickte Fruchtsäfte und Gemüsesäfte, Gelée royale, Pollen und Heilpflanzenauszüge.

Vitamine: Der Begriff bezeichnet organische Stoffe, die der Organismus nicht selbst herstellen kann, aber braucht, um gesund und leistungsfähig zu bleiben. Normalerweise bezieht er sie aus der Nahrung, und der Blutkreislauf transportiert sie dorthin, wo sie benötigt werden. Auch die Haut erhält die zu ihrer Neubildung notwendigen Vitamine durch den Blutkreislauf. Eine äußerliche Anwendung kann den Vitaminbedarf der Haut keinesfalls decken, sondern in einigen Fällen lediglich pflegend, vereinzelt auch heilend wirken. (Näheres zu den einzelnen Vitaminen siehe Seite 157.)

Enzyme (Fermente): Sie erleichtern schon in kleinster Menge die im Körper stattfindenden chemischen Reaktionen. Sie wirken meist sehr spezifisch, d.h., sie begünstigen nur bestimmte Reaktionen. In der Kosmetik werden sie meist in Form von Wirkstoffkomplexen (z.B. Placenta-Extrakt) und selten rein angewendet. Proteinasen, das sind eiweißabbauende Enzyme, werden in Wundbehandlungssalben, Gesichtsmasken und bei Schälkuren angewendet. Die Proteinasen brechen das alte Zellgewebe ab. Andere Enzympräparate sollen die Durchblutung und Elastizität der Haut verbessern.

Schwefel und schwefelhaltige Stoffe: Schwefel ist eines der besten und meistverwendeten Heilmittel bei Verhornungsstörungen. In kolloidaler Form und in Form organischer Verbindungen setzt man ihn bei der Behandlung von Akne, Kopfschuppen und Seborrhöe ein.

Reizstoffe: Sie schädigen das Hautgewebe geringfügig, um die Gewebeaktivität durch Abwehrreaktionen zu stimulieren (Förderung der Durchblutung, vermehrte Neubildung von Zellen usw.). So können Eiweiß-Hydrolysate (Protein-Hydrolysate) nicht nur pflegen (Filmbildung, Glättung von Haut und Haaren), sondern auch das körpereigene Eiweiß reizen, indem sie in das Hautgewebe eindringen und dort einen Abwehreffekt hervorrufen. Bei den Eiweiß-Hydrolysaten handelt es sich um ein Gemisch wasserlöslicher Poly- und Oligopeptide sowie Aminosäuren, die bei der säure- und enzymkatalysierten Spaltung von tierischem Eiweiß (Collagen und Gelatine) entstehen. Speziell der Haarbodenstimulierung dienen noch verschiedene andere Reizstoffe, z.B. Ameisensäure und Nicotinsäureester.

Allantoin: Dieses 5-Ureidohydantoin ist im Harn der Säugetiere und in vielen Pflanzen (z.B. Roßkastanienrinde, Ahorn, Weizenkeimen, Schwarzwurzeln, Saft roter Rüben usw.) enthalten und auch synthetisch leicht zugänglich. Es wird bei der Wundheilung eingesetzt, da es die Zellregeneration und damit die Vernarbung fördert. Kosmetische Mittel mit Allantoin-Zusatz beseitigen rauhe, aufgesprungene Haut, machen sie glatt und geschmeidig. Dieser gut hautverträgliche und ungiftige Wirkstoff wird vor allem in Handpflegemitteln eingesetzt (0,1 bis 0,5% Gehalt).

Azulen: Es ist ein aromatischer, zu Naphthalin isomerer (d.h. gleiche chemische Summenformel, aber verschiedene Struktur und Eigenschaften aufweisender) Kohlenwasserstoff mit blauer Farbe. Das wasserunlösliche Azulen und seine Derivate (Guajazulen, Vetivazulen, Chamazulen usw.) gehören zu den wirksamen Bestandteilen des Kamillenextraktes. Sie sind auch synthetisch zugänglich. Ihre Wirkung ist entzündungshemmend und entzündungsheilend. Eingesetzt werden sie z.B. in Haut- und Haarcremes, Sonnenschutzpräparaten, Mundwässern, Zahnpasten usw.

Wirkstoffkomplexe: Nachfolgend sei kurz auf Wirkstoffkomplexe eingegangen. Darunter versteht man Präparate pflanzlichen oder tierischen Ursprungs, die chemisch nicht einheitlich sind und ihre kosmetische Wirkung meist mehreren Wirkstoffen verdanken. Oft sind allerdings nicht alle Einzelwirkstoffe des Komplexes bekannt. Befinden sich einzelne Wirkstoffe in einem Komplex, so kann sich deren sonst übliche Wirkung verstärken oder abschwächen. Aber auch Stoffe, die für sich wirkungslos sind, können in Wirkstoffkomplexen zu einer bestimmten Wirkung beitragen. Verwendet werden verschiedene pflanzliche und tierische Produkte, wie sie nun genannt sind.

- Pflanzliche und tierische Öle. Diese können Vitamine oder andere Wirkstoffe (z.B. Östrogene, Lecithine usw.) enthalten. Natürliche Vitamine sind z.B. den Hautfunktionsölen, Antifaltenölen und Hautnährölen zugesetzt. Diese beinhalten neben pflanzlichen Ölen (wie Olivenöl, Ricinusöl usw.), Wollwachsalkoholen, manchmal noch Heilpflanzenauszüge, etherische Öle, Konservierungsmittel, Antioxidantien (gegen Ranzigwerden) und Farbstoffe.
- Placenta-Extrakt und andere tierische Organextrakte. Placenta-Extrakt ist ein Wirkstoffkomplex vor allem mit den Wirkstoffen Vitamin A, C, E, B_2, B_{12}, Folsäure und Biotin, Aminosäuren, Fermenten, Verbindungen der Spurenelemente Magnesium, Silicium, Phosphor, Calcium, Mangan, Eisen, Kupfer und mit unterschiedlichen Hormongehalten (je nach Alter der verwendeten Placenta). Die für die Herstellung kosmetischer Mittel angebotenen Placenta-Extrakte sind allerdings hormonfrei. Die Wirkung besteht in der Förderung der Durchblutung, Anregung des Hautstoffwechsels und Straffung der Haut. Das Gesicht erhält Farbe und eine frische Tönung, die Haut wird glatt und wirkt jünger, leichte Falten verschwinden ganz, tiefere werden abgeflacht (für einige Stunden). Placenta-Extrakt wird in verschiedenen Hautpflegemitteln eingesetzt: z.B. in Hautfunktionsölen, Antifaltenölen, Antifaltencremes und -gelees, Gesichtsmasken usw. Auch andere Organextrakte, etwa aus See- und Landweichtieren, Ovarien usw. gewonnen, finden

in kosmetischen Hautpflegemitteln Verwendung, doch gilt der Placenta-Extrakt als einer der meistversprechenden Wirkstoffkomplexe der modernen Kosmetik.

- Extrakte aus Pflanzen und Pflanzenkeimen, eingedickte Frucht- und Gemüsesäfte, Heilpflanzenauszüge. Wirkstoffkomplexe aus Pflanzen, Pflanzenkeimen und aus anderen Pflanzenteilen scheinen wertvolle biologische Eigenschaften zu besitzen. Eingedickte, konservierte Säfte reifer Früchte und Gemüse sollen in reiner Form oder als Zusatz für Cremes, Milchen oder Gesichtsmasken durch ihren Gehalt an Vitaminen, Pflanzenhormonen, Wachstumsfaktoren, hauterweichenden Bestandteilen usw. eine hautpflegende Wirkung haben. Breitere Untersuchungsergebnisse fehlen bislang. Seltener sind kosmetischen Hautpflegemitteln auch Heilpflanzenauszüge beigegeben, z. B. Heilpflanzenextrakte, die gegen Hautschäden empfohlen werden. Je nach der Zusammensetzung der Wirkstoffkomplexe zeigen sich unterschiedliche Wirkungsschwerpunkte: Wirkung durch Vitamingehalt (vergleiche aber Seite 40), Wirkung durch organische Schwefel-Verbindungen (z. B. Zwiebel- und Meerrettichextrakt), entzündungshemmende Wirkung (z. B. Johanniskrautöl und Kamillenextrakt), reizende Wirkung (z. B. Arnikatinktur).
- Gelée royale. Gelée royale (Bienenköniginnenfutter, Weiselfuttersaft) bewirkt die Entwicklung einer normalen Bienenlarve zur Königin. Es enthält neben Wasser, Eiweißstoffen, Kohlenhydraten unter anderem noch Vitamine (besonders Pantothensäure und andere B-Vitamine), Acetylcholin und Bienensexualwirkstoffe. Gelée royale soll eine verbesserte Durchblutung und ein Aufleben frühzeitig erschlaffter Haut bewirken. Klinische Untersuchungen ergaben aber bislang kein einheitliches Ergebnis.

Gesichtspackungen (Gesichtsmasken)

Hierbei handelt es sich um cremeförmige oder mit Wasser verdünnte, pastöse Mischungen, die man auf die gut gereinigte Gesichtshaut aufträgt und dort einige Zeit einwirken läßt. Hauptzweck der Gesichtsmasken ist die Hautpflege. Man wendet sie z. B. als Abschluß einer kosmetischen Behandlung oder auch, ohne diese, zwischendurch zu Hause an – jedoch nicht häufiger als einmal, höchstens zweimal in der Woche.

Sehr wichtig ist allerdings, die zum individuellen Hauttyp passende Maske zu finden. Gesichtsmasken sind fast immer nur für bestimmte Hauttypen, selten für alle geeignet. Das gilt auch für die »Do-it-yourself-Masken«: Eine Quarkmaske etwa trocknet die Haut aus und ist daher nur für fette Haut günstig. Andere Packungen vermehren die Feuchtigkeit der Hornschicht und fetten die Haut etwas nach, was bei

Exkurs: Liposome

Vielversprechend ist der Einsatz von »Liposomen« zum Transport von unpolaren (hydrophoben) und polaren (hydrophilen) Wirkstoffen in die tieferen Hautschichten. Doch sind die Forschungen keineswegs abgeschlossen und viele Probleme noch ungelöst.

Liposome sind wasserlösliche, kugelförmige Aggregate bestimmter fettähnlicher Tensidmoleküle (Lecithin und anderer Phospholipide sowie synthetischer Lipide) mit einem Durchmesser von etwa 10 nm bis zu mehreren μm. Sie besitzen einen Innenraum mit einer wäßrigen Phase. Die Hydrophilie der Bläschen beruht auf der Bildung einer Tensid-Doppelschichtmembran mit polaren Oberflächen, die unpolaren (hydrophoben) Molekülteile bleiben in das Innere der Membran gerichtet. Liposome können daher als Transportmittel sowohl für unpolare Wirkstoffe (gelöst in dem unpolaren Teil der Membranhülle) als auch für polare Wirkstoffe (gelöst in der Hohlraumflüssigkeit) dienen. Mit genügend kleinen Liposomen (kleiner als 250 nm) lassen sich wasserlösliche Stoffe durch hydrophobe Hautzonen transportieren. Anwendbar ist dieses Verfahren z. B. zum Transport des Hautfeuchtigkeitsregulators Natrium-Pyrrolidoncarbonat.

Der Einsatz von Liposomen in kosmetischen Mitteln läßt viele vorteilhafte und neue Wirkungen erhoffen, z. B. ein gleichmäßiges Durchdringen der gesamten Hornschicht, der Schutz empfindlicher Wirkstoffe vor Luftsauerstoff oder Enzymen, die Verwendung bisher nicht einsetzbarer Wirkstoffe, eine gute Hautverträglichkeit sowie die Verschmelzungsmöglichkeit mit der Zellmembran (wegen der Ähnlichkeit mit der Zellmembranstruktur) usw.

trockener Haut nötig ist. Schädlich kann auch sein, wenn eine Maske, die speziell für ältere, welke Haut konzipiert wurde, auf jüngere gesunde Haut einwirkt, da dann der Hautstoffwechsel durcheinandergeraten kann.

Vor der Anwendung von Masken sollte man also unbedingt eine Hautdiagnose stellen lassen. Je nach Rezeptur kann man mit Masken folgende Wirkungen (mehr oder weniger speziell oder kombiniert) erreichen:

Anregung der Durchblutung, Vermehrung des Feuchtigkeitsgehalts der Hornschicht oder Entfettung und Austrocknung, adstringierende (porenverkleinernde) Wirkung, faltenglättende Wirkung, hautpflegende Wirkung.

Die vielen verschiedenen käuflichen Fertigmasken lassen sich einteilen in

Creme-Masken: Sie bleiben nach dem Auftragen meist weich und werden nach der Einwirkzeit mit Wasser oder Gesichtswasser abgenommen oder mit einem Tuch sanft abgewischt.

Fest auftrocknende Masken: Sie erstarren auf dem Gesicht. Nach dem Einwirken wäscht man sie mit Wasser ab.

Peel-off-Masken: Sie bilden nach dem Auftragen auf die Haut einen elastischen Film, der nach der Einwirkzeit einfach abgezogen wird.

Schaummaske (Feuchtigkeitsschaum): Im Gegensatz zu den anderen Maskenarten soll sie in der Regel möglichst ganz in die Haut einziehen. Verbleibende Reste werden einmassiert oder mit einem Tuch entfernt. Bei diesen Masken handelt es sich um Feuchtigkeitscremes in Schaumform. Im Unterschied zu der »Schaumcreme« ist die »Schaummaske« nicht auf Stearat-Basis aufgebaut, sondern sie enthält statt dessen Fettsäuretauride, -sarcoside oder Protein-Hydrolysate.

Trockencremes

Man bezeichnet sie auch als »Tagescremes«, »Mattcremes«, »Vanishing Creams« usw. Sie ziehen in die Haut ein, ohne einen Fettglanz zu hinterlassen. Sie schützen die Haut ohne fettiges Aussehen, geben fetter Haut einen Matteffekt und dienen als Haftgrundlage für Gesichtspuder und Make-up. Oft, besonders bei der sogenannten »Gesichtspflegecreme«, werden auch noch mehr oder weniger große Mengen an Hautfeuchtigkeitsregulatoren (siehe Seite 36), Polyalkoholen, manchmal Allantoin, Vitaminen und anderen hautpflegenden Wirkstoffen zugesetzt.

Trockencremes sind meist auf Stearat-Basis aufgebaut, d. h. Öl-in-Wasser-Emulsionen. Als Emulgator dient hauptsächlich eine Mischung von Triethanolamin und Stearinsäure (wobei sich die Aminseife, Triethanolamoniumstearat bildet), außerdem Cetylstearylalkohol, Glycerinmonostearat und weiteres. Moderne Cremes enthalten nichtionische Emulgatoren anstelle von alkalisch reagierenden anionischen Emulgatoren.

Hautmilchen, wie Gesichtslotionen, Körperlotionen usw., basieren ebenfalls häufig auf Stearat und haben dann die gleiche Wirkung wie die Trockencremes. Hautmilchen können sowohl fettend als auch nichtfettend wirken. Desgleichen sind die als Make-up-Grundlage verwendeten *Pudercremes* oft Trockencremes, denen lediglich noch Puder beigemischt wurde (siehe Seite 74).

1.4.2 Kosmetische Mittel mit überwiegender Hautschutzwirkung

Schutz gegen Witterungseinflüsse, Chemikalien und Verschmutzungen
Schutzmittel gegen Hautschädigungen durch Witterungseinflüsse, Wasser und wäßrige Lösungen, Chemikalien und Verschmutzungen (meist industrieller Art) überziehen die Haut mit einem »Barriere«film, der nicht absorbiert wird. Solche schützenden Barrieremittel sind meistens Paraffin-Kohlenwasserstoffe (mineralische Öle, Vaseline) und mineralische sowie pflanzliche Wachse. Ein hervorragendes Barrieremittel sind auch die Silicone (Siliconöle und Siliconwachse), das sind siliciumorganische Verbindungen z. B. der Zusammensetzung:

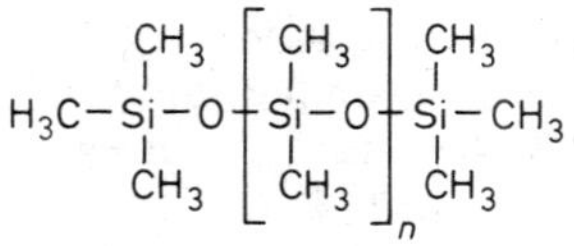

Sie sind absolut haltbar, gegen Einwirkung von ätzenden Chemikalien und Hitze außerordentlich widerstandsfähig, stark wasserabstoßend und hautungefährlich (ungiftig und verträglich). Ihre Oberflächenspannung ist gering, sie lassen sich daher leicht auf der Haut verteilen. Ihre Viskosität (Zähflüssigkeit) ist kaum temperaturabhängig, sie zerfließen deshalb bei Hitzeeinwirkung weniger stark als andere Cremes. Im Gegensatz zu Paraffinen (Vaseline usw.) besteht bei Siliconschichten auf der Haut keine Gefahr von Wärmestauungen. Silicone haben eine gewisse Antioxidans-Wirkung und können manche empfindlichen Wirkstoffe stabilisieren.

Weitere Zusätze in den Barrierepräparaten können sein: Isopropylpalmitat oder Isopropylmyristat (Erhöhung der Streichfähigkeit), Bienenwachs und Walrat (Erhöhung der Festigkeit). Zusätze von Wollwachs (Lanolin) und ähnlich wirkenden Stoffen erhöhen die Hautfreundlichkeit und Haftfähigkeit der Mittel, verhindern eine Schweißstauung, verringern dafür aber die Schutzwirkung etwas, da der Schutzfilm durch sie wasserdurchlässiger wird.

Der Handel bietet Barrierepräparate in wasserfreier Form, als W/O-, Misch- und O/W-Emulsionen (Stifte, Salben, Cremes, Gelees) und als alkoholische Lotionen an. Die meisten von ihnen lassen sich durch Waschen mit Wasser und Seife wieder entfernen, einige spezielle Präparate jedoch nur mit Hilfe organischer Lösemittel.

Wasserfreie Barrieremittel
Wasserfreie Hautschutzpräparate, die vor allem in nördlichen Gegenden und dort besonders im Winter benutzt werden, sind im allgemeinen wasserfreie Fettcremes mit einem hohen Anteil an Paraffinen und Fett-

alkoholen. Sie schützen die Haut gegen Feuchtigkeits- und Wärmeverluste.

Zu den wasserfreien Barrieremitteln zählen Vaseline, Fettstifte, Sonnenschutzstifte und Sportöle, ebenso die sogenannten »unsichtbaren Handschuhe«.

Vaseline ist eine gereinigte Mischung halbfester Kohlenwasserstoffe. Natürliche Vaseline wird aus Destillationsrückständen paraffinhaltiger Erdöle gewonnen. Sie ist ein altes Hausmittel zum Schutz der Nasengegend gegen Schleimhautreizung bei Schnupfen und der Haut von Kleinkindern. Durch Zusatz von Zinkoxid und anderen Füllstoffen wird Vaseline streichfähiger und weniger klebrig.

Fettstifte dienen als Lippenpomaden hauptsächlich dem Schutz der Lippen und sollen auch deren Geschmeidigkeit erhalten. Sie bestehen aus Wachsen, Kohlenwasserstoffen, Siliconölen und anderen Ölen, wie Ölsäureoleylester, Ricinusöl, Isopropyllinoleat, Isopropylmyristat, Oleylalkohol und anderen Fettalkoholen.

Sonnenschutzstifte sind Fettstifte mit zusätzlichen UV-Filtersubstanzen (siehe unten).

Sportöle bzw. Hautschutzöle sind Hautöle mit Zusätzen von Mineralölen oder Siliconölen.

Bei unsichtbaren Handschuhen handelt es sich um völlig wasserundurchlässige Barrierepräparate. Man verwendet sie z. B. beim Arbeiten mit ätzenden oder toxischen wäßrigen Lösungen. Allerdings verhindern sie die Schweißverdunstung (Wärmestau und allmähliche Loslösung des Schutzfilms sind die Folgen). Sie werden mit stark entfettend wirkenden organischen Lösemitteln entfernt. Nach der Reinigung sollte man die Haut daher mit einer Fettcreme pflegen. Filmbildner für »unsichtbare Handschuhe« sind z. B. Benzoeharz, Bienenwachs, Mastix (das von kultivierten Mastixbäumchen stammende Harz), Ethylcellulose usw.

»Unsichtbare Handschuhe« als Schutz vor organischen Lösemitteln enthalten als Filmbildner z. B. Natriumalginat, Triethanolaminalginat, Celluloseether, Polyacrylate, den Pflanzengummi Tragant, Gelatine, Natriumsilicat (Natronwasserglas), Polyvinylalkohol usw.

Schutzpräparate gegen Staub, Schmutz, Schmieröle, Teer und ähnliches decken die Haut ab und verstopfen die Porenöffnungen durch beigemischte Feststoffe wie Kaolin, Talkum, Zinkstearat, Wachse usw.

Barrierepräparate in Form von Emulsionen

Diese Hautschutzmittel werden je nach dem primären Verwendungszweck als »Sportcremes«, »Babycremes«, »Allwettercremes«, »Handschutzcremes«, »Hautschutzsalben« usw. bezeichnet, wobei Rezeptur und Wirkung in allen Fällen ziemlich ähnlich sind.

Ölreiche Rezepturen verdanken ihre Schutzwirkung mehr den Mineralöl- und Wachsbestandteilen, wasserreichere Rezepturen (O/W-Typ-Emulsionen) zeigen eine trotz des hohen Wassergehaltes sehr gute Schutzwirkung durch Siliconöle.

Alkoholische Schutzlotionen
Sie sind im allgemeinen als Lösungen von Siliconölen in Ethanol zubereitet.

Schutz gegen mechanische Beanspruchung der Hornschicht (Gleit- und Massagemittel)
Hierzu zählen Mittel mit guter Schmierwirkung zur Erhöhung der Gleitfähigkeit sowie wasseraufsaugende Mittel, die ein Quellen der Haut verringern oder verhindern sollen. Sie sind nötig, damit die Hornschicht bei mechanischer Beanspruchung (Massagen, Wundreiben durch dauernde Bettlägerigkeit, besonders auch bei feiner Babyhaut) nicht übermäßig abgeschabt wird.

Als Schmiermittel dienen meist Mineralöle, ebenso Siliconöle und Pflanzenöle (z.B. Olivenöl, Erdnußöl, Sonnenblumenöl, Ricinusöl usw.). Isopropylpalmitat und ähnliche Stoffe erleichtern das Verstreichen und mindern den »fettigklebrigen« Charakter. Wollwachs, Cetylalkohol und andere Emulgatoren verbessern das Haftvermögen auf der Haut und vermeiden Wärme- und Schweißstauungen. Die Präparate werden in flüssiger und in cremiger Form angeboten. Sie sind oft thixotrop (»Thixotropie« siehe Seite 27) eingestellt.

Körper- und Kinderpuder haben als Grundlage Talkum, Kolloid-Kaolin, die Tonerde Bentonit (Aluminiumsilicat), Magnesium-Aluminium-Silicate, *Bolus alba* (ein sehr fein geschlämmter weißer Ton), Magnesiumhydroxidcarbonat und Kieselgel. Zink- und Magnesiumstearat verbessern die Haftfähigkeit der Puder, Carbonate (Calciumcarbonat) verleihen ihnen die Leichtigkeit. Stärke empfiehlt sich für Kinderpuder oder für Puder in warmen Ländern weniger, da sie auf der feuchten Haut zu sehr quillt. Zur Entkeimung und Alkali-Bindung wird häufig Borsäure eingesetzt. Da in den USA ernste, sogar tödliche Vergiftungen bei Kleinkindern durch borsäurehaltige Puder bekannt wurden, setzt man nur noch begrenzte Mengen an Borsäure in Körperpudern ein. Babypuder dürfen wie alle Babypflegeprodukte keine Borsäure oder Borsäure-Derivate mehr enthalten.

Lichtschutzpräparate (Sonnenschutzmittel)
Lichtschutzpräparate schützen die Haut vor einer zu intensiven Einwirkung von ultravioletter Strahlung (UV-Licht), die im Sonnenlicht vorhanden ist.

Sonnenlicht setzt sich zusammen aus:

a) Wärmestrahlung (Infrarot-[IR-]Strahlung mit Wellenlängen von über 800 nm (1 nm = 10^{-6} mm),
b) für das Auge erkennbare Strahlung (sichtbares Licht) mit Wellenlängen von etwa 400 bis 800 nm (»Weißes Licht« ist die Summe aller Spektralfarben, »Regenbogenfarben«),
c) kurzwelligere Strahlung als violettes Licht. Ultraviolette Strahlung (UV-Licht) mit kleineren Wellenlängen als 400 nm ist vom menschlichen Auge nicht mehr als Licht wahrnehmbar. Diese Strahlung ist für die Bräunung, aber auch für die Schädigung der Haut (Entzündungs- und Verbrennungserscheinungen, »Sonnenbrand«) verantwortlich.
   Die UV-Strahlung wird in drei Bereiche unterteilt:
   - die längerwellige UV-A-Strahlung mit Wellenlängen von 400 bis 315 nm,
   - die kürzerwellige UV-B-Strahlung mit Wellenlängen von 315 bis 280 nm,
   - die sehr kurzwellige UV-C-Strahlung mit Wellenlängen von 280 bis 200 nm.

Durch die UV-Strahlen werden die Hautdurchblutung und der Hautstoffwechsel angeregt. Sie bewirken auch das Entstehen von Vitamin D aus dem im Hautfett enthaltenen Provitamin (der Vorstufe des Vitamins). Übermäßige Bestrahlung führt aber zu Sonnenbrand (Sonnenerythem), Bindehautentzündung, Degeneration des Bindegewebes der Lederhaut und dadurch zu Faltenbildung und vorzeitiger Hautalterung, Hautaustrocknung und unter Umständen zur Entstehung von Hautkrebs.

Die Haut schützt sich gegen die UV-Strahlung z. B. durch die Bildung des dunklen Hautpigments Melanin. Dieser wasserunlösliche, hochmolekulare Farbstoff absorbiert hauptsächlich die längerwelligen UV-Strahlen. Kürzerwellige UV-Strahlen werden durch eine mit der Zeit

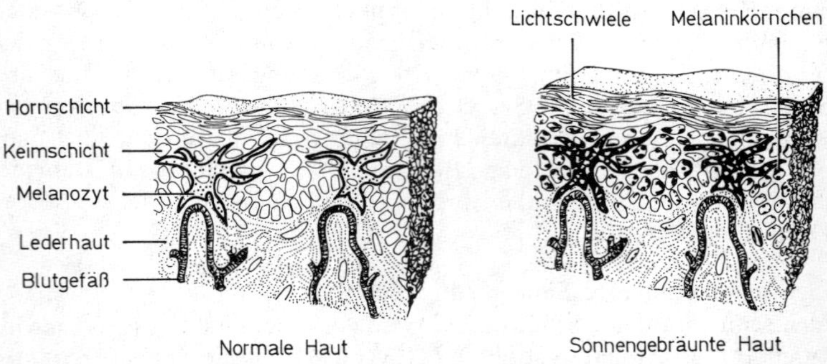

Abb. 2: Bildung von Melanin und der »Lichtschwiele« bei sonnengebräunter Haut. (45)

gebildete »Lichtschwiele« der Haut (Abb. 2) absorbiert: Sie entsteht durch die ausgelöste erhöhte Zellteilungsaktivität, die schließlich zu einer Verdickung der Hornschicht führt. Der dritte natürliche Schutzmechanismus ist der Schweiß, der Urocaninsäure enthält, welche UV-Strahlen unterhalb 290 nm absorbiert.

Die Bräunung der Haut durch die verschiedenen UV-Strahlen erfolgt unterschiedlich: UV-A-Strahlen bräunen direkt, UV-B-Strahlen indirekt, und UV-C-Strahlen können aufgrund ihres Energiereichtums die Zellen sehr schnell zerstören.

Direkte Pigmentierung durch UV-A-Strahlung: UV-A-Strahlen sind energieärmer als UV-B-Strahlen (die Energie der Lichtstrahlen nimmt mit abnehmender Wellenlänge zu) und lösen in natürlicher Dosierung keinen Sonnenbrand aus. Sie regen die Synthese von Melanin aus in der Haut vorhandenen farblosen Vorstufen an. Diese direkte Pigmentierung führt nur zu einer kurz anhaltenden Hautbräunung, die bei nachlassender Strahlung schnell wieder verblaßt.

Solarien arbeiten mit etwa der tausendfachen Menge der natürlichen UV-A-Strahlung und zusätzlich noch mit einem kleinen UV-B-Strahlungsanteil, so daß Spontanpigmentierung sowie indirekte Pigmentierung (Zerstörung der Melanindepots, siehe unten) erfolgen kann und die erwünschte länger anhaltende Sonnenbräune erzielt wird. Da UV-B-Strahlen Sonnenbrand bewirken, sollte man die vorgeschriebenen Bestrahlungszeiten nicht überschreiten.

Obwohl reine UV-A-Strahlung normalerweise keinen Sonnenbrand erzeugt, kann sie doch langfristig in den tieferen Hautschichten chronische Lichtschäden zur Folge haben, wie Bindegewebsveränderungen (vorzeitige Faltenbildung, »Altershaut«), Photosensibilisierung (Steigerung der Lichtempfindlichkeit), Lichtdermatosen bzw. photoallergische Reaktionen usw. Gleichzeitiges Auftreffen von UV-B-Strahlen verstärkt und beschleunigt diese Wirkung. (Bei Benutzen eines Solariums empfiehlt es sich daher – vor allem für lichtempfindliche Hauttypen –, die Bestrahlungsdosis (Produkt aus Bestrahlungsintensität und Bestrahlungszeit) und die Häufigkeit der Anwendung in Maßen zu halten. Außerdem sollte man auf einen guten Augenschutz achten.

Indirekte Pigmentierung durch UV-B-Strahlung: Nach mehr oder weniger langer Einwirkungsdauer (dies hängt vom Hauttyp ab) rufen UV-B-Strahlen (insbesondere solche mit Wellenlängen von 295 bis 308 nm) Sonnenbrand hervor, d. h., sie verursachen Zellschädigungen bis hin zum Zelltod. Beim Zelltod werden auch die Melanindepots aufgelöst. Die Melaninkörner wandern dabei zum Schutz der Oberhautzellen an die so nun stärker pigmentierte Hautoberfläche. Der Abbau des neugebildeten Melanins beginnt nach rund einem Monat und ist nach etwa neun bis zehn Monaten abgeschlossen. Die indirekte Pigmentierung bedeutet im Unterschied zur direkten Pigmentierung eine dauerhafte, mehrere Wochen bis

Monate anhaltende Bräunung. Sie kann auch ohne Sonnenbrand erfolgen, wenn mehrfach mit geringen UV-B-Dosen bestrahlt wird. Langandauernde UV-B-Strahleneinwirkung führt zu vorzeitiger Hautalterung (Bindegewebsschäden), im Extremfall zum Hautkrebs.

UV-C-Strahlen sind so energiereich, daß sie Organzellen und alles Leben schnell vernichten können. Sie dienen zu Sterilisationszwecken. Sie sind zwar im Sonnenlicht enthalten, werden aber von der Ozonschicht der Atmosphäre (»Ozongürtel«, in 30 bis 35 km Höhe) absorbiert und erreichen die Erdoberfläche nicht mehr bzw. in großen Höhen (Hochgebirge) in sehr kleinen Mengen. – Diskutiert wird derzeit die Schädigung des Ozongürtels durch Überschallflugzeuge, Raketen und Fluorchlorkohlenwasserstoffe (FCKW) und die damit verbundene gefährliche Zunahme von UV-C-Strahlung auf der Erdoberfläche (Hautkrebs-Bildung, Genmutationen und andere lebensbedrohende Auswirkungen). (Ausführlicheres siehe im Exkurs »Spraydosen«, Seite 110.) – Auch das UV-Licht mancher älterer Heimsonnen und Solarien besitzt geringen Anteil an UV-C-Strahlen. Sie haben eine stark bräunende, doch zugleich sehr stark verbrennende Wirkung.

In Lichtschutzpräparaten befinden sich Filtersubstanzen, die UV-Strahlen absorbieren und in Wärme umwandeln können. Je nach der erwünschten Wirkung unterscheidet man:

- Mittel, die sämtliche UV-Strahlen fast vollständig absorbieren oder reflektieren. Solche Mittel werden in der Industrie, Alpinistik, Marine und Armee oder bei extrem sonnenempfindlichen Personen verwendet;
- Mittel, die selektiv die leicht Sonnenbrand erzeugenden Strahlen im Bereich um 300 nm absorbieren, die ungefährlicheren UV-A-Strahlen aber durchlassen, um eine Hautbräunung zu erreichen.

Die meist gewünschte intensivere Bräunung läßt sich allerdings nur durch eine gewisse Lichtschädigung der Haut erzielen. Das Lichtschutzmittel muß so beschaffen sein, daß es eine stärkere Entzündung verhindert, die für eine Bräunung genügende Strahlenmenge aber hindurchläßt.

Gute Lichtschutzmittel können die gefährlichen UV-B-Strahlen zu 90 bis 98% herausfiltern, während die UV-A-Strahlen durchgehen. Solche Lichtschutzmittel sind »Sonnenbadverlängerer«. Sie verzögern die Hautreizung durch Sonnenlicht, verhindern sie aber nicht ganz. Die durch ein Lichtschutzmittel mögliche Zeitverlängerung eines Sonnenbades bis zur Schwelle erwünschter Reizung und schmerzhafter Verbrennung wird durch den sogenannten »Lichtschutzfaktor« (Q) angegeben: So bedeutet ein Lichtschutzfaktor – auf manchen Präparaten auch als »Sonnenschutzfaktor« bezeichnet – von 3 zum Beispiel, daß die Haut dreimal so lange der Sonne ausgesetzt werden kann wie ohne dieses Lichtschutzmittel, bevor Sonnenbrand auftritt.

Die Höhe des Lichtschutzfaktors bestimmt also die Schutzwirkung:

- schwache Schutzwirkung, Lichtschutzfaktor bis etwa 2,5;
- mittlere Schutzwirkung, Lichtschutzfaktor von etwa 2,5 bis etwa 4;
- starke Schutzwirkung, Lichtschutzfaktor höher als 4;
- »Sunblocker« haben höhere Lichtschutzfaktoren als 10.

Die Dauer einer gefahrlosen Sonneneinwirkung hängt von der Intensität des Sonnenlichts und vor allem von der individuellen Hautreaktion ab. Hier gilt: Je dunkler die Iris und je pigmentreicher und dicker die Haut, um so besser wird das Licht vertragen. Einen Anhaltspunkt für die Auswahl eines geeigneten Lichtschutzfaktors bietet Abbildung 3.

Die Lichtschutzsubstanzen können von sehr unterschiedlichem chemischem Aufbau sein. Wesentlich ist jedoch ihr Gehalt an Elektronen, die sich durch UV-Strahlen anregen lassen: Sie werden durch die absorbierten UV-Strahlen in höhere Energiezustände »gehoben«, wobei jeder Stoff ein für ihn typisches Absorptionsvermögen besitzt und ganz bestimmte Wellenlängenbereiche maximaler Absorption zeigt. Die energiereicheren Elektronen fallen nicht direkt, sondern über Zwischenstufen in ihren alten Energiezustand zurück, so daß hierbei kein UV-Licht, sondern energieärmere Strahlen (z. B. sichtbares Licht, Wärmestrahlen) ausgesendet werden.

Vielverwendete Lichtschutzsubstanzen, die den Wellenlängenbereich von etwa 280 bis 320 nm absorbieren (Wellenlängen unter 280 nm werden bereits von der Atmosphäre absorbiert) und UV-A-Strahlen durchlassen, sind z. B. Derivate der *p*-Aminobenzoesäure (z. B. *p*-Aminobenzoesäureester), der Salicylsäure (z. B. Salicylsäurephenylester), der

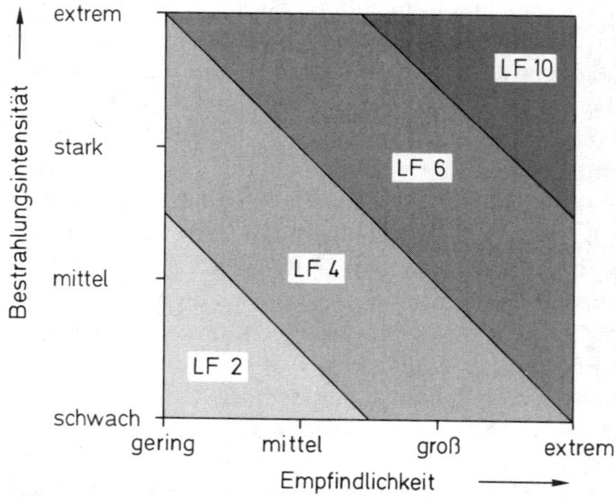

Abb. 3: Auswahl eines geeigneten Lichtschutzfaktors (LFs). (11)

Zimtsäure (z. B. *p*-Methoxy-zimtsäure-isoamylester), des Benzophenon (z. B. 2-Hydroxy-4-methoxybenzophenon) und des Benzylidencamphers (z. B. 4-Methyl-benzylidencampher).

Lichtreflektierende Weißpigmente, wie Titan(IV)-oxid, Zinkoxid oder Kaolin, können die Wirksamkeit der UV-Absorptionsmittel erhöhen (z. B. in Lippenschutzcremes oder Lippenschutzstiften).

Sonnenschutzmittel gelangen in Form von wäßrigen, alkoholischen, öligen Lösungen, Emulsionen (W/O-Cremes, O/W-Cremes, O/W-Lotionen: Milchen), Aerosol-Schaumcremes und Fettstiften in den Handel. Öle, Gele und Sprays haben eine geringe Marktbedeutung. Für den Körper bevorzugt man Sonnenmilch (O/W-Emulsion), für das Gesicht nimmt man auch Lichtschutzcremes und Lichtschutzstifte.

Lichtschutzöle (Sonnenschutzöle)

Die Wirkstoffkonzentration in diesen Präparaten liegt meist zwischen 2 und 10%. Als Öle dienen Mineralöle, Isopropylmyristat, Siliconöle oder auch pflanzliche Öle (Sesamöl, Erdnußöl, Olivenöl usw.). Die Pflanzenöle (besonders Sesamöl) können die Wirkung der Lichtschutzsubstanzen unterstützen, da sie selbst einen Teil der UV-Strahlen absorbieren.

Lichtschutzöle haben den Vorteil (auch in Meerwasser), wasserbeständig zu sein und auch bei starkem Schwitzen oder nach dem Baden ihre Aufgabe zu erfüllen.

Nachteile: Die Öle sind klebrig und fettig und nicht viskos genug, so daß sie oft eine zu dünne und wenig wirksame Schutzschicht bilden. Sie hemmen die Schweißverdunstung und begünstigen so einen Wärmestau, der den Sonnenbrand fördert. Bei starkem Schwitzen wird die Ölschicht stellenweise von der Haut abgehoben, so daß hier punktförmiger Sonnenbrand entstehen kann. Auch durch die Brennglaswirkung der hervorquellenden Schweißtröpfchen kann Sonnenbrand entstehen.

Ist bereits ein leichter Sonnenbrand vorhanden, sollten auf keinen Fall Öle verwendet werden, da Wärmestau die entzündlichen Erscheinungen und die Schmerzen verstärken kann.

Ölige Zubereitungen sind auch in Form von Aerosolen erhältlich, bei denen das Öl feinst in Gas verteilt ist. Auf den ersten Blick bieten sie den Vorzug, daß die Hände nicht fettig werden. Allerdings muß man dann doch das Gesicht einreiben, da das Sprühen die Augen gefährden würde. Überdies sind diese Präparate recht teuer. Ein weiterer Nachteil ist ihre Temperaturempfindlichkeit, weil die Behälter unter Druck stehen (vergleiche auch bei »Lichtschutzemulsionen«).

Lichtschutzemulsionen

Zu solchen Emulsionen zählen die Sonnenmilchen und die Sonnenschutzcremes. Erhältlich sind sowohl nichtfettende Öl-in-Wasser-Emulsionen, halbfette Mischemulsionen und fettreiche Wasser-in-Öl-Emulsionen. Diese Anwendungsform ist bequemer, und es lassen sich leichter mehrere Schichten auftragen, so daß die Filterwirkung verbessert wird.

Allerdings sind Emulsionen und Cremes teurer als Öle und werden beim Baden leichter entfernt. Inzwischen entwickelt die Industrie aber auch schon wasserfeste Emulsionspräparate.

Wer trockene oder nicht mehr ganz junge Haut hat, sollte ein fetthaltigeres Mittel wählen. Nimmt man ein fettarmes Mittel, ist es in jedem Fall ratsam, die Haut nach dem Sonnenbad einzucremen, da sie sonst austrocknet und schuppig wird.

Die nichtfettenden Öl-in-Wasser-Emulsionen enthalten als Fettphase (Anteil etwa 20 bis 30%) Paraffinöle, Fettsäuren und ihre Mono-, Di- und Triglyceride, Fettalkohole, Fettsäureester mit verzweigter Kohlenstoffkette und Siliconöle. Der Wasserphase sind oft noch Feuchthaltemittel (Propylenglykol und Glycerin), Verdickungsmittel (z.B. Polyacrylate und Magnesiumaluminiumsilicate) und Hauthaftmittel (z.B. Polyvinylpyrrolidon-Derivate) beigemischt. Die Öl-in-Wasser-Emulsionen enthalten außerdem Konservierungsmittel, Antioxidantien und andere Stabilisierungsmittel.

Für die fettenden Wasser-in-Öl-Emulsionen werden die gleichen Fettkomponenten verwendet wie bei den Lichtschutzölen und den Öl-in-Wasser-Emulsionen, außerdem noch wachsartige Stoffe (Bienenwachs, Aluminiumstearat, Hartparaffine usw.). Als Emulgatoren (siehe Seite 34) dienen hier Glycerinsorbitanfettsäureester, Polyglycerinfettsäureester oder Sterine vom Typ der Lanolinalkohole bzw. des Cholesterols. Als Feuchthaltemittel werden Glycerin, Propylenglykol, Sorbit und andere eingesetzt, als Emulsionsstabilisatoren Magnesiumsulfat oder Natriumchlorid. Dazu weisen sie noch Konservierungsmittel und oft Parfümöle auf. Die meisten dieser Emulsionen stellen wasserfeste Sonnenschutzmittel dar.

Lichtschutzemulsionen bietet der Handel ebenfalls als Aerosole, die aber keine ersichtlichen Vorteile zeigen. Die Verwendung von Sonnenschutzmitteln in Form der Aerosole ist zudem bedenklich, da bei zu hoher Wärmeeinwirkung die unter Druck stehenden Dosen platzen können und die Sprays brennbar sind.

Fettfreie Lichtschutzpräparate

Hierbei handelt es sich meist um Lichtschutzlotionen und Lichtschutzgele mit Wasser oder Alkoholen (Ethanol oder Isopropanol).

Bei zu hohem Alkoholgehalt kann es allerdings zu Hautreizungen kommen, da die Haut durch Sonne, Wind und Salzwasser empfindlicher wird. Ein großer Nachteil der wäßrigen und alkoholischen Präparate ist ihre Wasserlöslichkeit, so daß die Schutzwirkung durch starke Schweißabsonderung oder beim Schwimmen verlorengeht. Daher setzt man oft

Siliconöl oder Isopropylmyristat zu, so daß nach dem Verdunsten des Alkohols eine dünne, wasserabstoßende Schicht auf der Haut zurückbleibt. Zur Erhöhung der Viskosität werden teilweise noch Verdikkungsmitteln (z. B. Alginate, Methylcellulose, Polyvinylalkohol, Silicate usw.) eingearbeitet. Gele enthalten größere Mengen an Verdickungsmitteln. Glycerin und Sorbit wirken auch verdickend, in größeren Mengen lassen sie den Hautfilm jedoch klebrig werden.

Die meisten Lichtschutzpräparate sind parfümiert. Da die Haut aber nicht jedes Parfüm verträgt (Hautjucken, Pickelbildung usw.), sollte man das Präparat vor dem Kauf anhand einer kleinen Probepackung (Werbeprobe) auf Verträglichkeit testen.

Wärmeschutzmittel

Die Wirkung dieser Präparate beruht auf beigemischten Feststoffen, z. B. Titan(IV)-oxid, Aluminiumpulver und anderen Substanzen, die die intensive Strahlungshitze durch Verteilung oder Reflexion lokal vermindern. Bisher finden sich solche Spezialprodukte nur vereinzelt, vor allem im militärischen Bereich, doch kann eine Weiterentwicklung und Anwendung auch im Alltag von Interesse werden, beispielsweise für Feuerwehren, Heizer, in Stahlwerken usw.

1.4.3 Wissenswertes für die Praxis

Hautfreundliches Jojobaöl

Im Unterschied zu den anderen Pflanzenölen besteht Jojobaöl nicht aus Glycerinestern der Fettsäuren, sondern hauptsächlich aus Estern von Fettsäuren und unverzweigten Alkoholen mit jeweils 20 und 22 Kohlenstoffatomen sowie mit einer Doppelbindung (ist also kein Pflanzen»öl« , sondern ein »flüssiges Wachs«). In kosmetischen Mitteln findet es als Ersatz für Walrat und das aus diesem gewonnene Spermöl breite Anwendung, vor allem in Gesichtscremes, Sonnenschutzölen, Haarölen und Shampoos. Denn es wird nicht ranzig, ist ungiftig sowie außerordentlich haut- und anwendungsfreundlich (gutes Ausbreitungsvermögen, gute Haftfestigkeit, rasches und tiefes Einziehen in die Haut ohne »fettiges«, sondern mit angenehm »samtigem« Hautgefühl, milder und angenehmer Geruch, günstige Beeinflussung der Hautfeuchtigkeit). Da Jojobaöl Temperaturen bis zu 300 °C verträgt, stellt es in der Industrie auch ein beliebtes Schmieröl für heißlaufende Maschinen dar.

Zur Wahl von Sonnenschutzmitteln

Öl, Emulsion, Gel oder Puder?

Bei großer Kälte sind die Lichtschutzöle den Lichtschutzemulsionen vorzuziehen, da die Emulsionen durch ihren Wassergehalt Erfrierungen begünstigen. Im Sommer ist dagegen die Anwendung von Emulsionen, Gelen oder Pudern zu empfehlen, da die Öle leicht Wärmestauungen verursachen (siehe auch »After-Sun-Produkte«).

»Wasserfest« ist nicht »abriebfest«
»Wasserfestigkeit« bedeutet nicht »Abriebfestigkeit«, z.B. wird beim Abtrocknen mit dem Handtuch, Liegen auf einer Decke, aber auch durch Schwitzen immer ein Teil des Lichtschutzmittels abgerieben. Nach einer gewissen Zeit soll man das Auftragen des Präparats daher wiederholen. Das gilt besonders für die Hautstellen an den Rändern der Badebekleidung.

Zusätze in Sonnenschutzmitteln
Zusätze von Carotin oder Nußextrakten in Sonnenschutzmitteln – gerne sind Sonnenschutzöle damit angereichert – beeinflussen die Pigmentbildung nicht, sondern färben die Haut lediglich etwas an. Sie haben auch den Nachteil, auf der Kleidung schwer entfernbare Flecken zu hinterlassen.

Vorbräunungspräparate
Diese auch als »Pre-Tan-Präparate« bekannten Mittel enthalten meist keine vor Sonnenlicht schützenden Substanzen, sondern die Aminosäure Tyrosin, Tyrosin/Riboflavin und Tyrosin-Derivate. Dadurch soll das für die Melaninsynthese benötigte Tyrosin in der Haut angereichert und die Haut so auf die Bräunung durch die Sonne vorbereitet bzw. der Bräunungsvorgang beschleunigt werden. Die Anwendung ist daher schon einige Tage vor der Sonnenbestrahlung erforderlich.

After-Sun-Produkte
After-Sun-Produkte (Après-Produkte) sind Lotionen oder Cremes (meist flüssige Öl-in-Wasser-Emulsionen), die nach dem Sonnenbad aufgetragen werden, um die Haut zu kühlen, ihr Feuchthaltevermögen zu verbessern und bei leichtem Sonnenbrand zu helfen. Oft sind ihnen entzündungshemmende Stoffe beigegeben (z.B. Azulen, Hamamelis, Bisabolol, Allantoin, Panthenol, Gelée royale, Aloe- und Kamillenextrakt), die den Sonnenbrand rasch abklingen lassen.

Über die günstigste Anwendungsform für Präparate gegen Sonnenbrand gehen die Meinungen auseinander: Fetthaltige Mittel oder Öle schützen die Haut zwar vor weiterem Feuchtigkeitsverlust, können die Schädigung aber durch Wärmestau sowie verstärkte Reizung der bereits entzündeten Haut durch die Fette und Öle verschlimmern. Sie eignen sich am besten für die allgemeine Pflege der Haut nach dem Sonnenbad, wenn noch kein oder nur ein sehr leichter Sonnenbrand entstanden ist. Denn der entstehende Fettfilm verhindert eine weitere Austrocknung, zugesetzte Hautfeuchtigkeitsregulatoren (»Feuchthaltefaktoren«, z.B. Collagenhydrolysate, Wirkstoffe des Avocadoöls und des Sojaöls usw.) und lösliches Collagen sorgen für einen Ausgleich der verlorengegangenen Hautfeuchtigkeit. Dagegen können die zum Schutz gegen das Eintrocknen der Produkte zugesetzten »Feuchthaltemittel«, z.B. Glycerin, eher hautaustrocknend wirken, wie – auf Seite 37 – bereits erwähnt.

Bei stärkerem Sonnenbrand darf man keinesfalls fetthaltige Mittel oder Öle auf die Haut aufbringen. Sie verstärken die Auswirkung der Verbrennung noch, denn sie verursachen einen Wärme- und Feuchtigkeitsstau. Beides hat der Sonnenbrand allein bereits zur Folge: An den betroffenen Hautstellen findet eine vermehrte Durchblutung und daher erhöhte Wärmebildung statt. Und aus den zerstörten Zellen tritt Gewebsflüssigkeit aus, die sich ansammelt und die Haut aufquellen läßt. Bei starker Verbrennung sind deshalb kühlende sowie entquellende und hautverfestigende Mittel zu empfehlen, z.B. fettfreie Gele, wäßrige Lösungen mit Gerbstoffen usw., spezielle Puder und Schüttelmixturen.

Bei fettfreien Gelen dienen Pektine oder das Natrium- bzw. Triethanolaminsalz der Polyacrylsäure (Carbopol®) als Gelbildner, ergänzt durch Feuchthaltemittel, Konservierungsmittel und in manchen Präparaten auch Alkohol als Kühlmittel. Gele bieten sich ebenfalls an, wenn eine (durch UV-A-Strahlen ausgelöste) Allergie gegen die in Emulsionen verwendeten Fette bzw. Emulgatoren vorliegt (»Mallorca-Akne«).

Wäßrige Lösungen enthalten Gerbstoffe, entzündungshemmende Stoffe und manchmal Alkohol, Menthol oder andere kühlende Komponenten. Gerbstoffe (Tannin und Tannin-Derivate) härten die Haut durch Adstringierung (Zusammenziehung) und leichte Gerbung, hemmen Entzündungen und Sekretion, steigern die Widerstandskraft der Haut gegenüber UV-Strahlen und wirken so einer Verschlimmerung des Sonnenbrands entgegen.

Spezielle Puder und Schüttelmixturen haben den Vorteil, daß schon die Pudergrundlagen (Kaolin, Talkum, nichtquellende Reisstärke usw.) durch ihre große Oberfläche zur Kühlung beitragen. Sie erhöht sich, wenn das besonders gut kühlende Zinkoxid beigegeben ist. Zinkoxid wirkt außerdem austrocknend (entquellend), adstringierend (zusammenziehend) und entzündungswidrig. Es findet sich auch in der Zinkschüttelmixtur *Lotio alba.*

Bräunungsverlängerer, Bräunungsintensivierer
Hierbei handelt es sich um After-Sun-Produkte mit einem geringen Anteil an künstlichen Hautbräunungsmitteln (z.B. Dihydroxyaceton, siehe Seite 58). Diese sollen das Nachlassen der Bräune verzögern.

Tropic-Produkte (Tropicals)
Sie zählen nicht zu den Sonnenschutzmitteln, sondern gelten als Hautpflegemittel. Sie besitzen meist keine oder nur sehr wenig UV-Absorptionsmittel und haben die Aufgabe, die schon gebräunte Haut vor Austrocknung und Abschuppung durch Wind und Wetter zu schützen. Sie sind überwiegend in Form von wasserfreien Ölen und Wasser-in-Öl-Emulsionen erhältlich, seltener als Öl-in-Wasser-Emulsionen. Ihre Zusammensetzung ähnelt jener der entsprechenden Lichtschutzpräparate, oft werden natürliche Fette und Öle (Kokosöl, Kakaobutter, Palmkernöl usw.) eingearbeitet und gemäß dem Namen mit tropischen Gewürz- bzw. Fruchtgerüchen (Vanille, Kokos usw.) parfümiert.

Künstliche Hautbräunungsmittel
Hierunter versteht man kosmetische Mittel, die ohne Einwirkung von UV-Strahlen eine Hautbräunung hervorrufen. Selbstbräunungsmittel bringen keine fertigen Pigmente oder andere Farbstoffe auf die Haut, sondern ihre Wirkstoffe reagieren mit den Aminosäuren der Hornschicht (besonders mit Arginin und Tyrosin) unter Braunfärbung. Intensität und Farbton hängen von der individuellen Zusammensetzung der Aminosäuren der jeweiligen Haut ab, ebenso von der Schweiß- und Talgdrüsensekretion, die zum Teil auch für ein scheckiges Angefärbtwerden der Haut verantwortlich sind.

Bis zu einer Einwirkzeit von einer halben Stunde läßt sich der bräunende Stoff wieder wegwaschen oder abreiben. Nach 3 bis 5 Stunden beginnt die Bräunung. Sie gelingt im Hellen wie im Dunkeln, hält 3 bis 7 Tage und verschwindet dann langsam infolge der Regeneration der Hornschicht. Die Schleimhäute färben sich nicht, wohl aber helle Haare sowie eiweißhaltige oder polyamidhaltige Textilien (Wolle, Seide, Nylon, Perlon usw.).

Die Farbtiefe ergibt sich durch Dicke und Dichte der Hornschicht. Daher werden Handflächen und Fußsohlen besonders intensiv gefärbt. Mehrmaliges Auftragen erhöht die Färbungsintensität, doch sind ihr Grenzen gesetzt. Wichtig ist ein gleichmäßiges Auftragen auf gründlich gereinigter Haut ohne Aussparungen (ausgenommen Haaransatz und Augenbrauen!), da sie sonst ein scheckiges Aussehen erhält.

Die Anwendung von künstlichen Hautbräunungspräparaten ist aus dermatologischer Sicht völlig unbedenklich, da die Färbungsreaktion in der Hornschicht stattfindet, also in bereits abgestorbenem Gewebe. Im Unterschied zur natürlichen Sonnenbräunung beschleunigt dieses Verfahren den Alterungsprozeß der Haut (verstärkt Falten- und Runzelbildung) nicht. Durch Waschen läßt sich die Bräunung nicht mehr entfernen, höchstens durch mechanisches Abreiben (z. B. mit Bimsstein) oder durch Behandlung mit Wasserstoffperoxid. Für mögliche allergische Reaktionen sind nicht die eigentlichen Wirkstoffe verantwortlich, sondern die kosmetischen Beimischungen (z.B. Parfüm). Hier hilft meist schon die Wahl des Produkts eines anderen Herstellers.

Die Mittel trocknen die Haut nicht aus. Daß manchmal nach deren Benutzung doch der Eindruck einer trockeneren Haut entsteht, liegt daran, daß durch die oberflächliche Bräunung die Abschuppung deutlicher sichtbar wird.

Ein verstärktes Auftreten angeblicher Mitesser führt man zu Unrecht auf diese Mittel zurück: Bei stärkerem Schwitzen (und vor allem bei ungenügender Körperpflege) sammeln sich Schweißreste in den Poren. Diese Schweißreste enthalten Aminosäuren, die mit dem Dihydroxyaceton des Bräunungsmittels unter Braunfärbung reagieren. Die dunklen Pünktchen wirken wie Mitesser.

Allerdings bietet die künstliche Bräune im Unterschied zur Sonnenbräune keinen Sonnenschutz: Die künstlich gebräunte Haut ist meist genauso empfindlich wie völlig bleiche. Nur wenn zusätzlich Lichtschutzfilter zugesetzt werden, wirken die Präparate auch als Lichtschutzmittel.

Die Wirksubstanz der künstlichen Bräunungsmittel, das erwähnte Dihydroxyaceton reagiert mit den freien Aminogruppen der Aminosäuren der Haut bzw. mit den freien Amino- und Iminogruppen des Hauteiweißes (Keratin) und ergibt über einen äußerst komplizierten Reaktionsverlauf schließlich braungefärbte, unlösliche Farbmittel, die man »Melanoide« nennt. Sie führen leicht zu einem gelblichen Farbton der Haut. Zur Korrektur des Farbtons werden noch weitere Substanzen zugesetzt, die mit dem Hauteiweiß zu pigmentartigen Stoffen reagieren, z.B. Alloxan (natürlicherweise ein Abbauprodukt der Harnsäure, wird in der kosmetischen Industrie synthetisch hergestellt und bewirkt Rotfärbung), Ninhydrin (Blaufärbung), Extrakt grüner Walnußschalen (Braunfärbung).

Die künstlichen Hautbräunungspräparate wurden 1959 in den USA entwickelt und fanden 1960 Eingang in den europäischen Markt. Sie sind in Form von W/O- und O/W-Cremes, Gelpräparationen auf wäßriger Basis, O/W-Emulsionen und wäßrig-alkoholischen Lösungen erhältlich. Letztere lassen sich aber schlecht gleichmäßig auftragen, da sie zu schnell in die Haut einziehen, so daß leicht fleckige und streifige Bräunungen entstehen. Ihre Wirkstoffkonzentration beträgt nur 2 bis 3%. In Emulsionen und Gelen ist die 2- bis 3fache Menge hiervon erforderlich. Sie werden schwach sauer eingestellt (pH 5,5 bis 6,5), denn in diesem Bereich sind die Wirkstoffe am stabilsten. Allerdings sollte man die Mittel trotzdem kühl lagern, da sich die Wirkstoffe langsam zersetzen.

Natürliche Stoffe mit ähnlicher Reaktionsweise wie die synthetisch hergestellten sind die von alters her benutzten 1,4-Naphthochinon-Derivate, wie das 2-Hydroxy-Derivat (Henna; siehe auch Seite 73) und das 5-Hydroxy-Derivat (Juglon, enthalten im Walnußschalen-Extrakt).

Hautaufhellungsmittel (Bleichmittel)
Manche unerwünschten Pigmentflecke der Haut, d.h. örtliche Anhäufungen von Melanin (z.B. Sommersprossen) lassen sich mit speziellen Bleichcremes (wasserfreien und W/O-Cremes) verhindern und entfernen. Die Bleichcremes erfüllen diese Aufgabe auf verschiedene Weise: durch Zerstören des Melanins, Verhindern neuer Melaninbildung oder Hemmung der Melaninbildung.

Zerstörung des Melanins durch Oxidation: Als Oxidationsmittel dienen Wasserstoffperoxid und Peroxoverbindungen (Natriumperborat, Magnesiumperborat, Harnstoffperoxid, Zinkperoxid usw.).

Verhindern neuer Melaninbildung: Man setzt Stoffe ein, welche die zur Melaninbildung notwendigen Enzyme hemmen bzw. vergiften. Das gelingt zum Beispiel mit Bismutsalzen, die weniger giftig sind als die heute in kosmetischen Mitteln nicht mehr erlaubten hochgiftigen Quecksilbersalze. Wegen der Vergiftungsgefahr darf man die Mittel nicht auf geschädigte Haut auftragen oder gar peroral aufnehmen. Durch die Salze wird schon vorhandenes Melanin nicht zerstört, sondern entfernt, weil sich die Haut schält. Sowohl eine Hemmung der Melaninneubildung als auch eine Zerstörung bereits vorhandenen Melanins (schwarze Haut wird innerhalb von 2 bis 8 Wochen weiß) ist durch Hydrochinonether (z.B. Hydrochinonmonobenzylether) möglich. Diese sind aber wegen häufiger schädlicher Nebenwirkungen (allergische Reaktionen, Haarentfärbung, Haarausfall) für kosmetische Mittel z.B. in Deutschland verboten.

Heute verwendet man als hautbleichenden Wirkstoff meist Hydrochinon in wäßrig-alkoholischen Lösungen oder in flüssigen bis cremeförmigen O/W-Emulsionen. Hydrochinon ist allerdings nur bei pH-Werten von 4 bis 6 stabil und wird (besonders in Gegenwart von Schwermetall-Ionen) leicht oxidiert. Oft noch beigegebene Redoxstabilisatoren (Natriumsulfit, Natriumdisulfit, Ascorbinsäure) und schwermetallbindende Komplexbildner (Maskierungsstoffe, z.B. Citronensäure, Ethylendiamintetraacetat EDTA) sollen dies unterbinden. Die Wirkung von hydrochinonhaltigen Bleichmitteln zeigt sich erst nach mehrwöchiger Anwendung und hält nur bei dauernder Weiterverwendung an. Aus toxikologischen Gründen muß die Behandlung sich auf kleine Hautflächen beschränken. Schleimhäute und Augen dürfen nicht mit den Präparaten in Berührung kommen. Hyrochinon kann Allergien, Hautirritationen und Hautkrankheiten auslösen – treten Reizungen auf, muß die Behandlung sofort abgebrochen werden. Bei Kindern unter zwölf Jahren ist die Anwendung untersagt. (Oral aufgenommenes Hydrochinon kann Vergiftungserscheinungen hervorrufen.)

Hemmung der Melaninbildung durch Ansäuern: Die Melaninsynthese in der Haut findet nur in alkalischer Umgebung statt. Daher säuert man (besonders bei überlieferten Hausmitteln) die Haut an, indem man milde Säuren in die Haut einziehen läßt, z. B. Milchsäure, Essigsäure, Citronensäure, Ascorbinsäure bzw. saure Frucht- und Gemüsesäfte, wie Zitronensaft, Sauerkrautsaft, Gurkensaft (durch Auflegen von Gurkenbrei). Empfohlen werden auch Brunnenkresse- und Meerrettich-Extrakt.

Manche Präparate können zusätzlich noch Schälmittel enthalten, z. B. Salicylsäure.

1.5 Mittel gegen Körpergeruch

Jedem Menschen ist ein individueller, mehr oder weniger starker Körpergeruch zu eigen, der unter anderem vom Gesundheitszustand und von der verzehrten Nahrung (Knoblauch, Hammelfleisch, Fisch, Kohlarten usw.) beeinflußt wird.

Unangenehmer Körpergeruch kann auch durch die Zersetzung von Schweiß entstehen. Frischer Schweiß riecht kaum und nicht unangenehm. Ein unangenehmer Geruch entwickelt sich erst bei der Zersetzung der Schweißinhaltsstoffe, des Hautfettes und anderer Hautbestandteile und wird durch Hautbakterien, Feuchtigkeit, Wärme, Luftabschluß und alkalisches Milieu begünstigt. Dies gilt insbesondere für die Zersetzungsprodukte des trüben, fett- und eiweißhaltigen Schweißes aus den größeren, nur an wenigen Körperstellen (Brustgegend, Achselhöhlen, Genital-Anal-Bereich) vorhandenen »apokrinen« Schweißdrüsen. Solche Zersetzungsprodukte sind z. B. kurzkettige Fettsäuren mit hauptsächlich 4 bis 10 Kohlenstoff-Atomen (also Buttersäure bis Caprinsäure), Ammoniak, aliphatische und aromatische Amine, Indol, Schwefelwasserstoff, Mercaptane (Verbindungen, die den Alkoholen gleichen, statt Sauerstoff jedoch Schwefel beinhalten) und andere schwefelhaltige Stoffe.

Mittel gegen Körpergeruch überdecken bzw. binden die schlechten Gerüche oder können den geruchsfördernden Ursachen zusätzlich entgegenwirken.

1.5.1 Desodoriende Mittel

Deodorants (auch »Desodorants« und »Desodorantien« genannt) tilgen unangenehmen Geruch, indem sie ihn überdecken, binden oder bereits seine Entstehung verhindern.

Geeignete Düfte, etwa spezielle Parfümöle, sind in der Lage, Schweiß- und Körpergeruch zu überdecken, indem sie ihn in die Komposition einbauen.

Um Schweiß- und Körpergeruch zu binden, eignen sich alle gut adsorbierenden Puderrohstoffe (wie Talkum, Kieselsäure usw.), Ionenaustauscher auf Kunststoffbasis und auch die sogenannten »Geruchslöscher«, welche die Geruchsstoffe durch Bildung von Einschlußverbindungen (Clathraten) festhalten – die übelriechenden Stoffe werden in die Gitterhohlräume gewisser Feststoffe eingeschlossen. Geruchslöscher sind z. B. Zinkricinoleat und andere Metallseifen mit zusätzlichen Hilfsstoffen (bekannt unter dem Handelsnamen Grillocin®).

Schon die Entstehung des Schweißgeruchs wird eingeschränkt oder verhindert. Dies geschieht entweder durch feuchtigkeitsbindende Mittel (Puder) oder durch keimhemmende Mittel, die die Hautbakterien töten bzw. im Wachstum hemmen. Man bemüht sich, weniger bakterizide (keimtötende), sondern eher bakteriostatische (Wachstum und Vermehrung hemmende) Mittel einzusetzen, um die physiologisch wichtige Hautkeimflora, welche die Ansiedlung von Krankheitskeimen verhindert, zu schützen. Unter anderem werden eingesetzt:

Irgasan® DP 300 (2,4,4′-Trichlor-2′-hydroxydiphenylether),
TCC (3,4,4′-Trichlorcarbanilid),
DCMX (2,4-Dichlor-3,5-dimethylphenol).

Die umstrittenen Wirkstoffe Hexachlorophen und Dichlorophen finden in kosmetischen Mitteln heute keine Verwendung mehr. Ebenso versucht man heute, keimhemmende Stoffe weitgehend durch Parfümöle mit antimikrobiellen Eigenschaften zu ersetzen, wie Citral, Eugenol, Nelkenöl, Thymianöl, Spiköl, Zimtaldehyd usw.

Eine weitere Ausweichmöglichkeit sollen Enzym-Blocker in Deodorants bilden, wodurch die Bakterienflora der Haut unangegriffen bleibt. Lediglich die Enzyme, die für die Schweißzersetzung verantwortlich sind, werden blockiert.

Desodorierende Mittel werden in Form von Sprays, Puder, Lotionen, Stiften, Gelees, »Roll-ons«, Cremes und Badepräparaten hergestellt. Bei letzteren liegt allerdings fast nur eine parfümierende Wirkung vor. – Die »Roll-ons« arbeiten nach dem Kugelschreiberprinzip: Eine dickflüssige Deodorant-Lösung wird über eine sich drehende Kugel auf die Haut aufgerollt. Die Stifte enthalten als Basis meist eine alkoholische Wirkstofflösung, die mit Natriumstearat verfestigt wurde. Bei den Cremes findet sich meist der O/W-Typ mit Glycerinmonostearat als Grundlage und einem säurebeständigen Emulgator (z. B. Natriumlaurylsulfat). Am gebräuchlichsten sind allerdings die Sprays (Aerosole). Sie arbeiten entweder mit Treibgas oder mit Sprühpumpe.

1.5.2 Antischweißmittel

Mit Hilfe adstringierend wirkender Stoffe oder durch Änderung der elektrophysiologischen Potentiale gelingt es Antischweißmitteln (weitere Bezeichnungen: Schweißverhütungsmittel, Antihidrotika, Antitranspirante), die Schweißbildung um 20 bis 40% zu senken. Adstringentien (zusammenziehende Mittel), wie Formaldehyd (siehe Seite 80), Tannin und andere Gerbstoffe, sowie Zinksalze und vor allem sauer reagierende Aluminiumsalze, denaturieren (verändern) Eiweißstoffe und verengen dadurch die Ausgänge der Schweißkanäle.

Bevorzugt eingesetzt werden heute die schwach sauer reagierenden Aluminiumhydroxidchloride, z.B. $Al_2(OH)_5Cl$. Sie wirken als Antitranspirante und zugleich als Deodorants.

Eine Erklärung für die Hemmung des Schweißflusses mag zum einen die adstringierende Wirkung durch die saure Reaktion und zum anderen die Störung des für den Schweißtransport verantwortlichen elektrischen Spannungsgefälles entlang der Schweißkanäle (mit negativer Ladung an der Schweißkanalmündung) durch das dreifach positiv geladene Aluminium(III)-Kation darstellen. Zweitens wirken die Aluminiumsalze durch die saure (das Eiweiß denaturierende) Reaktion antibakteriell und enzymhemmend (der keimhemmende und damit desodorierende Effekt der Aluminiumverbindungen ist jedoch gering). Drittens können die sauer reagierenden Aluminiumsalze basisch reagierende Schweißzersetzungsprodukte (wie Ammoniak und Amine) zu geruchlosen Salzen neutralisieren.

Antitranspirante sind in denselben Anwendungsformen wie die Deodorants erhältlich, überwiegend als Aerosol-Sprays. Häufig bietet die Industrie Mittel an, die beide Methoden, Körpergeruch zu verhindern, kombinieren.

1.5.3 Mittel gegen Fußgeruch

An den Füßen befinden sich sehr viele Schweißdrüsen – allerdings nicht die zuvor erwähnten großen (apokrinen), sondern kleine (ekkrine) Drüsen. Durch ihre Vielzahl kann leicht ein Schweißstau entstehen (besonders bei feuchtigkeitsundurchlässigem Schuhwerk), ebenso können Pilze und Bakterien sich schnell vermehren und übelriechende Schweißzersetzungsprodukte erzeugen. Kosmetische Mittel zur Fußpflege enthalten als spezielle Wirkstoffe daher vor allem antimikrobielle Substanzen.

Fußschaumbäder sind übliche Schaumbad-Präparate mit zusätzlichen Wirkstoffen (bis zu 2%) gegen Pilze und Bakterien (z.B. Undecylensäurediethanolamid als antimykotisches Mittel und phenolische Bakterizide).

Fußbad-Salze finden sich in zwei Ausführungen, je nach ihrem Verwendungszweck: zur Hornhauterweichung und gegen übermäßiges Schwitzen. Auch diese Präparate enthalten meist Fungizide und Bakterizide.

- Die Produkte zur Hornhauterweichung bestehen aus alkalisch reagierenden Salzen, wie Natriumhydrogencarbonat, Natriumpolymetaphosphaten, Trinatriumsphosphat, Pentanatriumtriphosphat usw. Als »Sauerstoff-Fußbäder« enthalten sie zur Desodorierung noch Natriumperborat oder Natriumpercarbonat.
- Schweißhemmende Fußbad-Salze bestehen unter anderem aus adstringierend wirkenden Stoffen, wie Aluminiumsulfat, außerdem oft auch aus Meersalz, Magnesiumsulfat usw.

Fußpuder sind die günstigste und meistverwendete Form der Mittel zur Schweißbindung, Keimhemmung und Desodorierung. Sie lassen sich ebenso zur Keimhemmung in Schuhen verwenden. Als Inhaltsstoffe weisen sie neben den Pudergrundstoffen, wie Talkum und besonders Kieselsäure (Kieselgur usw.), häufig das adstringierend wirkende Aluminiumhydroxidchlorid und antimikrobielle Stoffe auf.

Fußsprays bestehen in bezug auf den Volumenanteil hauptsächlich aus Treibgas, zugesetzt sind meist Alkohole (Ethanol oder Isopropanol) und Parfümöle. Manchmal werden noch Mittel zur Hornhauterweichung sowie Aluminium-Verbindungen zur Schweißhemmung beigegeben. In einigen Sprays eingearbeitete Fettkomponenten sollen ein rasches Eindringen in die Haut gewährleisten, bestimmte Wirkstoffe ein Austrocknen der Haut verhindern.

Ein wirksames *Desinfektionsmittel* für die Füße ist auch das Kation-Tensid Cetylpyridiniumchlorid (CPC). Es ist im Chemikaliengroßhandel erhältlich. Man verwendet das weiße Pulver z. B. in wäßriger Lösung, gemischt mit Octylphenol und anderem, als Antifußpilzmittel in öffentlichen Badeanstalten.

1.5.4 Intimpflege

Die Präparate der Intimpflege gehören mehr in den Bereich der medizinischen Hygiene. Angeboten werden vor allem Mittel zur besonders schonenden Reinigung und Desodorierung des äußeren Intimbereichs und desodorierende Sprays.

Die *Waschpräparate* enthalten besonders mild wirkende Tenside (z. B. Natriumlaurylethersulfat, Dinatriumsalz des Sulfobernsteinsäurepolyoxy-ethylen-laurylesters, Fettsäuretauride, Fettsäuresarkoside und Fettsäureproteinkondensate). Organische Säuren ermöglichen es, die Waschpräparate, entsprechend dem pH-Wert des Vaginalbereichs, schwach sauer einzustellen. – Die Präparate sind zwar nicht für die

Waschung der Vagina bestimmt, doch läßt sich bei der Reinigung des äußeren Intimbereichs ein Eindringen der Waschlösung in den Eingangsbereich der Vagina kaum vermeiden. – Überfettungsmittel, die einem Austrocknen der Haut vorbeugen (z. B. Isopropylester von Fettsäuren, flüssige isomere Fettalkohole, Myristyllactat usw.), und hauterweichende Stoffe (z. B. Sorbitanfettsäureester, oxy-ethylierte Fett- und Wollwachs-Alkohole usw.) können ebenfalls enthalten sein. Zur Hemmung des Bakterienwachstums werden Substanzen wie Bis-(*o*-chlorphenyl)-diguanido-hexandiacetat, -digluconat, Imidazoliumsalze, quartäre Ammoniumsalze und Betaine sowie Natriumsalze von Fettalkohollactaten eingesetzt.

Intimsprays dienen der Desodorierung. Im Unterschied zu den sonstigen Deodorants finden statt des Alkohols aber mildere Lösemittel, wie Fettsäureester (Isopropylmyristat, Hexyllaurat usw.), Verwendung. Mit Intimsprays darf nur der äußere Intimbereich besprüht werden. Die Flüssigkeit sollte nicht in die Scheide gelangen, denn dort zerstören ihre Inhaltsstoffe die als »Abwehrpolizisten« gegen Krankheitskeime fungierenden Milchsäurebakterien und begünstigen so das Entstehen von Entzündungen. Bei Neigung zu Allergien, Hautreizungen oder Erkrankungen der Scheide, vor und nach Unterleibsoperationen und während der Schwangerschaft ist stets der Arzt zu befragen, ob Intimsprays benutzt werden dürfen.

1.5.5 Wissenswertes für die Praxis

Kurzer Hinweis zu Deodorants und Antitranspiranten

Deodorants lassen sich ohne weiteres mehrfach am Tag verwenden, Antitranspirante sollten hingegen nicht häufiger als einmal täglich benutzt werden, da sich bei einer Überdosierung die Schweißdrüsengänge entzünden können. Auf keinen Fall sollten Deodorants oder Antitranspirante auf entzündete, erhitzte, verschwitzte oder (z. B. durch vorangegangene Haarentfernung) gereizte Haut gelangen. Vor allem alkoholhaltige Sprays können die Schleimhäute reizen, dürfen also auch nicht in die Augen gesprüht werden.

1.6 Enthaarungs- und Rasierhilfsmittel

Gründe für das Entfernen von Körper- und Barthaaren sind meist ästhetische Gesichtspunkte. In der Antike benutzte man dazu Schabmesser, Ätzkalk, Gummiharz, heiße Asche, Pechpflaster, Haarzangen usw. Auch das Abbrennen der Haare war üblich.

Heute wendet man physikalische (mechanische und elektrische) und chemische Methoden zur Haarentfernung an:

Erfolgt sie auf elektrophysikalischem Weg, um eine dauerhafte Entfernung der Haare zu erreichen, die auch die Haarwurzeln einschließt, spricht man von »Epilation«. Bei der elektrophysikalischen Enthaarung wird mittels einer Epiliernadel entweder die Haarpapille mit einem hochfrequenten (Frequenz etwa 2 Millionen Hertz) Kurzwellenstrom (»Diathermiestrom«) in Sekundenbruchteilen »verkocht« und so zerstört oder die Zellflüssigkeit der Haarpapille mit einem schwachen »Wärmestrom« elektrochemisch zersetzt (Dauer 20 bis 30 Sekunden). Mit beiden Methoden lassen sich Haare dauerhaft entfernen, doch handelt es sich um eine langwierige, mehr oder weniger schmerzhafte Behandlung, die nur von einer Fachkraft ausgeführt werden darf, da die Gefahr von Narbenbildungen bzw. von Verbrennungen groß ist.

Geschieht das Entfernen der Haare oberflächlich, und zwar mechanisch oder mit Hilfe chemischer Präparate, nennt man es »Depilation«. (Auf die Haarentfernung durch Röntgenbestrahlung – eine weitere physikalische Technik – sei hier nicht näher eingegangen, weil sie wegen der Strahlenbelastung keine allgemeine Bedeutung besitzt.)

1.6.1 Mechanische Enthaarung und Hilfsmittel

Zur mechanischen Enthaarung zählen:

- die Rasur (Abschneiden mit Rasiermesser oder Rasierapparat): Die Haare werden an der Hautoberfläche glatt abgeschnitten. Sie wachsen jedoch rasch und stoppelig wieder nach, die Rasur muß daher, z. B. bei Haarentfernung an den Beinen, alle 2 bis 3 Tage wiederholt werden. Für den Herrn verlangt ein gepflegtes Äußeres (sofern er keinen Vollbart trägt) die tägliche Gesichtsrasur;
- das Abschleifen mit speziellen Schmirgelpräparaten und Bimsstein (wegen möglicher Hautschädigung aber meist nur, wenn das Haar durch oxidative Behandlung z. B. mit Wasserstoffperoxid bereits teilweise abgebaut ist);
- das Ausziehen der Haare mit Pinzette oder Epilierwachsen: Man zupft die einzelnen Haare mit der Pinzette aus oder trägt ein Mittel auf, das die Haare beim Erkalten oder Eintrocknen in einem festen Film festhält. Durch ruckartiges Abnehmen des Films werden die Haare meist bis zu den Wurzeln entfernt und wachsen erst nach längerer Zeit wieder nach (Nachbehandlung erst nach 3 bis 6 Wochen wieder nötig). Die angebotenen Epilierwachse sind meist Wachs-Harz-Gemische oder Lösungen von geeigneten Kunststoffen (Cellulosenitrate usw.).

Vor allem für die tägliche Rasur bei Herren wurden verschiedene Hilfs-

und Pflegemittel entwickelt, daher sei dieser Bereich nun ausführlicher berücksichtigt.

Mittel für die Rasur mit Messer oder Klinge (Naßrasur)

Trockene Haare lassen sich schlecht mit Messer oder Klinge rasieren, da trockenes Keratin hart ist. Bei einer Naßrasur weicht man die äußere Haarschicht daher mit Wasser und Rasierhilfsmitteln auf. Diese enthalten Tenside (Seifen) und reagieren alkalisch, so daß der Fettfilm der Haare gelöst wird und das Keratin aufquillt. Sie helfen, das Haar aufrecht zu halten und lassen das Messer leichter über die Haut gleiten. Rückfettende Stoffe und eine nicht zu hohe Alkalität sollen die Strapaze und Reizung, die jede Rasur für die Haut bedeutet, mildern.

Rasierseifen und schäumende Rasiercremes: Hierbei handelt es sich hauptsächlich um Kaliumseifen (während Feinseifen reine Natriumseifen sind).

Rasierseifen werden meist durch Einwirkung eines Gemisches wäßriger Kaliumhydroxid- und Natriumhydroxid-Lösung (Kalilauge und Natronlauge) auf ein Gemisch aus Stearin und Cocosöl hergestellt. Sie sind heute hauptsächlich als Stangen (»Sticks«) auf dem Markt.

Rasiercremes sind in der Regel reine Kaliumseifen oder Gemische von Kalium- und Triethanolaminseifen. Beigemischte freie Stearinsäure verleiht ihnen den typischen Perlmuttglanz. Der Fettsäuregehalt beträgt bei festen Rasierseifen etwa 75 bis 80%, bei schäumenden Rasiercremes etwa 30 bis 36%. Oft setzt man noch Überfettungsmittel (z.B. Vaseline, freie Fettsäuren, Wollwachs usw.) und wasserbindende (d.h. feuchthaltende) Stoffe (z.B. Glycerin, Sorbit usw.) zu.

Nichtschäumende Rasiercremes: Sie werden vor der Naßrasur in die Haut eingerieben. Das Einseifen fällt also weg. Um die Haare zu entfetten und zu erweichen, muß das Gesicht vor dem Rasieren mit einer nichtschäumenden Creme daher gut mit warmem Wasser und Seife gewaschen werden. Die anschließend aufgetragene Creme verhindert dann das Austrocknen der Haare und läßt das Rasiermesser leichter über die Haut gleiten. Diese Art der Rasur ist schonender als die Rasur mit Seifenschaum und empfiehlt sich für Personen mit trokkener, fettarmer Haut.

Bei den nichtschäumenden Rasiercremes handelt es sich um mehr oder weniger überfettete Stearatcremes mit Emulgatoren (Triethanolamin, nichtionogene Tenside usw.), Gleitmitteln (Vaseline, Mineralöl, Wollwachs usw.), Feuchthaltemitteln (Glycerin, Sorbit usw.) und anderen Hilfsstoffen (z.B. Schleimstoffen – Tragant, Alginate, Methylcellulose usw. –, alkalisch reagierenden und daher stärker aufweichenden Salzen, wie Phosphaten) sowie Konservierungmitteln.

Aerosol-Rasiercremes (Rasiersprays, Rasierschäume): In der Zusam-

Exkurs: Chemisch behandelte Rasierklingen

Unter »chemisch behandelten« Klingen (oft auch als »rostfrei« gekennzeichnet) versteht man mit einer feinen Kunststoffschicht überzogene Klingen. Dadurch wird die Reibung beim Rasieren vermindert, die Klinge gleitet besser, und der Verschleiß ist geringer. Solche Klingen sollen für mindestens zehn Rasuren reichen.

Chemisch behandelte Klingen müssen im Apparat bleiben und dürfen nicht abgewischt, sondern nur abgespült werden, da man die dünne Kunststoffschutzschicht sonst zerstört.

mensetzung ähneln sie den schäumenden und den nichtschäumenden Rasiercremes, dazu kommt ein Treibgas. Auch hier fehlt das Einseifen, daher muß man, wie bei der Verwendung nichtschäumender Cremes, das Gesicht vorher mit Wasser und Seife waschen.

Rasiersteine: Sie bestehen hauptsächlich aus geschmolzenem Kaliumaluminiumsulfat (»Alaun«) oder Aluminiumsulfat, die das Gewebseiweiß gerinnen lassen und so blutstillend wirken. Zusatzstoffe sind Glycerin zur Verhinderung der Kristallwasser-Verdampfung und antibakterielle Mittel.

Hinsichtlich der Wirkung weisen die einzelnen Produktarten für die Naßrasur keine grundsätzlichen Unterschiede auf. Der Hauptunterschied liegt in der Bequemlichkeit der Handhabung und im Preis.

Nach dem Siegeszug der Elektrorasur in den fünfziger Jahren und darüber hinaus zeigt sich seit etwa 1970 eine deutliche Rückkehr zur Naßrasur, wobei die Rasierseife Marktanteile verlor, Rasiercremes und Rasiersprays hingegen an Beliebtheit gewannen.

Mittel für die elektrische Rasur (Trockenrasur)

Wie soeben erwähnt, bevorzugen seit dem Beginn der fünfziger Jahre viele Männer die zeitsparende, nicht aufwendige und bequeme Rasur mit einem elektrischen Rasierapparat. Im Gegensatz zur Rasur mit Messer oder Klinge gelingt die elektrische Rasur trockener Haare auf trokkener Haut sehr gut, da die Messer des Rasierapparats mit verhältnismäßig hoher Geschwindigkeit arbeiten. Präparate zur Vorbereitung von Haaren und Haut für die Elektrorasur (»Pre-shave«-Präparate) sind meist nicht erforderlich, außer wenn die Haare an der Haut kleben und die Haut nicht straff oder trocken genug ist.

Pre-shave-Präparate (Mittel vor der Rasur)

Sie sind in drei verschiedenen Formen erhältlich: als Puder, Lotion und Gelee.

Pre-shave-Puder: Bei feuchter und fetter Haut erleichtern sie die Elektrorasur durch ihre aufsaugende Wirkung und gute Gleitfähigkeit. Zusätzlich können diese Puder adstringierende (zusammenziehende) und keimhemmende Mittel enthalten. Angewendet wird der Puder als Puderstift (Kompaktpuder), mit dem man sich das Gesicht vor dem Rasieren einreibt. Pre-shave-Puder bestehen z. B. aus Talkum, Zink- oder Magnesiumstearat und neutralisierenden Zusätzen, wie Calciumcarbonat (Kreide), Zink- oder Magnesiumoxid.

Pre-shave-Lotionen: Dabei handelt es sich meist um hochprozentige Alkohol-Lösungen (überwiegend Ethanollösungen) zur Talg- und Schweißentfernung (Fettlösemittel), Hautstraffung, Haarhärtung und Erfrischung (Verdunstungskälte). Je fetter die Haut, um so höher sollte der Alkoholgehalt sein. Außerdem können noch beigegeben sein:

- Adstringentien (z. B. schwache Säuren, Hamamelis-Extrakt, Aluminiumsalze usw.),
- Pilomotorika (das sind durch Kontraktion der Haarbalgmuskeln haaraufrichtende Stoffe, wie 2-(3,6-Dimethoxy-2,4-dimethylbenzyl)-2-imidazolin und seine Salze),
- Menthol und Campher zur Kühlung,
- Azulen oder Allantoinate zur Verhinderung von Entzündungen und
- Gleitmittel (wie Glycerin oder besser Isopropylmyristat).

Pre-shave-Gelees: Bei ihnen verteilen sich die hauttrocknenden, hautglättenden und haaraufrichtenden Wirkstoffe in einem Gel. Sie lassen sich gut in Tuben abfüllen und sind bequem in der Anwendung.

Abschließende Pflegepräparate

After-shave-Präparate (Mittel nach der Rasur)

Beim Rasieren (Trocken- oder Naßrasur) läßt sich eine mehr oder weniger große Hautreizung bzw. teilweise Schädigung der obersten Hautschicht nie ganz vermeiden. After-shave-Präparate haben daher eine hautpflegende Funktion, d. h., sie können die Hautreizung mildern, den bei der Rasur möglicherweise angegriffenen Säuremantel der Haut wiederherstellen helfen, rückfetten, die Bakterienzahl vermindern und erfrischen.

After-shave-Präparate sind als Puder, Lotionen, Sprays, Schäume, Gelees, Cremes und Stifte im Handel erhältlich:

After-shave-Puder: Sie wirken durch wasserbindende Grundsubstanzen (z. B. Talkum, Magnesiumcarbonat, Calciumcarbonat, Kaolin, Kieselsäure) entquellend und enthalten meist noch Adstringentien (Alaun, Aluminiumstearat, Zinkstearat, Zinkmyristat usw.).

Flüssige Rasierpuder: Darunter versteht man Aufschwemmungen von

Talkum, Zinkoxid und Kaolin in wäßrig-alkoholischer Lösung von Glycerin und eventuell einem Antiseptikum (z. B. 8-Hydroxychinolinsulfat) in hoher Verdünnung.

After-shave-Lotionen, -Sprays, -Schäume und -Gelees: besitzen einen hohen Anteil an Ethanol (40 bis 60% in Lotionen), das an sich schon kühlend, leicht adstringierend und desinfizierend wirkt. Für sehr trokkene und empfindliche Haut findet man auch Produkte ohne Alkoholzusatz. Weiterhin kommen im allgemeinen hinzu: schwache Säuren zur Wiederherstellung des Säuremantels der Haut (z. B. Milchsäure, Citronensäure, Weinsäure), Adstringentien (Aluminiumsalze), manchmal Bakterizide, Azulene und Heilpflanzentinkturen zur Entzündungshemmung, hautglättende Stoffe (z. B. Glycerin, Polyethylenglykole), Rückfetter sowie Mittel zur Verstärkung der kühlenden Wirkung (z. B. Menthol und Campher). Für Handhabung und Konsistenz sorgen in Sprays das Treibgas (siehe dazu auch Exkurs »Spraydosen«, Seite 110), in Schäumen Schaumbildner, in Gelees gelbildende Stoffe.

After-shave-Cremes und -Stifte: After-shave-Cremes sind meist Öl-in-Wasser-Emulsionen. Manchen ist auch Ethanol zugesetzt. Sie wirken vor allem hautglättend, die ethanolhaltigen Cremes auch noch kühlend. After-shave-Stifte weichen in Aufbau und Wirkung kaum von den After-shave-Lotionen ab. Sie enthalten ebenfalls Alkohol und zusätzlich noch Natriumstearat als Geliermittel.

1.6.2 Chemische Enthaarungsmittel (Depilationsmittel)

Bei der chemischen Enthaarung werden die Haare aufgeweicht und zerstört, so daß man sie schließlich abstreifen kann. Da bei der chemischen Haarentfernung auch ein Teil des im Haarfollikel befindlichen Haarschaftes entfernt wird, wirkt diese Methode nachhaltig: Eine Nachbehandlung ist erst nach 1 bis 2 Wochen nötig. Chemische Enthaarungsmittel bewirken keine dauerhafte Enthaarung, eine häufige Anwendung kann den Haarwuchs lediglich verringern.

Depilationsmittel werden als Pulver, Lotionen, fettfreie und fetthaltige Pasten und als Sprays angeboten.

Oxidierende Depilationsmittel

Präparate dieser Art bestehen im wesentlichen aus einer stark verdünnten alkalischen Wasserstoffperoxid-Lösung, die das Keratin bleicht und langsam zerstört – eine Behandlung, die bei Beachten der Anwendungsvorschriften zwar gefahrlos ist, aber Geduld und Ausdauer erfordert. Man nimmt sie vor allem gegen Haare auf der Oberlippe (Frauenbart), auf den Handrücken oder an den Beinen zu Hilfe, oft kombiniert mit nachfolgendem Abschleifen oder anderen mechanischen Haarentfernungsmethoden. Die alkalisch eingestellten Wasserstoffperoxid-Lösungen zersetzen sich sehr schnell und sind daher in Drogerien, Apotheken usw. nicht vorrätig, sondern müssen immer frisch zubereitet und gleich verwendet werden.

Bedenklich ist eine Behandlung mit solchen Lösungen bei Zimmertemperatur nicht, denn es entwickelt sich kein schädlicher Wasserstoffperoxid-Dampf. Eine Gefahr bedeutet es allerdings, wenn durch Verunreinigung mit Schwermetallen, z.B. mit Rost oder dem eisenhaltigen Blut, eine spontane (stark aufschäumende bzw. spritzende) Zersetzung eintritt.

Im Handel ist Wasserstoffperoxid in Form stabilisierter wäßriger Lösungen (konzentrierte Lösungen weisen meist einen Anteil von 30%, verdünnte von 3% Wasserstoffperoxid auf) oder als feste Harnstoff-Additionsverbindung (Percarbamid, sogenanntes »festes Wasserstoffperoxid«). Die Lösungen sind durch Säuren (z.B. Schwefelsäure, Phosphorsäure), Phosphate (Natriumdiphosphat) und schwermetallbindende Komplexierungsmittel stabilisiert, die feste Verbindung durch Natrium- oder Ammoniumdihydrogenphosphat oder Zinksulfat. Festes Wasserstoffperoxid (auch in Tablettenform) ist besser dosierbar und beständiger als die Lösungen, muß trocken aufbewahrt werden und kann leicht brennbare Stoffe entzünden. Es findet sich ebenso in Produkten zur Haarbleichung und Haarfärbung sowie als Antiseptikum und Desinfektionsmittel.

Reduzierende Depilationsmittel

Sie enthalten meistens Mercaptane, vor allem Thioglykolsäure (Gehalt meist 2 bis 4%) und deren Salze (z.B. Calciumthioglykolat) in stark alkalischer Lösung. Diese Stoffe, die bei pH 9 bis 9,5 für Haarwellen verwendet werden, wirken im stärker alkalischen Milieu (pH 10 bis 12,5) depilierend. Auch andere organische Schwefel-Verbindungen, wie *β*-Mercaptopropionsäure, *α*-Mercaptopropionsäure (Thiomilchsäure) und ihre Salze (z.B. Strontiumthiolactat usw.) können in Haarentfernungsmitteln eingearbeitet sein. Alle diese organischen Schwefel-Verbindungen sind zwar nicht geruchlos, doch ihr Geruch ist viel weniger aufdringlich als der der wäßrigen Alkali- oder Erdalkalimetall-sulfid-Lösungen, die man früher verwendete (Schwefelwasserstoff-Entwicklung). Zur Einstellung des optimalen pH-Wertes (12 bis 12,5) werden vor allem Erdalkalimetallhydroxide (z.B. Calciumhydroxid) beigemischt.

Neben diesen eigentlichen Wirkstoffen können die Mittel weitere Zusätze enthalten, z.B.

- Tenside (zur besseren Benetzung der Haare und leichteren Abwaschbarkeit des Mittels; zu »Tensiden« siehe auch Exkurs auf Seite 20),

- Feuchthaltemittel (zur Verhinderung des zu schnellen Austrocknens auf der Haut: Glycerin, Sorbit usw.),
- Schleim- und Quellstoffe (Celluloseether, Polyvinylpyrrolidon usw.) als Verdickungs- und Bindemittel,
- »Beschleuniger« (haarquellungsverstärkende Stoffe: Harnstoff usw.),
- geeignete stabile Parfümöle zur Verdeckung des unangenehmen Eigengeruchs und
- andere Zusatzstoffe.

1.6.3 Wissenswertes für die Praxis

Zur Anwendung chemischer Depilationsmittel

Pulverförmige Mittel werden mit Wasser angeteigt (keine Spatel aus Metall, sondern nur aus Holz, Kunststoff oder Porzellan benutzen!), die übrigen Präparate lassen sich sofort auftragen. Innerhalb kurzer Zeit sind die Haare so stark zerstört, daß sie sich leicht abstreifen lassen. Da Haarkeratin und Hautkeratin in ihrem chemischen Aufbau verwandt sind, wird allerdings auch die Haut angegriffen. Chemische Depilationsmittel darf man daher auf keinen Fall mit Augen und Schleimhäuten in Berührung bringen oder bei geschädigter, wunder Haut (Pickel, Abschürfungen, Sonnenbrand, Ekzeme, Furunkel usw.) anwenden. Für die zarte Gesichtshaut sind diese Mittel weniger geeignet.

Stets sollte man die Präparate vor dem Gebrauch auf ihre Verträglichkeit testen: Auf eine Körperstelle (z.B. am Unterarm oder am Bein) auftragen. Tritt nach 2 bis 3 Minuten ein leichtes Brennen oder eine Rötung der Haut ein, ist die Wahl eines anderen Mittels erforderlich. Um die Haut zu schonen, sollte man die vorgeschriebene Einwirkzeit genau einhalten und nicht überschreiten. Sobald sich die Haare sichtbar kräuseln, kann man sie mit einem Spatel oder einem Wattebausch entfernen. Danach nur mit kaltem oder lauwarmem Wasser (also ohne Seife) gut abwaschen. Dem Spülwasser eventuell einen Schuß Essig oder einige Tropfen Zitronensaft zufügen, da die Haut durch das alkalische Enthaarungsmittel etwas angegriffen ist.

Nach jeder Behandlung ist sorgfältig darauf zu achten, daß keine Rückstände des Enthaarungsmittels auf der Haut oder auf Kleidungsstücken bleiben. Die Anwendung sollte grundsätzlich nur abends erfolgen, damit sich die danach aufgequollene und gereizte Haut während der Nachtruhe erholen kann. Zur Beruhigung der Haut empfiehlt es sich, sie abschließend mit einer nicht parfümierten Creme und mit Wund- oder Kinderpuder zu pflegen.

Nach der Enthaarung sollte die Haut auf keinen Fall noch mehr gereizt werden: Mindestens 12 Stunden lang – je nach Beeinträchtigung der Haut auch länger – sollte sie nicht mit Seife, Körpersprays, -stiften oder Parfüm in Berührung kommen. Intensive Sonnenbestrahlung ist zu vermeiden.

1.7 Dekorationsmittel für die Haut

Wie schon erwähnt (Seite 13), kann der Einsatz von kosmetischen Produkten zwei Grundzielen dienen: der Gesunderhaltung, Pflege und dem Schutz des Äußeren einerseits, und der Verbesserung bzw. Veränderung des äußeren Erscheinungsbildes nach Maßgabe modischer Gesichtspunkte andererseits.

Das zweite Motiv ist der Grund für die Verwendung vieler verschiedener Dekorationsmittel (vor allem für das Gesicht), von denen ein Großteil oft unter dem Begriff »Make-up-Präparate« zusammengefaßt wird. Hierzu gehören

- Gesichts-Make-up-Präparate in verschiedenen Formen,
- Lidschatten und Wimperntusche in Forn von Stiften, Pudern und Cremes; Augenbraunenstifte, Augenbrauen- und Wimpernfarben (für den Bereich der Augen),
- Lippenstifte, Lippenkonturenstifte und Lippenlacke,
- Nagelpräparate.

Hautaufhellungs- und Hautbräunungsmittel wurden in Abschnitt 1.4.3 behandelt.

Häufig werden Dekorationsmittel, die nur dem Verbessern des Äußeren dienen sollen, auch mit pflegenden und schützenden Substanzen versehen.

Dekorationsmittel enthalten stets Farbmittel. Diese lassen sich entweder an Ort und Stelle bilden (z. B. bei manchen Haut- und Haarfärbungen) oder in Form natürlicher und synthetischer Farbmittel aufbringen. Der Gesetzgeber hat Sorge dafür getragen, daß nur solche Farbmittel empfohlen und zugelassen werden, die für den jeweiligen speziellen Verwendungszweck unbedenklich erscheinen. Ebenso veröffentlichte die Kosmetikindustrie freiwillige diesbezügliche Richtlinien.

Solche natürlichen oder synthetischen Farbmittel werden entweder als lösliche Farbstoffe oder, meistens, als unlösliche Pigmente bzw. unlösliche »Farblacke« eingesetzt. Natürliche Farbmittel sind allerdings weniger lichtecht und haben im allgemeinen keine gute Farbkraft.

Farbstoffe (lösliche Farbmittel)

Bekannte lösliche *Naturfarbstoffe* sind z. B.

- Alkannin: roter Farbstoff, der beim Trocknen in der Wurzel der im Mittelmeergebiet heimischen Färber-Alkanna (*Anchusa tinctoria*) entsteht;

- Henna: Extrakt aus den Blättern von *Lawsonia inermis,* wird allein oder gemischt mit »Reng«, dem Pulver aus Blättern des Indigostrauchs *Indigofera argentea,* als Haarfarbe (goldblond, rot, braun, schwarz) verwendet;
- Karmin: roter Farbstoff, aus der Cochenille-Schildlaus *(Dactylopius cacti)* gewonnen.

Die *synthetischen Farbstoffe* sind aus einfachen organischen Verbindungen (z.B. Aminen und Phenolen) synthetisierte lösliche Farbmittel, meist mit aromatischen bzw. heterocyclischen Gruppen. Chemisch unterscheidet man je nach der farbgebenden (chromophoren) Gruppe bzw. nach dem chemischen Aufbau z.B. Azofarbstoffe, Anthrachinon-, Acridin-, Cyanin-Farbstoffe, Polymethin-, Indigo-, Triarylmethan- und andere Farbstoffe. Die Anwendetechnik teilt hingegen unabhängig von den farbgebenden Strukturelementen ein, z.B. in basische Farbstoffe (Salze organischer farbiger Basen), saure Farbstoffe (Salze organischer farbiger Säuren), Beizen-, Direkt-, Dispersions-, Küpen- und weitere Farbstofftypen.

Zu den bedeutendsten synthetischen Farbstoffen zählen die Azofarbstoffe. Sie gehen aus der chemischen Reaktion (Kupplung) von einem wasserlöslichen Diazoniumsalz eines Aromaten (d.i. einer aromatischen Verbindung) mit einem zweiten Aromaten hervor. Die so entstandenen Azofarbstoffe weisen meist sehr gute Gebrauchseigenschaften auf.

Pigmente (unlösliche Farbmittel)

Natürlich vorkommende Erden (Aluminiumsilicate), deren Farbe auf Beimischungen anderer Metallverbindungen (z.B. Eisen- und Manganoxiden usw.) beruht, liefern *natürliche* Pigmente. Beispiele dafür sind gelber Ocker, Terra di Siena (braun), roter Bolus (ziegelrot), Umbra (dunkelbraun) usw. Durch starkes Erhitzen (Brennen) der Erdfarben kann man neue Farbtöne hinzugewinnen. Erdfarben werden als Färbemittel bei Pudern, Schminkstangen, Schminkcremes usw. verwendet.

Bei den *synthetischen* anorganischen und organischen Pigmenten ist die Farbpalette größer, allerdings dürfen manche wegen ihrer Giftigkeit nicht in kosmetischen Mitteln eingesetzt werden (z.B. Cadmiumsulfid).

Farblacke

Farblacke sind in diesem Zusammenhang Pigmente, die man aus den wasserlöslichen Farbstoffen durch eine chemische Reaktion mit einem Fällungsmittel erhält. Wie alle Pigmente sind die Farblacke in Lösemitteln oder Bindemitteln unlöslich.

Ein Farblack aus einem natürlichen Farbstoff ist z.B. der »Florentiner Lack«, den man durch Reaktion von Karmin und dem im brasilianischen Rotholz vorkommenden Glucosid »Brasilin« mit Aluminiumhydroxid erhält.

Heute sind die wichtigen Farblacke für Puder, Lippenstifte und Schminken die aus synthetischen Farbstoffen synthetisch hergestellten Pigmente. Wasserlösliche Monoazofarbstoffe der Naphthol-AS-Reihe, Anthrachinon-Derivate und Xanthenfarbstoffe kann man beispielsweise pigmentieren, indem die Sulfonsäuregruppe mit Erdalkalimetall-, Aluminium- oder Mangansalzen umgesetzt wird. Je nach Farbstofftyp ist dabei anorganisches Trägermaterial erforderlich.

1.7.1 Make-up-Präparate für das Gesicht

Die Verwendung von Make-up-Präparaten für das Gesicht (das »Schminken«) soll die Gesichtshaut frischer und ästhetisch schöner aussehen lassen und Unregelmäßigkeiten der Haut ausgleichen. Das vom französischen Wort »maquiller« (»schminken«) abgeleitete Wort »Maquillage« wird meistens für eine besonders auffällige bzw. maskenhafte Gesichtsdekoration gebraucht. Flüssige Make-up-Präparate tragen auch die Bezeichnung »Fond de teint«. Sonderformen von Make-up-Präparaten für das Gesicht sind »Karnevalsschminken« und »Laufstegschminken«. Bei den sogenannten »Camouflage-Präparaten« (vom französischen Wort für »Tarnung«) handelt es sich um Präparate, die störende Farbveränderungen der Haut (Narben, Sommersprossen, Muttermale usw.) verdecken und korrigieren sollen. Diese Präparate sind wasser- und lichtfest sowie schweißbeständig und können mehrere Tage auf der Haut verbleiben. Abriebfest sind sie allerdings nicht und müssen daher öfters erneuert werden.

Eine Möglichkeit der Gesichtshautdekoration ist die Vorbehandlung mit einer Make-up-Unterlage (vor allem als Haftgrundlage und als Austrocknungsschutz) und nachfolgendes Auftragen von Puder gewünschter Färbung. Diese Dekorationsmethode gelingt in einem Arbeitsgang durch die Benutzung von Pudercremes.

Wasserfreie Pudercremes

Hier sind die Pudergrundstoffe und die Farbstoffe in einem thixotropen (»Thixotropie« siehe Seite 27) Fett-Wachs-Öl-Gemisch gebunden. Ein wichtiger Puderbestandteil dieser Präparate ist Titan(IV)-oxid.

»Pancake-Make-up«: Die »Pfannkuchen-Schminke« ist eine wasserfreie Pudercreme und entspricht in der Anwendung einer O/W-Emulsion, da sie mit einem feuchten Schwämmchen auf die Haut aufgetragen wird (die Emulsion entsteht auf dem Schwamm).

Nichtflüssige Pudercremes vom O/W-Typ

Diese sind mit anorganischen Pigmenten oder mit Farblacken pigmentierte Trockencremes mit Puderbeimischung (Talkum, Kaolin, Titan(IV)-oxid) (siehe Seite 44). Hier empfiehlt sich die Verwendung einer einfachen Trockencreme (Tagescreme) als Unterlage, um auf der Hautoberfläche einen gleichmäßigen Fett- und Feuchtigkeitszustand herzustellen. Durch eine solche Unterlage wird auch ein Eindringen der Pigmente in die Haarfollikel und die feinen Oberhautrillen vermieden und damit Hautreizungen vorgebeugt.

Flüssige Pudercremes

Bei diesen beliebten Präparaten bildet Wasser den Hauptbestandteil, daneben enthalten sie Puderstoffe und Öle, die nach dem Eintrocknen des Mittels auf der Haut den pudertragenden Film bilden (z. B. Mineralöle, Siliconöle, Isopropylmyristat, Wollwachs, Cetylalkohol). Weitere Zusätze sind:

- Tenside (als Emulgatoren für die Öle und Verteilungsmittel für die Puderstoffe),
- Pigmente und Farblacke zur Färbung,
- wasserbindende Stoffe (wie Carboxymethylcellulose, Glycerin, Propylenglykol) zur Verbesserung der Streichfähigkeit und um das Eintrocknen zu verzögern,
- außerdem Konservierungsmittel und Parfüm.

Rouge-Präparate

Hierbei handelt es sich um stark farbmittelhaltige Make-up-Präparate. Als Farbmittel werden Pigmente, Farblacke und auch wasser- und öllösliche Farbstoffe verwendet. Die wasserlöslichen Farbstoffe können die Haut direkt anfärben.

Sie sind als Puder bzw. Kompaktpuder, als Emulsionen und als wasserfreie Wachs-Öl-Gemische (Fettschminken) im Handel und haben eine ähnliche Zusammensetzung wie die entsprechenden Lidschatten-Präparate.

Faltenabdecklotionen

Obwohl diese nicht zu den dekorativen Kosmetika im eigentlichen Sinne zählen, seien sie an dieser Stelle erwähnt.

Es handelt sich meist um etwa 5%ige konservierte Lösungen von Eiweißstoffen (Rinderserum-Albumin, Ei-Albumin, Schweineovarien-Albumin, Schweineplacenta-Albumin), die man dünn auf die Haut aufträgt und trocknen läßt. Der unsichtbare Proteinfilm zieht sich beim Trocknen zusammen und strafft die Haut, wodurch Falten und Runzeln für einige Stunden fast unsichtbar werden. Die Wirkung ist also eine rein oberflächliche und mechanische.

1.7.2 Make-up-Präparate für den Bereich der Augen

Zweck dieser Präparate ist es, die Augen zu betonen und deren Wirkung dekorativ zu verstärken.

Lidschatten-Präparate
Sie werden vor allem auf die Augenlider aufgetragen und sind – modeabhängig – in vielen Farbtönen verfügbar. Metallglanzeffekte erreicht man durch Beimischen von Metallpulvern (Bronze, Aluminium, Gold, Glimmer usw.). Als Farbmittel dienen vor allem anorganische Pigmente (synthetische Eisenoxide) mit gelber, roter, brauner und schwarzer Farbe, blaue, grüne und violette Ultramarine (schwefelhaltige Natrium-Aluminium-Silicate) und manchmal auch organische Farblacke. Man wählt die Farbe von Lidschatten um so heller, je kleiner das Auge ist. Sie sollen nie stärker zur Geltung kommen als die eigene Hautfarbe.

Lidschatten-Präparate werden als wasserfreie Wachs-Öl-Gemische (Fettschminken), Emulsionen und vor allem als gepreßte Puder (Kompaktpuder, »Puder-Cakes«) angeboten.

Die wasserfreien Wachs-Öl-Gemische enthalten Öle (wie Paraffinöl, Ricinusöl und Fettsäureester), die für gutes Auftragen und die Haftung auf der Haut sorgen, und Wachse – wie natürliches Erdwachs (Ozokerit), Bienenwachs, Carnaubawachs, Wollwachs (Lanolin) und synthetische Wachse –, welche die Konsistenz bestimmen. Diese Lidschatten-Präparate schützen die Augenlider vor Feuchtigkeitsverlust, ihre Pigmente können jedoch allmählich zusammenlaufen und sich in den Lidfältchen ansammeln.

Als Emulsionen dienen Öl-in-Wasser-Emulsionen mit Stearin, Fettsäureestern, Wachsen, Fettalkoholen, Siliconölen usw. in der Ölphase und mit Feuchthaltemitteln (Glycerin, Glykolen), Konservierungsmitteln, Verdickungsmitteln (Carboxymethylcellulose, Natrium-Magnesium-Silicaten) in der Wasserphase. Die Siliconöle verbessern Haftung und Wasserwiderstandsfähigkeit. Außerdem sind manchmal noch Antioxidantien und in geringen Mengen Parfümöle hinzugefügt.

Bei gepreßten Pudern (Kompaktpudern, »Puder-Cakes«) bilden Puderrohstoffe (z.B. Talkum) und Bindemittel (Isopropylstearat, Isostearylisostearat, Paraffinöl, Lanolinalkohol, acetylierter Lanolinalkohol, Cetylacetat usw.) die Grundlage. Beimischungen von Kreide, Kaolin und Zinkoxid steigern die Deckkraft, Zink- oder Magnesiumstearat, Polyvinylpyrrolidon-Copolymerisate oder Acrylatpolymere erhöhen die Wasserfestigkeit. Diese Produkte verschmieren nicht so leicht und halten länger als die Wachs-Öl-Gemische und die Emulsionen. Sie sind aber schwieriger zu entfernen und können die Augenlider austrocknen.

Mascaras (Wimperntuschen)

Es ergibt ein vorteilhafteres Erscheinungsbild, wenn Wimpern (und auch Augenbrauen) der Haarfarbe angeglichen werden: Hellhaarige Frauen sehen mit braungefärbten Wimpern und Brauen natürlich aus, die Wimpern von Dunkelhaarigen können generell schwarz gefärbt werden. Spärliche Wimpern erscheinen durch einen feinen Lidstrich voller.

Auch Mascaras sind in verschiedenen Formen im Handel:

Block-Mascara (»Cake«-Typ, »Spuck-Mascara«): Dieses Mascara ist eine Mischung von Farbstoff, Fetten, Wachsen und Emulgatoren (meist Triethanolaminstearat). Beim Auftragen verwendet man eine feuchte Bürste, so daß sich an der Oberfläche des Mascara-Blocks eine Öl-in-Wasser-Emulsion bildet, die mit der Bürste aufgetragen wird und auf den Wimpern wieder eintrocknet.

Wasserfreie Mascaras in Cremeform: Ihr Aufbau ähnelt dem der Fettschminken.

Emulgierte Mascaras in Cremeform: Die Basis ist hier meist eine Öl-in-Wasser-Creme vom Stearat-Typ.

Flüssige Wimperntuschen: Flüssigpräparate auf der Basis von Schleimstoffen (z. B. wäßrige Tragant-Schleime) sind immer mehr oder weniger wasserlöslich und werden von Schweiß und Tränen daher leicht verwischt. Flüssigpräparate auf der Basis von Harzen oder Ethylcellulose (in Alkohol-Lösung) bilden hingegen einen ziemlich wasserbeständigen Lacküberzug auf den Wimpern. (Doch der Alkohol wirkt reizend, wenn er in die Augen gerät.) Außerdem bietet der Handel flüssige Mascaras auf Ölbasis an, die allerdings eine längere Eintrocknungszeit benötigen.

Flüssige Wimperntuschen haben die Präparate in Blockform fast völlig verdrängt. Sie werden in praktischen Hülsen (Kugelschreiberprinzip) geliefert.

Augenbrauenstifte

Augenbrauenstifte verwendet man heute in zwei Formen: als Schminkstifte oder als »Crayons« (in Bleistiftform). In ihrer Zusammensetzung ähneln sie den Lippenstiften, nur sind sie härter. Beide Formen zählen zu den harten Fettschminken und können natürlich vorkommende Erdwachse (Ozokerit), gereinigte Erdwachse (Ceresin), Bienenwachs, Carnaubawachs, (Wollwachs Lanolin), gehärtete (hydrierte) Pflanzenöle, Stearate, Cetylalkohol als Wachs-/Ölkomponente und meist anorganische Pigmente (Umbra, synthetische Eisenoxide, Lampenschwarz usw.) enthalten.

Augenbrauen- und Wimpernfarben

Diese Mittel rechnet man eigentlich nicht den dekorativen Kosmetika zu, denn sie sind chemische Haarfärbemittel, z. B. Oxidationsfarben (siehe Seite 120), die man auch für die sonstige Haarfärbung gebraucht. Nur die Rezepturen werden milder eingestellt und reizende Mittel vermieden. Ebenso stehen Wimpern- und Augenbrauenfarben auf Silbernitrat-Basis zur Wahl, bei denen z.B. Pyrogallol-Lösung oder Natriumthiosulfat-Lösung als Entwickler (siehe Seite 122) dienen. So ergeben sich blonde, braune und schwarze Färbungen.

1.7.3 Make-up-Präparate für die Lippen

Die Lippen gehören zu den empfindlichsten Hautpartien. Sie haben eine extrem dünne Hornschicht, keine Schweißdrüsen und wenig Talgdrüsen. Nur der Speichel hält sie feucht. Sie sind nahezu fettfrei und können deshalb bei schlechtem Wetter, Wind und Kälte austrocknen, aufspringen und schmerzhafte Spalten oder Risse bekommen. Kosmetische Mittel dürfen die Lippenhaut möglichst nicht zusätzlich belasten, also nicht austrocknen und auch keine schädigenden bzw. giftigen Stoffe enthalten, denn ein Teil wird »aufgegessen«. Entsprechend den Empfehlungen der Farbstoffkommission der »Deutschen Forschungsgemeinschaft« (DFG) und der »Kosmetikverordnung« vom 16. 12. 1977 dürfen heute keine giftigen oder bedenklichen Farbstoffe (z.B. schwermetallhaltige Farbstoffe) mehr eingesetzt werden. Die heutigen Lippendekorationsmittel dringen nicht mehr in die Haut ein und gerben sie auch nicht mehr wie die sogenannten »kußechten« Lippenstifte. Allerdings haften sie dafür meist weniger lang, so daß z.B. nach Mahlzeiten oft nachgeschminkt werden muß.

Die hauptsächliche Anwendungsform sind die Lippenstifte; in ganz untergeordnetem Maß werden auch cremeförmige und flüssige Lippenschminken verwendet.

Lippenstifte

Hierbei handelt es sich entweder um vor allem der Pflege und dem Schutz der Lippen dienende Lippenpomaden mit nur wenigen Pigmenten oder um spezielle Fettstifte. Diese beinhalten zur Verbesserung der Gebrauchseigenschaften neben den bei den Lippenpomaden verwendeten Wachsen und Ölen noch viele weitere Zusätze und stellen so komplexe Mischungen von oft über 25 Bestandteilen dar. Zusatzstoffe sind z.B. halbfeste Fettstoffe, wie Cacaobutter, Wollwachs, isomere Fettsäureester mit einem Schmelzpunkt von etwa 28 °C zur Verbesserung des Abriebs, Bienenwachs zur Verbesserung der Haftfestigkeit, Fettsäurealkanolamide, Cetylalkohol und andere zur Erweichung der Haut. Ein fettreicher cremiger Stift pflegt die Lippen besser als ein trockener, harter Stift, wird allerdings auch schneller verbraucht (abgerieben).

Konservierungsstoffe und Antioxidantien gewährleisten die Haltbarkeit, möglichst hautneutral wirkende Parfüms tragen zur Aromatisierung bei.

Die modernen Stifte sind thixotrop eingestellt (»Thixotropie« siehe Seite 27): Sie haben zwar einen relativ hohen Schmelzpunkt, werden aber durch den Auftragedruck dünnflüssiger. Die farbgebende Komponente besteht heute in der Hauptsache aus Farblacken und Pigmenten, mehr oder weniger auch aus löslichen Eosinfarbstoffen. Pastellfarbene Stifte enthalten z.B. das Pigment Titan(IV)-oxid. Eine glanzgebende Wirkung erzielt man durch Glimmer-Titan(IV)-oxid-Pigmente. Der Gehalt an färbenden Substanzen beträgt 3 bis 10%.

Flüssige und cremeförmige Lippenschminken

Diese Produkte konnten sich gegenüber den Lippenstiften nicht durchsetzen. Die cremeförmigen Lippenschminken sind meist Emulsionen ohne große Haftfähigkeit. »Lip-gloss« (Lippenglanz) ist eine cremeförmige Lippenschminke mit hohem Ölanteil, z.B. mit synthetischen Triglyceriden mittlerer Kettenlänge, und mit Perlglanzpigmenten. Lipgloss wird allgemein als letzte Schicht auf die bereits geschminkten Lippen aufgetragen und verleiht ihnen einen starken Glanz. Dezent wirkt Lip-gloss auch ohne vorherige Unterlage.

Die Zusammensetzung flüssiger Lippenschminken (»Lippenlack«) ähnelt den Nagellack-Rezepturen. Sie enthalten filmbildende Stoffe (z.B. Celluloseacetat, Celluloseether oder auch synthetische Polymere), Weichmacher (z.B. Citronensäureester), Farbstoffe (z.B. Eosinfarbstoffe) und Lösemittel. Flüssige Lippenschminken bilden einen beständigen Film auf den Lippen, trocknen jedoch sehr aus. Sie sollten nicht regelmäßig, sondern nur zu besonderen Anlässen verwendet werden.

Diese Präparate können mit dem Pinsel oder nach dem Prinzip eines Kugelschreibers aufgetragen werden. Sie sind gut geeignet, um Konturen klar herauszuarbeiten.

1.8 Nagelbehandlungsmittel

Finger- und Fußnägel bestehen aus hartem, abgestorbenem Keratingewebe, das zwar ziemlich widerstandsfähig ist, jedoch durch z.B. stark entfettende Stoffe (alkalische Lösungen, Wasch- und Spülmittellösungen, organische Lösemittel usw.) ausgelaugt und dabei brüchig wird.

Zum Schutz und zur Dekoration der Nägel verwendet man Nagellacke.

Exkurs: Formaldehyd

Formaldehyd (Methanal) ist eine giftige, chemisch einfach aufgebaute, gasförmige Substanz, die zu einem der wichtigsten organischen Grundstoffe der chemischen Industrie wurde. Er wird dort unter anderem zur Herstellung von Kunststoffen und Kleb- und Schaumstoffen verwendet. Darüber hinaus wird er vielen Produkten als Desinfektions- und Konservierungsmittel zugesetzt.

Die Bezeichnung »Formaldehyd« entstand aus der Kombination von Acidum *form*icum (Ameisensäure) und *Aldehyd.* (Zum Begriff »Aldehyd« siehe Seite 134.)

Strukturformel von Formaldehyd

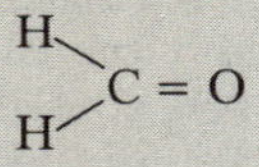

Die Verbindung geriet unter zwei Aspekten in die öffentliche Diskussion: als Bestandteil der Raumluft und als Inhaltsstoff vieler Produkte.

Zum Vorhandensein von Formaldehyd in der Raumluft tragen vor allem bei:

- Spanplatten, zu deren Herstellung billige Harnstoff-Formaldehyd-Harze als Klebstoffe verwendet wurden. Die fertigen Produkte können noch jahrelang Formaldehyd ausdünsten.
- Harnstoff-Formaldehyd-Schäume, wie sie zur Wärmedämmung verwendet werden. Der daraus freiwerdende Formaldehyd kann unter Umständen durch das Mauerwerk in den Innenraum diffundieren.

Darüber hinaus begegnet er uns täglich in vielen Produkten, mit denen die Haut in Kontakt kommt: Er ist in Arzneimitteln zur Fußpilzprophylaxe, desinfizierenden Haushaltsreinigern oder anderen täglich verwendeten Produkten als Konservierungsmittel enthalten. (Zulässig sind heute laut EG-Richtlinien bis zu 0,2% als Konservierungsmittel, ab 0,05% ist es bereits deklarations-

Nagellacke

Nagellacke bilden einen wasserundurchlässigen Schutzfilm auf der Nagelplatte. Neben dem klassischen Filmbildner Cellulosenitrat (»Collodiumwolle«) setzt man heute natürliche und ergänzend vor allem synthetische Harze ein, z.B. Polyacrylate, Alkydharze, Polyvinylacetat, Glycerin-Phthalsäure-Harze, Arylsulfonamid-Harze usw. Zur Erhöhung von Geschmeidigkeit, Haftfestigkeit und Glanz dieser spröden Harzfil-

pflichtig. Nagelhärter dürfen bis zu 5% Formaldehyd enthalten, die jedoch ebenfalls angegeben sein müssen.)

Bedenken werden deshalb angemeldet, weil Formaldehyd zu Schleimhautreizungen oder – bei langfristiger Einwirkung – zu chronischen Veränderungen der Atemwege führen kann, falls bestimmte Konzentrationen in der Atemluft überschritten werden.

Bei Hautkontakt kann er allergische Reaktionen auslösen, insbesondere bei Produkten, in denen höhere Konzentrationen vorliegen. (Die Arbeitsstoff-Verordnung beschreibt 30%ige Formaldehyd-Lösungen als reizend, darüber hinaus als giftig.)

Während diese Befunde allgemein gesichert scheinen, gehen die Ansichten über eine eventuelle krebserregende Wirkung weit auseinander. Die offizielle Stellungnahme des Bundesgesundheitsamtes hierzu lautet: ». . . nach dem gegenwärtigen Stand der Wissenschaft bestehen keine hinreichenden Anhaltspunkte, daß Formaldehyd beim Menschen Krebs erzeugt; da nicht alle Verdachtsmomente ausgeschlossen werden können, bleibt ein Verdacht auf ein krebserzeugendes Potential bestehen.«

Trotz dieser potentiellen Gefahren wäre das Bemühen um eine »Nullösung« keine sachgerechte Reaktion. Man möge sich vor Augen führen: Formaldehyd ist ein in der Natur häufig auftretender Stoff (unter anderem als kurzlebiges Zwischenprodukt im Stoffwechsel jeder Zelle), der zum Beispiel auch bei jeder Verbrennung entsteht (Zigarettenrauch, Heizung). Der Gesetzgeber führte verschiedene Maßnahmen ein, welche die Formaldehyd-Belastung durch chemische Produkte zurückdrängen, und wird diese Maßnahmen weiter ausbauen. Als Verbraucher sollte man zusätzlich jede unnötige Formaldehyd-Belastung vermeiden: manchmal auf eine (meist unnötige) Desinfektion im Haushalt verzichten bzw. auf Spanplatten (Möbel) bestehen, die nahezu kein Formaldehyd abgeben (Emissionsklasse E 1). Und schließlich: Wo viel geraucht wird, sind die zulässigen Formaldehydwerte schnell überschritten.

me werden je nach Harzsorte spezielle Weichmacher beigemischt, z. B. Campher, Dibutylphthalat, Triethylcitrat, Butylstearat, Trikresylphosphat usw. Als Löse- und Verdünnungsmittel dienen meist Gemische mehr oder weniger flüchtiger organischer Stoffe, z. B. Ethanol, Propanol, Butanol, Amylalkohol, Essigsäureester (Ethylacetat, Butylacetat, Amylacetat), Ketone (Aceton, Methylethylketon), Dichlormethan, Xylol, Toluol usw.

Den Farbstoffanteil bestreiten Pigmente und Farblacke sowie alkohol- und esterlösliche Farbstoffe, wobei die Nagelplatte selbst möglichst nicht angefärbt werden soll. Ein guter Nagellack soll stark und gleichmäßig decken, nicht zu schnell und nicht zu langsam trocknen (etwa 10 Minuten), möglichst lange haften, unempfindlich gegen Hausarbeit sein (nicht verkratzen, durch Waschen, Spülen, Essenszubereitung usw. unbeeinträchtigt bleiben); er soll sich in der Flasche nicht absetzen bzw. leicht wieder zu einer gleichmäßig deckenden Masse aufrührbar sein (oft werden Metallkügelchen oder Plättchen als Verteilungshilfe beim Schütteln zugegeben), lichtbeständig und gut polierbar sein.

Drei verschiedene Lacktypen lassen sich unterscheiden:

Transparentlacke (Klarlacke)
Sie sind klar und farblos bzw. nur schwach mit löslichen Farbstoffen (0,1 bis 1%, z.B. Anilinfarben) angefärbt. Sie geben den Nägeln Schutz und Glanz. Manchmal spricht man hier auch von einem »Unterlack«, der mehr der Grundierung dient und auf den man zur Erhöhung der Stoßfestigkeit einen »Oberlack« (Transparent- oder Cremelack) aufträgt.

Cremelacke
Diese Lacke enthalten im allgemeinen 3 bis 5% Pigmente. Cremelacke, die zusätzlich noch lösliche Farbstoffe enthalten, trägt man auf eine farblose Grundierung (Unterlack) auf, weil sonst die Gefahr einer Anfärbung der Nagelplatte besteht. »Antiabsetzmittel« (z.B. Bentone®, kolloidale Kieselsäure und andere) verhindern die Sedimentation der Farbpigmente auf dem Boden.

Perllacke (Pearl-Lacke)
Sie unterscheiden sich von den Cremelacken durch ihren perlmuttartigen Seidenschimmer, der durch perlglänzende Pigmente, wie natürliches Fischsilber (aus Weißfisch-Schuppen), die synthetischen Iriodin®-Typen (z.B. Glimmer-Titan[IV]-oxid-Pigmente) und andere synthetische Perlglanzpigmente erreicht wird. Perllacke haften im allgemeinen besser, sind aber teurer.

Nagellackentferner
Sobald die Nagellackschicht abzublättern beginnt, ist sie völlig zu entfernen.

Nagellackentferner enthalten die bei den Nagellacken eingesetzten Lösemittel, z.B. Aceton, Ethylacetat, Butylacetat usw. Außerdem können noch mildernde Verdünnungsmittel (z.B. Wasser, Glykole) zugesetzt sein. Da diese Lacklösemittel die Nägel mehr oder weniger stark entfetten (z.B. wirkt Aceton stärker entfettend als Ethylacetat), sollte man die Nägel nach der Reinigung leicht einfetten – jedoch nicht unmittelbar bevor neuer Lack aufgetragen wird! Oft enthalten Nagellackentferner auch kleine Anteile an Rückfettern (pflanzlichen Ölen, Wollwachs, Wollwachs-Derivaten, Fettalkoholen), um eine zu starke Entfettung zu vermeiden.

Nagelhärter

Mit diesen Produkten lassen sich spröde, brüchige Nägel kosmetisch korrigieren: Die Nägel werden schöner, glatter und widerstandsfähiger gegenüber äußeren Einflüssen. Nagelhärter wirken vergleichsweise wie ein Schutzanstrich für eine poröse Wand – sie glätten Unebenheiten, füllen Risse und geben dem brüchigen Nagel durch Verringerung der Wasseraufnahme und Wasserabgabe mehr Halt.

Nagelhärter mit Formaldehyd (näheres zu »Formaldehyd« siehe Exkurs auf Seite 80) als Wirkstoff können allerdings gefährlich sein, wenn sie mit kranker, allergischer, gereizter oder rissiger Haut oder mit Schleimhäuten in Berührung kommen, denn Formaldehyd hat eine stark gerbende, aber auch hautreizende Wirkung. Zur Nagelhärtung werden auch Salze eingesetzt, die mit Keratin reagieren und dadurch die Festigkeit erhöhen, z. B. Chloride, Sulfate und Acetate von Aluminium, Zirconium, Zink, Strontium. Ebenso finden Harnstoff- und Melamin-Kondensationsprodukte Verwendung.

Nagelhauterweicher (Nagelhautentferner)

Diese Präparate sollen das Keratin der Nagelhaut zu deren leichterer Entfernung aufweichen, möglichst ohne das Nagelkeratin anzugreifen. Hierzu ist warmes Seifenwasser oder besser warmes Wasser mit einigen Tropfen Triethanolamin als Zusatz geeignet. Die käuflichen Nagelhautentferner sind stark alkalische Präparate (und im Gegensatz zu den Depilationsmitteln ohne reduzierende Zusatzstoffe). Nach den neuen EG-Richtlinien darf der Kaliumhydroxid- oder Natriumhydroxid-Gehalt der Mischungen einen Massenanteil von 5% nicht überschreiten.

1.8.1 Wissenswertes für die Praxis

Umgang mit Nagellack

Nagellack sollte niemals auf verschmutzte, feuchte, fettige oder mit alten Lackresten behaftete Nägel aufgetragen werden. Je besser man ihn trocknen läßt, um so länger ist seine Haltbarkeit. Dick aufgetragener Lack hält nicht so lange wie in mehreren Schichten aufgetragener. Es gilt die Faustregel, daß man den Lack nach 3 Tagen erneuern muß, wenn man ausgefranste Ränder nicht hinnehmen will.

Lacke mit verschlechterten Gebrauchseigenschaften (z. B. durch zu lange oder falsche Lagerung) erkennt man daran, daß sich der größte Teil der Farbpigmente auf dem Boden der Flasche abgesetzt hat.

1.9 Die Zähne

1.9.1 Anatomie der Zähne

Die Zähne bestehen aus der frei in die Mundhöhle ragenden *Krone*, dem vom Zahnfleisch bedeckten *Hals* und den im Kiefer befindlichen *Wurzeln*. Die Hauptmasse der Zähne bildet das knochenähnliche Zahnbein (*Dentin*, zu 78% aus anorganischen Stoffen, vor allem aus Hydroxyapatit $Ca_5(OH)(PO_4)_3$ bestehend). Es ist im Bereich der Wurzel bis zum Zahnhals von der *Zahnzementschicht*, im Bereich der Krone von der äußerst harten *Zahnschmelzschicht* (vor allem Hydroxyapatit) umgeben. Im Zahninneren befindet sich die *Pulpahöhle*, die mit Bindegewebe, Blutgefäßen und Nervenfasern ausgefüllt ist. Das Dentin reagiert auf physikalische und chemische Reize mit Schmerzempfindungen, Schmelz und Zahnzement sind empfindungsfrei. (Einen Längsschnitt durch einen Zahn zeigt Abbidung 4.)

1.9.2 Zahnbelag, Karies, Parodontose

Nach der Nahrungsaufnahme bildet sich der mit Bakterien dicht besiedelte, zäh haftende *Zahnbelag* (die Plaque), den man mit bloßem Auge kaum erkennen, mit gewissen Farbstoffen (z. B. mit Gentianaviolett-B, Erythrosin, Malachitgrün oder Patentblau) jedoch anfärben kann. Diese Bakterien vergären niedrigmolekulare Kohlenhydrate (Zucker) sehr schnell zu organischen Säuren, z. B. zu Milchsäure, welche die Zahnhartsubstanzen demineralisieren und durch Fermente auch die organischen Zahnbestandteile zersetzen: So entsteht Karies (siehe dazu Abbildung 5). Erste Anzeichen hierfür sind weißlich und bräunlich verfärbte Flächen. Zur Kariesprophylaxe werden Fluoride eingesetzt, welche die Enzyme der kariogenen Bakterien im Zahnbelag hemmen sowie durch einen teilweisen Austausch der Hydroxylgruppe des Hydroxyapatits den Zahnschmelz härten und so gegen den Säurefraß widerstandsfähiger machen.

Wird der Zahnbelag nicht entfernt, kann sich aus calciumhaltigen Stoffen des Speichels unter Mithilfe der Bakterien und Enzyme der sogenannte *Zahnstein* bilden. Dieser besteht zu 70 bis 75% aus schwerlöslichen Calciumsalzen apatitischer Natur und zu 15 bis 20% aus organischen Substanzen. Innerhalb der ersten 12 Stunden nach der Ablagerung ist der Zahnstein noch weich und läßt sich mit der Zahnbürste entfernen. Danach wird er hart und muß mechanisch recht mühsam (z. B. durch Abkratzen, mit rotierenden Bürsten und Bimssteinbrei oder durch Ultraschall-Einwirkung) beseitigt werden.

Abb. 4: Zahn
(Längsschnitt, teilweise). (6)
1 Schmelz
2 Zahnbein (Dentin)
3 Zahnmark (Pulpa)
4 Zahnfleisch
5 Zahnzement
6 Wurzelkanal
7 Wurzelspitze

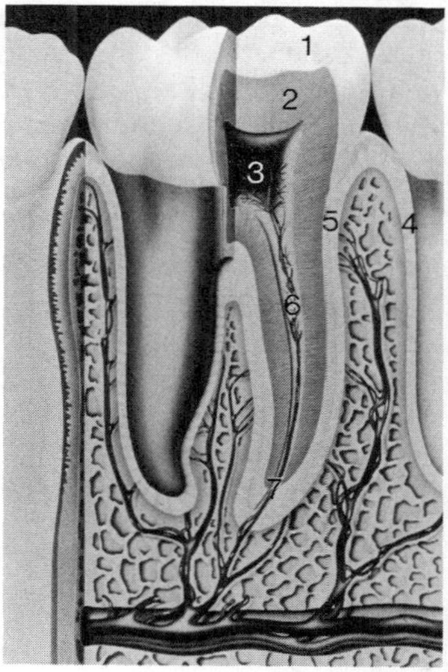

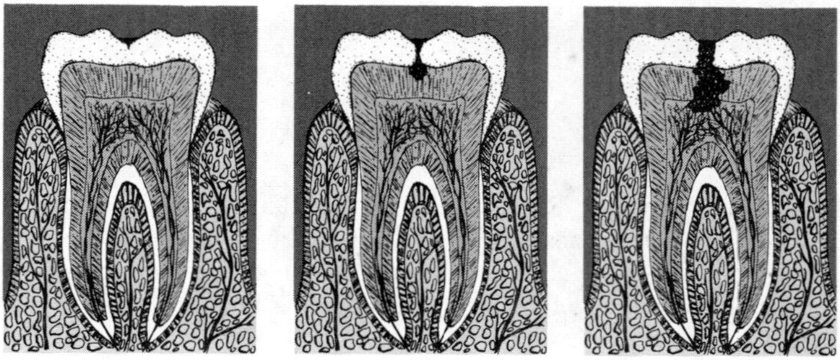

Abb. 5: Karies. (6)

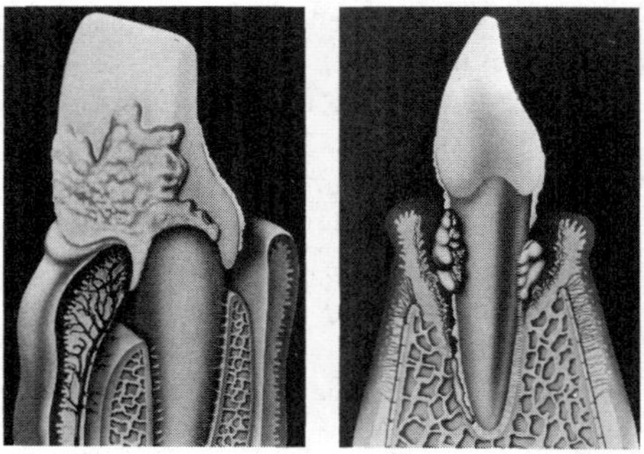

Abb. 6: Parodontose. (6)

Der Zahnbelag kann sich wie ein Keil zwischen Zahn und Zahnfleisch in das Zahnbett schieben, und die ausgeschiedenen Giftstoffe der Bakterien können das Zahnfleisch entzünden und lockern. So entsteht im Zusammenwirken mit weiteren Faktoren (falsche Ernährung, Gebißfehler, Zahnlücken usw.) *Parodontose:* Sie äußert sich anfangs schmerzlos (Zahnfleischreizung), später schmerzhaft (Schwund, Entzündungen, Blutungen des Zahnfleisches). Parodontose zerstört das Zahnfleisch und führt zum Abbau des knöchernen Zahnbettes, so daß die Zähne sich lockern und schließlich ausfallen (siehe dazu Abbildung 6).

Der Vorbeugung gegen und Hemmung der Parodontose dient das rechtzeitigte Entfernen von Zahnbelag und Zahnstein sowie die Anwendung salzhaltiger (besonders iodhaltiger) Zahnputzmittel. Ein spezifisches Präparat gegen Parodontose gibt es noch nicht. Die angepriesenen Mittel enthalten meistens Vitamine, essigsaure Tonerde, Cortison-Derivate, Kamille und Myrrhe.

Übler *Mundgeruch* entsteht durch schlechte Mundhygiene, kann aber auch die Folge von inneren Erkrankungen sein.

1.10 Zahn- und Mundpflegemittel

1.10.1 Zahnputzmittel

Schon die Griechen, Römer und Hebräer der Antike erwähnen die Verwendung von Zahnstochern und Schwämmen zur Gebißreinigung. Doch erst in diesem Jahrhundert wurde es zur festen Gewohnheit, die Zähne täglich und regelmäßig mit Bürste und Zahnputzmitteln zu reinigen.

Um die Zahnreinigung zu erleichtern, schädigenden Entwicklungen vorzubeugen und weiteren Anforderungen zu genügen, sind Zahnputzmittel aus verschiedenen Inhaltsstoffen zusammengesetzt, die im folgenden aufgeführt seien.

Putz- und Polierstoffe: Zahnputzmittel unterstützen die mechanischreinigende Wirkung der Zahnbürste und enthalten daher meist einen großen Anteil an Putz- und Polierstoffen, wie Calciumcarbonat (Kreide), Magnesiumcarbonat, Calciumhydrogenphosphat und andere Calciumphosphate, Natriummetaphosphat, Aluminiumoxide, Aluminiumsilicate (z. B. Kaolin), Zirconiumsilicate, kolloidale Kieselsäure.

Zahnputzpräparate haben je nach chemischer Beschaffenheit, Härte, Form und Korngröße der Schleifmittel sowie je nach Menge und Art weiterer Bestandteile eine unterschiedlich große Schleifwirkung (Abrasion). Man versucht, das Abrasionsvermögen des Präparats möglichst so einzustellen, daß es die für die Zähne gefährlichen Ablagerungen entfernt, ohne jedoch den Zahnschmelz oder das eventuell an den Zahnhälsen freiliegende Zahnbein anzugreifen. Schleifmittel, die den »Knirschtest« nicht bestehen, d.h. die zwischen den Schneidezähnen beim Gegeneinanderreiben knirschen, sind für Zahnputzmittel zu grobkörnig und dürfen auf keinen Fall verwendet werden.

Oberflächenaktive Stoffe (Tenside): Außer Abrasivstoffen enthalten die Zahnputzmittel noch kleine Mengen (meist im Bereich von 2%) oberflächenaktive Stoffe. Die früher häufiger eingesetzte Seife wird wegen ihres störenden Geschmacks und der Kalkseifenbildung heute nahezu völlig von den Syndets verdrängt. An ihre Stelle treten vor allem Alkylarylsulfonate, Paraffinsulfonate, Fettalkoholsulfate, Fettsäure-Eiweiß-Kondensationsprodukte, Sarkosinate, Saccharoseester und andere.

Eines der gebräuchlichsten Netzmittel in Zahnputzmitteln ist Natriumlaurylsulfat. Um diesen Stoff wird in jüngster Zeit diskutiert, ob er in den verwendeten Konzentrationen (meist zwischen 1% und 2%) zu Zahnfleischschädigungen führen kann, die Parodontose begünstigen. Die vorliegenden Untersuchungen (4) zeigen, daß bei Konzentrationen um 1% gerade noch Reaktionen der Schleimhäute feststellbar sind.

$$H_3C-(CH_2)_{11}-OSO_3^- Na^+ \qquad \text{Natriumlaurylsulfat}$$

Das Syndet Natrium-*N*-laurylsarkosinat (das Irium von Pepsodent®)

$$H_3C-(CH_2)_{10}-CO-\underset{\substack{|\\ CH_3}}{N}-CH_2-COO^- Na^+$$

zeigt zwar eine schlechte Schaumentwicklung, dient als »Antienzym« aber möglicherweise der Karies-Prophylaxe (z.B. unter der Bezeichnung »Gardol«).

Die Tenside unterstützen die Reinigung, indem sie die Benetzung erhöhen und als Emulgator dienen, können den Zahnbelag allerdings nicht entfernen. Um Schleimhaut- und Zahnfleischreizungen zu vermeiden, sollte man die Dosierungsangaben für das jeweilige Zahnputzmittel befolgen und keine zu großen Mengen benutzen. Entgegen der üblichen Verbrauchermeinung sei betont, daß die Reinigungskraft eines Zahnputzmittels nicht von der Schaumentwicklung, sondern vor allem von den Schleif- und Poliersubstanzen abhängt.

Wirkstoffe: Eine Vielzahl von Wirkstoffen vor allem gegen Karies, Parodontose, Zahnstein wird in der Fachliteratur vorgeschlagen und auch mehr oder weniger erfolgreich teilweise in Zahnputzmitteln eingesetzt.

- Gegen Karies. Fluor-Verbindungen dürften heute die wichtigsten Wirkstoffe gegen Karies sein. Sie hemmen die Enzyme der karioge-

nen Bakterien im Zahnbelag und härten den Zahnschmelz durch Bildung von Fluorapatit aus Hydroxyapatit.
Fluoridhaltige Zahnputzpräparate enthalten meist zwischen 0,06 und 0,15% Fluorid in Form anorganischer und organischer Stoffe. Durch die von der Kosmetik-Verordnung vorgeschriebene Höchstmenge von 0,15% (d.h. 1,5 g pro 1 kg) Fluor bzw. Fluorid werden Überdosierungen verhindert (sofern keine zusätzliche Fluorid-Tabletten-Einnahme erfolgt). Eingesetzt werden in Zahnputzmitteln vor allem Natriummonofluorophosphat (MFP, Na_2PO_3F), Natriumfluorid bzw. Natriumfluorid-Natriummetaphosphat-Gemische, Zinn(II)-fluorid und Aminfluoride (das sind kationische organische Ammoniumfluoride, die auf die Zahnoberfläche aufziehen).
Außerdem werden zur Kariesvorbeugung vorgeschlagen: Enzymhemmer (Antienzyme), wie Natrium-*N*-laurylsarkosinat (siehe vorher), Natrium-dehydracetsäure, Phthaloyl-phenylalanin und andere Aminosäure-Derivate, Ammonium-Salze, auch in Mischung mit Harnstoff; Enzyme zur Beschleunigung des Abbaus von Speiseresten (z.B. Glucosidasen, Proteasen, Amylase, Lipase usw.); antimikrobiell wirksame Stoffe, z.B. Chlorhexidin, Hexetidin (0,1%), Cetylpyridiniumchlorid (0,1%) usw. Allerdings darf kein Zahnputzmittel in hohem Maße bakterizid wirken, weil sonst das Gleichgewicht der Mundflora gestört wird und Schaden entsteht.
- Gegen Zahnstein. Die Bekämpfung des Zahnsteins ist heikel. Komplexbildner (z.B. Trilone) und Ionenaustauscher, die hierfür vorgeschlagen werden, können auch den Zahnschmelz angreifen. Natriumsulforicinoleat kann zahnsteinhemmend und -lockernd wirken, wahrscheinlich durch Benetzung und Emulgierung der im Zahnstein enthaltenen organischen Stoffe.

Von der Vielzahl weiterer Wirkstoffe seien noch Allantoin (zur Wundheilung), Adstringentien (bei Zahnfleisch- oder Schleimhauterkrankungen) sowie die bei alkalischer Hydrolyse des grünen Pflanzenfarbstoffs Chlorophyll entstehenden wasserlöslichen Chlorophylline (desodorierende Wirkung) erwähnt.

Zur Schmerzbekämpfung überempfindlicher Zahnhälse wird eine Zahnpaste mit 10% Strontiumchlorid-Hexahydrat erfolgreich angewandt.

Eine Beimischung von gesättigter Kochsalzlösung zu Zahnpasten dient der Drainage des Zahnfleisches, der Normalisierung des Speichel-pH-Wertes und der günstigen Beeinflussung der Phagozytose (hier: Unschädlichmachung von Fremdstoffen im Organismus durch weiße Blutkörperchen).

Weitere Inhaltsstoffe:
- Schleimstoffe und Thixotropiermittel (z.B. Carboxymethylcellulose, Methylcellulose, Alginate, Polyvinylpyrrolidon usw.). Sie dienen als

Exkurs: Fluorid – ein umstrittener Mineralstoff

Fluor – genauer Fluoride (Fluorsalze) – ist ein für die Festigkeit der Knochen und die Härtung des Zahnschmelzes wichtiges Spurenelement. Fluoridmangel führt zu Knochenschwund und begünstigt das Auftreten von Karies. Fluoride sind in der Natur weit verbreitet. Der natürliche Fluoridgehalt liegt bei Nahrungsmitteln zwischen 0 und 1 mg pro 100 g, Trinkwasser enthält zwischen 0,1 und 0,6 mg pro Liter.

Zur Kariesvorsorge werden fluoridhaltige Zahnpasten und die äußerliche Fluorid-Anwendung in Form von Fluorid-Pinselungen vorgeschlagen. Kontrovers ist die Diskussion um die Fluoridierung des Trinkwassers – in der Schweiz seit einigen Jahren durchgeführt –, denn für den einzelnen bedeutet dies eine schlecht zu kontrollierende Zwangsaufnahme von Fluoriden. Einen wesentlichen Gesichtspunkt stellt hierbei die geringe therapeutische Breite von Fluorid dar: Während der Zusatz von bis zu 1 mg Fluorid pro Liter als optimal gilt, wird ein Gehalt von mehr als 1,5 mg Fluorid pro Liter schon als auf Dauer gesundheitsschädigend angesehen. Die Grenze vom Nutzen zum Risiko ist also schnell überschritten.

Bindemittel für die Putz- und Füllstoffe. Sie verdicken und stabilisieren die wäßrige Aufschlämmung von Zahnpulvern bzw. von Zahnpasten.
Als Thixotropiermittel (siehe Seite 27) werden Kieselsäuren (z.B. Aerosil®) eingesetzt, in den üblichen Zahnpasten bis zu 3,5%. Aerosil® ist durch Flammenhydrolyse aus Siliciumtetrachlorid hergestellte, extrem reine, schneeweiße hochdisperse Kieselsäure von sehr kleiner Teilchengröße und einem Gewicht von nur 40 g pro Liter. Durch seine schwach saure Reaktion puffert es die alkalische Reaktion von kreidehaltigen Zahnpasten ab. Sein gutes Wasserbindevermögen und die dreidimensionale Gerüstbildung durch Wasserstoff-Brückenbindungen der Silanol-Gruppen bewirken bei Zahnpasten eine beständige Konsistenz und Strangform. (Unter Silanol-Gruppen versteht man an Silicium gebundene Hydroxylgruppen: Si-OH). Die Thixotropie beruht auf der Zerstörung der Wasserstoff-Brückenbindungen bei mechanischer Einwirkung und raschem Wiederaufbau des Gerüsts nach Beendigung der Krafteinwirkung.

- Geschmacks- und Aromastoffe. Der mehlig-staubige Geschmack der Putzstoffe oder der bitter-kratzig-fettige Geschmack der Tenside wird durch Süßstoff (vor allem Natriumcyclamat), Kochsalz mit Citronensäure und andere Zutaten verbessert. Zur erfrischenden Aromatisierung und Mundgeruchsüberdeckung tragen geeignete natürliche Geruchsstoffe, wie etherische Öle (z. B. Pfefferminz-, Krauseminz-, Anis-, Wintergrün-, Eukalyptus-, Zimt-, Nelkenöl, außerdem kleine Mengen von Citrusölen, Lavendel- und Rosenöl) und isolierte natürliche Riechstoffe (z. B. Menthol, Engenol usw.) bei. Die übliche Menge an Aromastoffen liegt bei 0,7 bis 1,6%.

- Feuchthaltemittel (z. B. Glycerin, Sorbit-Sirup, 1,2-Propylenglykol, Xylit usw.). Sie sollen insbesondere bei Pasten das Austrocknen verhindern, die Konsistenz stabilisieren und die Paste geschmeidig halten.
- Konservierungsmittel (z. B. *p*-Hydroxybenzoesäuremethylester, Sorbinsäure usw.).
  Vor allem die wasserhaltigen Putzmittel werden leicht von Bakterien befallen. Zugesetzte Konservierungsstoffe sollen dies vermeiden.
- Farbstoffe. Zur Färbung von Zahnputzpräparaten sind nur Farbstoffe zugelassen, die die Schleimhäute selbst bei längerem Einwirken nicht schädigen. Welche Farbstoffe diese Bedingungen erfüllen und erlaubt sind, ist in den Anhängen der EG-Richtlinie »Kosmetische Mittel« festgelegt.

Zahnputzmittel kommen vor allem als Pasten, daneben (sehr viel seltener) auch als Pulver, Seifen und flüssiger eingestellte Pasten (in Quetschflaschen) auf den Markt.

Zahnpulver enthalten neben den Schleifstoffen (siehe Seite 86) meist noch mildes Seifenpulver oder Fettalkoholsulfate, Antiseptika und andere Wirkstoffe, Aroma- und Farbstoffe.

Zahnpasten sind im Prinzip Zahnpulver, die mit Feuchthaltemitteln, Wasser, Bindemitteln und den anderen oben aufgelisteten Zusatzstoffen zu einer geschmeidigen, weichbleibenden, oft thixotropen Paste verarbeitet sind (»Thixotropie« siehe Seite 27).

Transparente Zahnpasten (Gel-Zahnpasten) bestehen aus Quell- und Schaummitteln, Glycerin, Wasser, Aroma- und Farbstoffen sowie aus hochdispersen Fällungskieselsäuren, die als Schleifstoff und gleichzeitig als Bindemittel fungieren. Da der Brechungsindex der wichtigsten Bestandteile der Gel-Pasten im Bereich 1,47 bis 1,45 liegt, der von Wasser aber 1,33 beträgt, darf der Wassergehalt der Pasten für eine gute Transparenz 20% nicht übersteigen. Auf dem europäischen Markt konnten sich die transparenten Zahnpasten bisher nicht durchsetzen. Besondere Vorzüge zeichnen diese Produkte gegenüber den sonstigen Zahnpasten nicht aus.

Zahnseifen bestehen aus besonders milden Seifen (Natrium-Kalium-Seifen aus Kokosfett, Rindertalg, Palmöl, Olivenöl und anderen pflanzlichen Fetten) in Mischung mit Schleifstoffen (vor allem Kreide), Antiseptika, Aroma- und Farbstoffen.

1.10.2 Reinigungsmittel für Zahnprothesen

Auch an Zahnprothesen können sich Zahnbelag und Zahnstein absetzen. Mangelnde Prothesenreinigung führt zu unangenehmem Mundgeruch und kann Zahnfleischentzündungen unter der Prothese hervorrufen. Alle Reinigungsmittel für Zahnprothesen sind in Trockenform im Handel (als Pulver oder als Tabletten) zu erhalten.

Die »selbsttätig wirkenden Mittel« löst man in Wasser und läßt diese Lösung über Nacht oder mindestens eine halbe Stunde lang auf die Prothesen einwirken.

Eine zweite Produktgruppe wurde als Hilfsstoff für die Prothesenreinigung mit einer Zahnbürste konzipiert. Hierbei ist zu beachten, daß die Zahnbürste nie harte, sondern mittelharte Borsten haben soll, da das Kunststoffmaterial der Prothesen viel weicher und kratzanfälliger ist als der natürliche Zahnschmelz. Auf keinen Fall dürfen Zahnpasten mit stark schleifenden Putzstoffen verwendet werden!

Die meisten Prothesenreinigungsmittel reagieren stark alkalisch, einige wenige sauer.

Die alkalischen Reiniger bestehen im einfachsten Fall aus Seifenpulver und Natriumcarbonat (Soda), heute jedoch überwiegend aus Syndets (z.B. Fettalkoholsulfate, wie Natriumlaurylsulfat usw.), Trinatriumphosphat, Tetranatriumpyrophosphat und anderen wasserlöslichen Polyphosphaten. Dazu werden teilweise noch Desinfektionsmittel, Farbstoffe und Aromastoffe eingearbeitet. Häufig sind noch Oxidationsmittel zum Abbau der organischen Bestandteile von Zahnbelag und Zahnstein zugesetzt, und zwar entweder sauerstoffabspaltende Salze (z.B. Perborate, also chemische Verbindungen aus Wasserstoffperoxid und Salzen der Borsäure) oder Hypochlorite bzw. die metallschonenden Chloramine (z.B. *p*-Toluoldichlorsulfamid: Chloramin T). Saure Reiniger sollen mit Hilfe hinzugefügter eiweißabbauender Enzyme den Zahnstein besser ablösen. Verarbeitet man eine feste organische Säure mit Natriumcarbonat oder Natriumhydrogencarbonat, erhält man ein sprudelndes, saures Reinigungspulver.

Alle festen Gebißreiniger müssen absolut trocken aufbewahrt werden, da sie beim Feuchtwerden ihre Wirksamkeit erheblich einbüßen können.

1.10.3 Haftmittel für Zahnprothesen

Um ein Haftenbleiben der Zahnprothese zu gewährleisten, war es früher stets erforderlich, sie regelrecht »anzukleben«. Benutzt wurden dazu Mischungen auf der Basis von Alginaten und Gummi.

Heute sind Prothesenhaftmittel eher ein Hilfsmittel für besonders schwierige und zeitlich begrenzte Fälle (Absprache mit dem Zahnarzt!), denn eine korrekt gefertigte Prothese sitzt heute im allgemeinen so fest, daß die normale Nahrungsaufnahme ohne zusätzliche Verwendung von Haftmitteln möglich ist. Der feste Sitz ergibt sich durch den Unterdruck, den die speziell geformten Ränder bewirken, indem sie den Raum zwischen Gebißplatte und Gaumen abdichten. Durch den engen Kontakt der Platte mit dem Gaumen verstärken Adhäsionskräfte die Haftwirkung.

Grundbestandteile sind immer noch wie früher Tragant (ein quellbares Pflanzenprodukt), Alginate (Kolloide bildende Salze der aus Braunalgen gewonnenen Alginsäure), Cellulose-Derivate, Gelatine und Naturkautschuk, aber neuerdings zunehmend Kunststoff-Polymerisate in Cremeform, als feste Folien oder als Gebißkissen. Präparate »mit Langzeithaftwirkung« halten selbst schlecht sitzende Prothesen trotz Zwischenreinigungen ohne Herausnahme des Gebisses bis zu mehreren Tagen am Kiefer.

1.10.4 Mundwässer

Kosmetische Mundwässer

Kosmetische Mundwässer erfrischen, desodorieren, parfümieren den Atem und unterstützen die Reinigung der Mundhöhle. Sie sind alkoholische, meist wäßrig-alkoholische (60 bis 80% Alkohol: Ethanol oder seltener auch Isopropanol) Lösungen von etherischen Ölen (3 bis 15%), wie Pfefferminzöl und anderen, Bestandteilen aus etherischen Ölen (wie Menthol, Thymol, Eucalyptol, Eugenol, Anethol, Salicylsäuremethylester usw.), Fruchtaromen, Harzen (z.B. Benzoe-, Iris-, Myrrhen- und Vanilleharz). Überwiegend bei alkoholarmen bzw. alkoholfreien Mundwässern werden dazu manchmal noch Lösungsvermittler (z.B. Tween® 20 und andere möglichst geschmacksneutrale Tenside) beigemischt. Zur Anfärbung verwendet man ungefährliche, meist pflanzliche Farbstoffe. Diese Mundwässer werden vor dem Gebrauch mit sehr viel Wasser verdünnt (einige Spritzer genügen für ein Glas Wasser).

Pharmazeutische Mundwässer

Sie erfahren eine geringere Verdünnung als die kosmetischen Mundwässer. Hier kommen auf 1 Teil Mundwasser 1 bis 2 Teile Wasser. Sie enthalten neben Aromastoffen, vornehmlich antiseptisch-therapeutische Wirkstoffe, z.B. Adstringentien, Fluor-Verbindungen und Drogenauszüge, die ihre spezifischen Eigenschaften Reizstoffen, adstringierend wirkenden oder heilungsfördernden Substanzen verdanken.

Mundwassertabletten
Diese Form, meist aus aromatisiertem Milchzucker oder Natriumbenzoat und manchmal mit Peroxo-Verbindungen zur Sauerstoffentwicklung, hat sich nicht durchgesetzt. Denn schon nach kurzer Lagerzeit zeigt sich eine teilweise Zersetzung der erfrischenden Aromastoffe, und bei Einwirkung von Luftfeuchtigkeit werden die Tabletten zum Teil unwirksam. Prinzipiell ist gegen Sauerstoff abspaltende Mund- und Zahnpflegemittel nichts einzuwenden. Die Sauerstoffentwicklung unterstützt die Reinigung, desinfiziert mild und wirkt besonders erfrischend.

Mundsprays
Damit bezeichnet man Mundwässer in Aerosolform. Sie dienen zur Mundgeruchsbeseitigung und Erfrischung.

1.10.5 Wissenswertes für die Praxis

Geräte zur Zahnreinigung
Wesentlich bei den Geräten zur Sauberhaltung der Zähne ist, daß sie alle Zahnflächen und ebenso die Zahnzwischenräume gut erreichen.

Zahnbürsten
Zahnbürsten sind die wichtigsten Reinigungsgeräte für Zähne. Solche mit Kunststoffborsten sind denen mit Naturborsten überlegen durch:
- ihre Porenfreiheit (hygienischer, schneller trocknend)
- grundsätzlich längere Haltbarkeit (2 bis 5 Monate gegenüber etwa 1 Monat).

Die Borsten müssen an den Ecken abgerundet sein (Lupe!), da sonst das Zahnfleisch verletzt werden kann. Die Zahnbürste sollte gegen heißes Wasser und Mundwässer unempfindlich sein (Verpackungshinweise beachten).

Für das Zähneputzen wurden, auch je nach Zahnproblemen, verschiedene Techniken entwickelt, die der Zahnarzt im Einzelfall vermittelt. Grundsätzlich gilt, daß man Zahnfleisch und Zähne möglichst von »Rot nach Weiß«, also vom Zahnfleisch zum Zahn hin massiert und putzt. Ein gründliches Reinigen erfordert, daß die Bürste sich mehrmals über dieselbe Zahnfläche (und eventuell das Zahnfleisch) bewegt.

Insgesamt sollte das Zähneputzen mindestens 3 Minuten dauern. Nach Gebrauch läßt man die gut abgespülte Bürste an der Luft trocknen. Eine erhebliche Erleichterung stellen *elektrische Zahnbürsten* dar. Sie können nach zwei Systemen arbeiten:
- Vibrationssystem: Hierbei läßt eine Unwucht im Gerät die Bürste vibrieren.
- Schwenksystem: Die Bürste schwingt in ihrer Achse mit 3000 bis

11000 Auf- und Abwärtsbewegungen pro Minute hinauf und hinab und ahmt so die Bewegungen beim manuellen Zähneputzen nach. Verschiedentlich angebotene Bürsten mit elliptischen Bürstenbewegungen zeigten weniger gute Testergebnisse.

Maßgebend für das Ziel, die Zähne frei von Belag zu halten, ist weniger die Art des Systems als vielmehr die Übung in der Handhabung des Gerätes und vor allem die ständige Kontrolle des Ergebnisses.

Mundduschen

Sie sind zusätzlich hilfreich bei der Zahn- und Mundpflege, denn sie ermöglichen es, Speisereste aus den Zahnzwischenräumen und aus der Mundhöhle zu entfernen. Auch Ausbuchtungen zwischen Zahnhals und Zahnfleisch (»Zahnfleischtaschen«) sowie schwer zugängliche Stellen bei Kronen, Brücken, Zahnersatz, korrigierenden Klammern usw. werden gut gereinigt. Allerdings können Mundduschen nicht den Zahnbelag entfernen, also das Zähneputzen nicht ersetzen.

Zahnseide

Zahnseide stellt ein wichtiges Hilfsmittel zur Reinigung der Zahnzwischenräume von Speise und Plaque dar. Da hierzu einige Übung erforderlich ist, um das Zahnfleisch nicht zu verletzen, sollte die Anwendung nur nach vorheriger Unterweisung durch eine ärztliche Fachkraft erfolgen. Der Faden darf nicht hin und her, sondern soll auf und ab bewegt werden. Zu empfehlen ist Fadenmaterial aus Kunststoff. Man kann zwischen gewachster (für Ungeübte, schützt Anfänger vor Zahnfleischverletzungen) und ungewachster Zahnseide (für geübte Zahnseidenverwender) in runder oder abgeflachter Form wählen. Spezielle Zahnseidenfäden tragen einen flauschigen Bürstenteil. Diese eignen sich auch gut für Träger von festen Brücken und kieferorthopädischen Einsätzen. Die Reinigung mit Zahnseide sollte am besten abends nach dem Zähneputzen erfolgen.

Interdentalbürstchen

Kleine Bürstchen aus einer dünnen Drahtspirale mit kegelförmig oder zylindrisch angeordneten Nylonborsten erleichtern die Reinigung genügend großer Zahnzwischenräume. Mehrere Stärken berücksichtigen weite und enge Zahnstände; Teilprothesen, Brücken und Kronen stören ebenfalls nicht. Interdentalbürstchen werden in einen besonderen Kunststoff- oder Metallhalter eingeklemmt und lassen sich leicht austauschen. Sofern ihre feine Drahtspirale nicht ohnedies vorher bricht, sollte man die Bürstchen etwa alle 2 bis 3 Monate erneuern.

Zahnhölzer (»Zahnstocher«)
Sie dienen der schnellen Reinigung der Zahnzwischenräume von Speiseresten nach den Mahlzeiten. Diese angespitzten Stäbchen mit vorzugsweise dreieckigem Querschnitt bestehen aus besonders weichem Holz, damit das Zahnfleisch nicht verletzt wird.

1.11 Das Haar

Nahezu die gesamte Körperoberfläche des Menschen ist mehr oder weniger dicht mit Haaren besetzt, ausgenommen die Lippen sowie die Hand- und Fußinnenflächen. Besonders stark ist die Behaarung normalerweise am Kopf, wo sich zwischen 80000 bis 120000 Haare befinden. Diese beim Menschen fadenförmigen Epidermisbildungen sind aus vielen Zellen aufgebaut (einen Haarlängsschnitt zeigt Abb. 7, Seite 96).

Den aus der Haut herausragenden Teil nennt man *Haarschaft* (Dicke: 0,04 bis 0,12 mm), den in der Haut befindlichen Teil *Haarwurzel,* die sich am unteren Ende zur sogenannten *Haarzwiebel (Bulbus)* keulenförmig erweitert. Die Haarwurzel steckt in dem *Haarfollikel (Haarbalg* mit *Haarbalgtrichter)*, einer köcherartigen Einstülpung der Oberhaut. In die Haarzwiebel ragt von unten her zapfenförmig die *Haarpapille* mit Nerven, Blutgefäßen und Pigmentzellen hinein. Die unmittelbar um die Papille liegenden *Keimzellen (Matrixzellen)* bringen durch ständige Zellteilungen dauernd neue Haarsubstanz hervor. Diese wird fortlaufend nach oben weitergedrückt, wobei die Zellen unter Verhornung absterben, und allmählich als sichtbares Haar aus der Haut herausgeschoben werden. Am unteren Teil des Haarfollikels sitzt der *Haaraufrichtemuskel* (*Haarbalgmuskel),* der beim Zusammenziehen (z. B. infolge von Kälte, starker Gemütsbewegung oder durch die Einwirkung von »Pilomotorika« – Stoffen, die durch Reizung des Haaraufrichtemuskels eine Haarbewegung bewirken – unter »Gänsehaut«bildung das Haar aufrichten kann. In den oberen Teil des Haarfollikels (am Grunde des Haarbalgtrichters) münden Talgdrüsen (*Haarbalgdrüsen*), deren öliges Sekret (Sebum) Haare und Haut geschmeidig hält und schützt. Der menschliche Hauttalg enthält 32% Neutralfette (Triglyceride), 28% freie Fettsäuren (darunter Palmitinsäure, Stearinsäure, Myristinsäure, Ölsäure und andere ungesättigte Fettsäuren), 14% Wachse, etwa 2% freies Cholesterin, etwa 2% Cholesterinester, 5% Squalen (ein Kohlenwasserstoff mit 6 Kohlenstoff-Doppelbindungen), 8% andere Kohlenwasserstoffe, 9% Dihydroxycholesterin und andere Steroide.

Menschliche Haare wachsen an den verschiedenen Körperstellen unterschiedlich stark, ihre Dicke beträgt zwischen 40 und 110 µm. Die

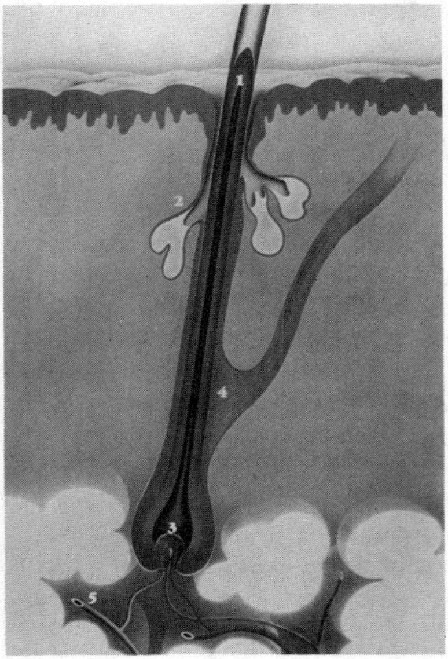

1 Haar
2 Talgdrüse
3 Haarwurzel
4 Haaraufrichtemuskel
(Musculus arrector pili)
5 Blutgefäße

Abb. 7a: Haarlängsschnitt. (22)

Wachstumsgeschwindigkeit unterliegt tageszeitlichen Schwankungen, und zwar wachsen sie vormittags und gegen Abend schneller als während der übrigen Tageszeiten. Das Kopfhaar wächst täglich 0,1 bis 0,5 mm und kann etwa 70 cm lang werden. Alle Haare werden nach einer gewissen Zeit (z. B. Kopfhaare nach 4 bis 6 Jahren, Barthaare nach etwa einem Jahr, Wimpern und Brauenhaare nach 4 bis 5 Monaten) mitsamt der vorher abgestorbenen, völlig verhornten Haarzwiebel als »Kolbenhaare« abgestoßen. Beim Kämmen bzw. Bürsten werden sie dann herausgezogen oder durch das in demselben Haarbalg nachwachsende neue Haar herausgedrückt.

Im Gegensatz zu den Haaren mancher Tiere befinden sich die menschlichen Haare nicht alle gleichzeitig in demselben Wachstums- bzw. Ruhezustand, so daß ein täglicher Haarverlust (von etwa 30 bis 100 Haaren) normal ist. Nach dem vorzeitigen Ausreißen eines Haares erholt sich der Haarfollikel normalerweise wieder und produziert ein neues Haar. Stärkerer oder unregelmäßiger Haarausfall kann verschiedene Gründe haben, er kann nur vorübergehend sein und auch endgültig zu einer Glatze führen.

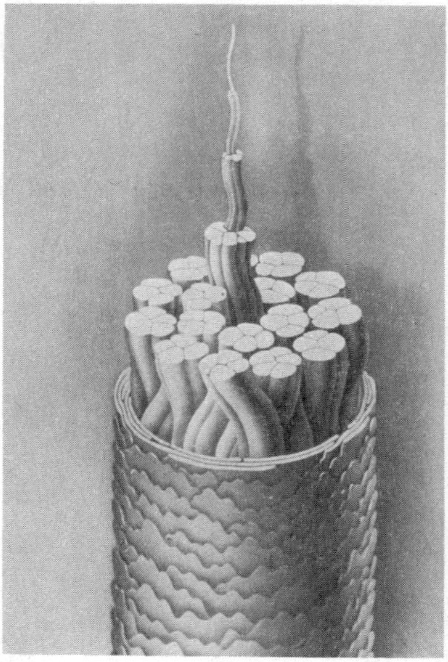

Abb. 7b: Haarquerschnitt

1.11.1 Haartypen

Reinigungs- und Pflegemittel für das Kopfhaar sind speziell darauf abgestimmt, welche Eigenschaften Kopfhaut und Haare aufweisen. Eine allgemeine Einteilung unterscheidet
- normales Haar,
- fettiges Haar,
- trockenes Haar,
- strapaziertes Haar.

Normales Haar: Es ist unbeschädigt und glänzend und bleibt nach der Wäsche etwa 5 Tage lang ansehnlich.

Fettiges Haar: Solches Haar wird oft schon einen Tag nach der Wäsche strähnig, klebrig und ölig, da die Talgdrüsen der Kopfhaut zuviel Talg (Sebum) produzieren. Diese gesteigerte Talgabsonderung (Seborrhöe) unterliegt hauptsächlich hormoneller Steuerung. Dabei ist das männliche Hormon Testosteron das am stärksten anregende Mittel für die Talgdrüsen. Umweltfaktoren und psychische Belastung können die Überfunktion der Talgdrüsen noch verstärken. Zur Reinigung von fettigem Haar bedarf es eines besonders milden, die Talgdrüsen nicht reizenden Shampoos.

Trockenes Haar: Es ist strohig, kaum glänzend, spröde und wenig geschmeidig, weil die Talgdrüsen zuwenig Talg produzieren. Da der

Exkurs: Chemischer Aufbau des Haars

Die Haarsubstanz besteht zu etwa 90% aus Keratin, einem wasserunlöslichen Faserprotein (Skleroprotein) mit 18 Aminosäuren (vor allem Asparaginsäure, Cystin, Glutaminsäure, Leucin, Isoleucin, Arginin und Prolin).

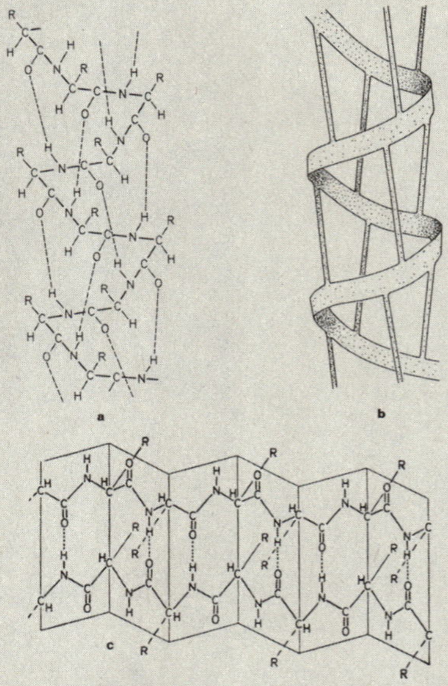

Abb. 8: a und b α-Keratin-Typ: Die durchgezogenen Striche bei a bzw. das breitere Band bei b symbolisieren die Hauptbindungen des Polypeptids, die gestrichelten Verbindungen bei a bzw. die schmalen Bänder bei b symbolisieren die weniger festen Wasserstoff-Brükkenbindungen c β-Keratin-Typ (Faltblattstruktur). (18,5)

Im Vergleich zur Schafwolle sind im menschlichen Haar Cystin und Prolin in größeren Anteilen enthalten. Besonders das Cystin bestimmt das Verhalten des Haares bei der Dauerwelle (Seite 114ff.). Die Aminosäuren sind durch Peptid-Bindungen zu langen Polypeptid-Ketten verknüpft. Diese Ketten können in gefalteter (β-Keratin-Typ) oder meist in spiraliger (α-Keratin-Typ, α-Helix) Anordnung parallel zur Längsachse des Haars vorliegen (siehe Abbildung 8). Die Spiralstruktur (α-Helix) wird innerhalb der Längsrichtung durch Wasserstoff-Brückenbindungen stabilisiert:

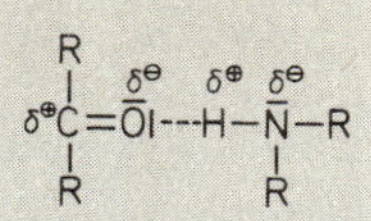

Dies ist auch der Grund für die hohe Dehnbarkeit der Haare bei Zugbeanspruchung. Im feuchten Zustand ist eine Streckung bis fast auf die doppelte Länge möglich, weil die intramolekularen Wasserstoff-Brückenbindungen unter Entspiralisierung gebrochen werden und eine Streckung zur Faltblattstruktur erfolgt (Übergang von der α-Form zur β-Form).

Quer zur Längsachse der Peptid-Spiralen (also in Haarquerrichtung) bestehen außer Wasserstoff-Brückenbindungen noch weitere Vernetzungen, und zwar

– die Peptid-Brücke

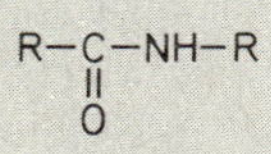

– die Disulfid-Brücke

$$R{-}S{-}S{-}R$$

– die Salz-Brücke (optimal bei pH 4,1, dem »isoelektrischen Punkt« des Keratins, ausgebildet; näheres zum »isoelektrischen Punkt« siehe Seite 100).

$$R{-}NH_3^+ \text{---} {}^-OOC{-}R$$

Bei kosmetischen Formveränderungen der Haare löst man die Quervernetzungen zwischen den benachbarten Peptid-Ketten (z.B. die Wasserstoff-Brückenbindungen und die Salz-Brücken bei der sogenannten »Wasserwelle« bzw. die Disulfid-Brücken bei der sogenannten »Kaltwelle« – siehe Seite 115), bringt die Haare in die gewünschte Form und stellt dann die Querverbindungen wieder her.

fettige Schutzfilm fehlt, reagiert trockenes Haar gegenüber mechanischen und chemischen Einwirkungen besonders empfindlich und sollte nicht zusätzlich strapaziert werden. Spezialshampoos für trockenes Haar enthalten zur Haarschonung tensidmildernde und rückfettende Stoffe, wie Wollwachs, Cholesterin, Lecithin (z.B. Hühnereigelb, Trockenei usw.).

Strapaziertes Haar: Hierunter versteht man durch äußere Einwirkungen angegriffenes, geschädigtes Haar. Dieses Haar sieht glanzlos und oft strohig aus, verfilzt leicht, läßt sich nach der Wäsche kaum kämmen (die Enden verheddern sich dauernd) und fühlt sich manchmal sogar schwammig an. Gründe hierfür sind Behandlungs- und Pflegefehler. Fehlerhafte Behandlung kann auch zur Aufsplitterung des Haares an den Spitzen (»Spliß«) führen.

1.11.2 Wissenswertes für die Praxis

Widerstandsfähigkeit des Haars

Säuren oder Alkalien können das Haar schädigen. Die Wahl eines Haarbehandlungsmittels richtet sich daher nicht zuletzt nach dessen pH-Wert.

Als haut- und haarfreundlich bzw. haarkosmetisch neutral gelten Produkte, deren pH-Wert zwischen 5 und 7 liegt. Der natürliche Säureschutzmantel der Haut zeigt durchschnittliche pH-Werte von 4,9 bei Männern bzw. 5,6 bei Frauen, und Keratin ist bei seinem »isoelektrischen Punkt« (pH 4,1) besonders widerstandsfähig gegen äußere Einwirkungen. – Als »isoelektrischer Punkt« von Aminosäuren bzw. von Eiweißstoffen gilt hier jener pH-Wert, bei dem die Moleküle dieser Stoffe nahezu vollständig als Zwitterion vorliegen, nach außen also ungeladen erscheinen. Bei pH-Werten oberhalb des isoelektrischen Punkts sind die meisten dieser Teilchen Anionen (negativ aufgeladen), bei pH-Werten unterhalb des isoelektrischen Punkts Kationen (positiv aufgeladen). – Das Haar kann von wäßrigen Lösungen um so stärker zum Quellen gebracht oder angegriffen werden, je weiter ihr pH-Wert vom isoelektrischen Punkt des Keratins abweicht. Bei geringeren pH-Werten, also im stärker sauren Bereich, zieht sich das Haar zusammen, und schließlich können Haut- und Haaroberfläche Schaden nehmen.

Bei höheren pH-Werten, besonders im stärker alkalischen Bereich ab etwa pH 8 (wie beim Waschen mit Kern- oder Feinseifen und besonders bei unsachgemäßer Anwendung von Kaltwelle, Färbung, Bleichung usw.), quillt das Haar schnell und stark, wird nach Spreizung der Cuticula-Schuppen – die »Schuppenschicht« oder »Cuticula« bildet im Querschnitt des Haars dessen äußerste Schicht und besteht beim Menschen aus 6 bis 10 Lagen einander dachziegelartig überlappender Plättchen – langsam ausgelaugt und schließlich aufgelöst. Das ausgelaugte Haar bekommt eine rauhe Oberfläche, läßt sich schwer kämmen, ist stumpf, trocken, leichter anschmutzbar und zeigt Strukturschwäche.

Aber nicht nur chemische Substanzen (Chlor- und Salzwasser mitberücksichtigt), sondern auch starke Hitze- und Lichteinwirkung (z. B. zu heißes Fönen, zu starke Sonnenbestrahlung usw.) machen das Haar porös, brüchig und weniger reißfest.

Hormonbehandlung gegen fettiges Haar?
Wie erwähnt, liegt die Ursache für fettiges Haar in einer meist hormonell bedingten Überfunktion der Talgdrüsen, gefördert durch das männliche Hormon Testosteron. Die weiblichen Hormone der Östrogen-Gruppe vermögen zur Heilung der Talgüberproduktion beizutragen, indem ihre Anwesenheit die Gleichgewichtslage verschiebt und so die Wirkung des männlichen Hormons herabsetzt. Doch sind Hormonbehandlungen sehr heikel, da stets mit unerwünschten Nebenwirkungen zu rechnen ist. Nicht ganz so wirksam, aber sicherer ist es, auf entsprechende Haar- und Kopfhautbehandlungsmittel zurückzugreifen. Sie sind zwar nicht in der Lage, die Überfunktion der Talgdrüsen zu heilen, wohl aber zu mildern und unter Kontrolle zu bringen.

1.12 Kosmetische Mittel zur Haar- und Kopfhautreinigung

1.12.1 Wasserbasierende Reinigungsmittel

Shampoos
Unter Shampoos (aus dem Hindustanischen, ursprüngliche Bedeutung »Massage« bzw. »massieren«) versteht man wasserbasierende Reinigungsmittel im besonderen für Kopfhaut und Kopfhaare. Sie sollen Kopfhaut und Haare von Fett, Hautschuppen, Schweißrückständen, Staub und anderem Schmutz, auch teilweise von Keimen befreien. Darüber hinaus werden je nach zusätzlichen Wirkstoffen grobe Kopfschuppen bekämpft, Griff und Glanz verbessert. Dazu ist eine Kombination verschiedener Inhaltsstoffe nötig.

Tenside: Als waschaktive Substanzen bilden sie den wichtigsten Bestandteil der Shampoos. Wegen der möglichen Ablagerungen an den Haarschäften gelangen heute allerdings kaum noch seifenhaltige Shampoos zur Anwendung, in moderne Shampoos werden synthetische Tenside eingearbeitet (Anion-Tenside und amphotere Tenside: Näheres zu Tensiden siehe Exkurs Seite 20).

- Anion-Tenside. Gute Gebrauchseigenschaften und Hautverträglichkeit weisen die meist eingesetzten Fettalkoholethersulfate auf, mild wirken Fettsäure-Eiweiß-Kondensationsprodukte (Lamepon®, Maypon®, Hostapan® usw.), sehr mild bei gutem Schaumvermögen Sulfobernsteinsäure-Halbester (Sulfosuccinate). Große Affinität zum Haarkeratin besitzen Fettsäure-Sarcosin-Kondensationsprodukte (sie machen daher das Haar glatt und geschmeidig), gut reinigen – aber schlecht schäumen – die heute bedeutungslosen »Türkischrotöle« (z. B. sulfatiertes Ricinusöl und sulfatiertes Olivenöl).

– Amphotere Tenside. Diese enthalten als polare Gruppen bei einem bestimmten pH-Wert (dem »isoelektrischen Punkt«, siehe oben) eine positive und eine negative Elementarladung, können also als »Zwitterion« vorliegen. Sie verbessern die Eigenschaften, z. B. Haut- und Augenschleimhaut-Verträglichkeit, Schaumverhalten usw., verschiedener Anion-Tenside erheblich und tragen daher wesentlich zur Einstellung optimaler Eigenschaften von Shampoos mit Anion-Tensiden bei. Eingesetzt werden z. B. die antistatisch, bakteriostatisch und haarglättend wirkenden Deriphate® (N-Alkyl-β-aminopropionate), fungistatische, desodorierende Miranole® (Imidazolin-Zwitterionen mit positiv geladenem Sticksoff und negativ geladener Carboxylatgruppe) und Tego®-Betaine (Fettsäureamidoalkylbetaine).

Verdickungsmittel: Anorganische Salze, Alginate, Celluloseether usw., werden als Konsistenzverbesserer beigemischt, damit das Shampoo nicht an den Haaren abrinnt.

Rückfetter (Entfettungsbremsen): Wollwachs-Derivate, Fettalkohole usw. verhindern, daß Haare und Kopfhaut zu stark entfettet und ausgelaugt werden.

Konditionierungsmittel: Durch Aufziehen auf die Haaroberfläche verbessern sie die Naß- und Trockenkämmbarkeit, die Weichheit, den Glanz und verringern bzw. verhindern die elektrostatische Aufladung und die Flattrigkeit der Haare. Da die Kation-Tenside (Tenside mit einer positiv geladenen polaren Gruppe, vergleiche Seite 20), die bekanntesten Konditionierungsmittel, die Augen reizen und ein brennendes Gefühl verursachen können, werden heute bevorzugt kationische Polymere eingesetzt, welche diese negativen Eigenschaften nicht mehr aufweisen.

Konservierungsmittel: Sie müssen nahezu immer eingearbeitet sein. Verdorbenes Shampoo erkennt man an Schleimbildung und am schlechten Geruch. Das beste Konservierungsmittel für Shampoos scheint auch heute noch Formaldehyd (siehe Seite 80) zu sein. Aus gesundheitlichen Gründen ist gemäß den EG-Vereinbarungen ein Gehalt bis zu 0,2% zugelassen, wobei Konzentrationen über 0,05% auf der Verpackung deklarationspflichtig sind. Allerdings kann Formaldehyd mit Shampoo-Bestandteilen (z. B. mit Eiweißstoffen oder Parfümölen) reagieren. Ebenfalls verwendet werden verschiedene andere Konservierungsmittel (z. B. die Natrium- und Kaliumsalze der Sorbinsäure und der Dehydracetsäure), die aber alle nur innerhalb bestimmter, unterschiedlicher Grenzen wirksam sind.

Trübungsstoffe und Lösemittel: Durch sie werden Shampoos optisch verschönert und stabilisiert. Den speziellen Trübungseffekt »Perlglanz« erhält man durch Beimischung von Ethylenglykol-mono- und -distearat, Fettsäureethanolamiden und anderem. Außer solchen

»Perlglanzbildnern« dienen auch Copolymere aus Vinylpyrrolidon und Styrol (z. B. Antara® 430) und Fettsäurealkanolamide (Comperlan®, Steinamid® usw.) als Trübungsmittel. Die Fettsäurealkanolamide sind nichtionogene Tenside, die außerdem das Schaumverhalten und die Waschkraft der Anion-Tenside verbessern sowie als Konditionierungsmittel wirken. Als Lösemittel (stabilisierende und klärende Wirkung) eignen sich z. B. Ethanol, Isopropanol, oxy-ethylierte Alkohole und Glykole.

Farbstoffe: Diese tragen zur Produktverschönerung bei. Shampoos für blondes Haar werden manchmal ebenfalls optische Aufheller (z. B. substituierte 4-Methylcumarine) beigemischt. Diese wandeln das für das menschliche Auge unsichtbare ultraviolette Licht in sichtbares Licht um und geben dem Haar eine leuchtende Helle.

Parfümöle: Sie überdecken den Eigengeruch vieler Tenside. Um Reizwirkungen auf die Haut zu vermeiden, werden milde Shampoos (z. B. Baby-Shampoos) nur sehr schwach parfümiert.

Die sogenannten »Trockenshampoos« sind keine »Shampoos« der hier gegebenen Definition.

Spezialzusätze: Frisches Eigelb bzw. Eipulver oder Lecithin (in Ei-Shampoos) sollen Griff und Glanz verbessern. Öle (z. B. Sonnenblumenöl, Olivenöl) sind Öl-Shampoos als Rückfettungsmittel zugefügt, Bakterizide und Fungizide (siehe vorher: »amphotere Tenside«) als Antischuppenmittel den Antischuppen-Shampoos. Die Wirkung von Kräuterextrakten (in Kräuter-Shampoos), Vitaminen und anderen Zusatzstoffen ist umstritten. – Keinesfalls können irgendwelche Zusatzstoffe das Haar »beleben«. Es ist und bleibt totes Material. Auch Proteinzusätze haben lediglich die Funktion von Kitt, Klebstoff oder Politur. Sie ziehen auf die Haaroberfläche auf, festigen und glätten vorübergehend die spröde bzw. geschädigte Struktur und bremsen die auslaugende Wirkung der waschaktiven Substanzen etwas.

Shampoos sind heute hauptsächlich als klare oder trübe, flüssige bis cremige Zubereitungen (meist als Öl-in-Wasser-Emulsionen) im Handel. Weniger üblich sind Gelees und Pulver.

1.12.2 Reinigung mit festen Stoffen, die den Schmutz adsorbieren

Trockenshampoos (Trockenhaarwäsche)

Dieses Reinigungsmittel für die Haare entspricht in seiner Wirkung den schmutzadsorbierenden festen Stoffen zur Hautreinigung (siehe Seite 29). Trockenshampoos enthalten keine Tenside, sondern Feststoffe (z. B. geeignete Minerale oder Weizenkleie), die das Haarfett (Sebum) adsorbieren. Da die Reinigungskraft gering ist, können sie die wasserbasierenden Shampoos nicht ersetzen. Es handelt sich hierbei um keine

»Haarwäsche« im eigentlichen Wortsinn, sondern um eine Schnellbehandlung von zu fettigem Haar.

Als Pudergrundlage dient Stärke (besonders Reisstärke), Talkum, Kieselgur, kolloidale Kieselsäure. Aerosil®, Bentonit, Magnesiumcarbonat, gebleichtes Korkmehl, grobe Weizenkleie usw. In den Sprays sind außer den Puderstoffen noch Treibmittel (z. B. ein Propan-Butan-Gemisch) und Lösemittel (z. B. Alkohole, Methylenchlorid usw.) vorhanden.

Trockenshampoos sind als Sprays in Druckdosen mit Spezialventil und als Puder in Streudosen auf dem Markt.

1.12.3 Wissenswertes für die Praxis

Verminderung von Kopfhautschuppen

Die Kopfhaut schilfert ständig die abgestorbenen Hornzellen ab, normalerweise in Form nahezu nicht sichtbarer kleiner Schuppen, zuweilen unter Bildung von größeren, sichtbaren und als unästhetisch empfundenen Schuppen. Diese Störung läßt sich durch Haarbehandlungsmittel zwar nicht beseitigen, die lästige Schuppenbildung jedoch unter Kontrolle halten.

Man unterscheidet zwei Arten von Schuppen, die fettigen (mit gelblichen, verkrusteten Flocken) bei zu fettiger Kopfhaut und die trockenen (mit harten, grauen oder weißlichen Flöckchen) bei zu trockener Kopfhaut. Wenn die Kopfhaut stark juckt oder gerötete Flecken zeigt, liegt möglicherweise eine Hautkrankheit vor, und man sollte sich in ärztliche Fürsorge begeben. Ist eine Erkrankung der Kopfhaut auszuschließen, sollte sich nach zwei- bis dreiwöchiger Behandlung mit einem Antischuppenmittel Besserung einstellen.

Antischuppenprodukte enthalten besonders milde, hautverträgliche Tenside (z. B. Lamepon®), Bakterizide und Fungizide, wie Zinkpyrithion (Zink-Omadin®), Schwefel, Schwefel-Verbindungen, Teerbestandteile, Selendisulfid, Phenole, quartäre Ammoniumsalze und anderes. Bei trockenen Schuppen haben sich selenhaltige Wirkstoffe besonders bewährt. Doch diese stehen wegen ihrer Giftigkeit unter Rezeptzwang und müssen genau nach Anweisung benutzt werden. Bei fettigen Schuppen wird von ihrer Verwendung allerdings abgeraten, da sie die Talgabsonderung verstärken können.

Will man die Schuppenbekämpfung mit Kopfwässern unterstützen, sollten diese nur Antischuppenwirkstoffe, nicht aber durchblutungsfördernde Stoffe enthalten, da Schuppenbildung und Talgüberproduktion sich sonst verschlimmern können.

Wissenswertes in Kürze
Bei der Wahl des Shampoos (und auch der Pflegepräparate) ist stets der individuelle Haartyp zu berücksichtigen. Denn ein besseres Ergebnis liefern die eigens dafür konzipierten Präparate. Läßt sich das Haar nach der Wäsche nicht gut frisieren, paßt das Haarwaschmittel nicht zum Haar oder ist minderwertig.

1.13 Kosmetische Mittel zur Haar- und Kopfhautpflege

Haarkonditionierungsmittel (»Kur«, »Spülung«)
Unter »Haarkonditionierung« versteht man eine Behandlung, die die natürlichen Haareigenschaften (Kämmbarkeit, Weichheit, Glanz usw.) verbessern bzw. nach Schäden (vergleiche auch »Strapaziertes Haar«, Seite 99) wiederherstellen, hartnäckiger Schuppenbildung und der elektrostatischen Aufladung der Haare entgegenwirken soll.

Haarkonditionierungsmittel – in konzentierter Form mit einer längeren Einwirkzeit meist als »Kur«, in verdünnter Form mit kürzerer Einwirkzeit meist als »Spülung« bezeichnet – enthalten alle als wesentlichen Bestandteil Kation-Tenside (quartäre Ammonium-Verbindungen; zu Tensiden siehe Seite 20), die auf die Haaroberfläche aufziehen und trotz Ausspülens mit Wasser als dünner Film haften bleiben, besonders gut auf beschädigten Haaroberflächen (»Bohnereffekt«). Ebenfalls eingearbeitete Wirkstoffe neutralisieren die, z.B. durch adsorbierte Anion-Tenside, negative Überschußladung der Haare und vermindern so das »Fliegen« und die »Flattrigkeit«.

Darüber hinaus sind den meisten Präparaten manchmal auch amphotere Tenside als Emulgatoren bzw. als Netzmittel zur besseren Auswaschbarkeit, Fettalkohole, Wollwachs (Lanolin), Isopropylmyristat, Glycerinmonostearat, Ricinusöl, Paraffinöl, Organosiloxane, Lecithin, Collagen, Proteine, Pflanzenextrakte (z.B. aus Arnika, Kamille, Schachtelhalm usw. zur Anregung der Kopfhautdurchblutung und Beruhigung der Talgdrüsen), Bindemittel (z.B. Tylose®), schwache organische Säuren, Pflanzenöle usw. beigegeben.

Haarkonditionierungsmittel werden überwiegend als O/W-Emulsionen flüssiger bis cremiger Konsistenz angeboten. Auch W/O-Emulsionen (Ölpackungen), gelförmige und pulverförmige Zubereitungen sind im Handel.

Haarreaktive Stoffe
Zu häufige oder unsachgemäße chemische Behandlung (Dauerwellung, Blondieren, Färben mit Oxidationsfarbstoffen) oder zu »scharfe« (zu

alkalische) Reinigungsmittel können das Haar auslaugen und seine Struktur schädigen. Sichtbare Kennzeichen dafür sind das Verschwinden des natürlichen Glanzes, stumpfes Aussehen, Sprödigkeit, Haarbruch, Bildung von Knötchen am Haarschaft und Spliß.

Bisher begegnete die Haarkosmetik solchen Schäden mit oberflächlichen Filmbildnern, wie Eiweiß-Maleinsäure-Kondensationsprodukten, Harnstoff- bzw. Thioharnstoff-Formaldehyd-Kondensationsprodukten, rückfettenden Substanzen usw. Neuerdings gilt jenen Stoffen besondere Aufmerksamkeit, die mit dem Haarkeratin selbst chemisch zu reagieren und das Haar auf diese Weise zu »regenerieren« vermögen. Hierfür und auch zur Regenerierung von strukturgeschädigtem Nagelkeratin werden vorgeschlagen: aliphatische und aromatische Polyaldehyde oder Aldehydalkohole (z. B. Glykolaldehyd, Phthalsäurealdehyd), aromatische Polycarbonsäuren (z. B. Trimellitsäure, Pyromellitsäure, Phthalsäure usw.), in Proteinketten eingebautes Cystein, L-Thiazolidin-4-carbonsäure (ein durch Formaldehyd cyclisiertes Derivat von Cystein) und andere Cystein-Derivate. Diese Stoffe vernetzen und verfestigen so das geschädigte Haarkeratin.

Haarwässer (Haarlotionen, Frisierwässer)

Grundsätzlich sind Haarwässer alkoholisch-wäßrige Lösungen (40 bis 70% Alkohol) mit Zusatz von Parfümölen und mehr oder weniger vielen weiteren Substanzen. Ihr Alkoholgehalt läßt sie erfrischend, desinfizierend und entfettend wirken und regt die Durchblutung der Kopfhaut an. »Kosmetisch-medizinische Haarwässer« enthalten medizinisch wirksame Stoffe, um Haar- und Kopfhautanomalien zu beseitigen.

In Haarwässern befinden sich ebenfalls mehrere Komponenten unterschiedlicher Bestimmung.

Lösemittel: Der hierzu verwendete Alkohol ist meist Isopropanol oder Ethanol. Beide haben eine ähnliche Wirkung auf Haar und Kopfhaut, allerdings desinfiziert Ethanol bei gleicher Konzentration weniger stark, löst wasserunlösliche Stoffe schlechter und ist teurer, dafür aber geruchsneutraler. Mehr als 70%ige Alkohol-Lösungen entfetten die Kopfhaut zu stark, können ein brennendes Gefühl verursachen und die Talgdrüsen zu übermäßiger Produktion anregen.

Parfümöle: Sie überdecken den Eigengeruch des Isopropanols und der anderen Zusätze und geben dem Haar einen unterschiedlich intensiven Duft. Da Haare Gerüche länger zurückhalten als die Haut, sind dezent parfümierten Haarwässern nur etwa 0,2 bis 0,6% Parfümöle beigegeben.

Durchblutungsfördernde Stoffe: Z. B. Nicotinsäure, deren Ester und andere. Keimhemmende, juckreizstillende Wirkstoffe sowie Wirkstoffe gegen Seborrhöe und Schuppen (siehe Seite 104).

Konditionierungsmittel: Quartäre Ammonium-Verbindungen (wirken gleichzeitig auch antiseptisch), Aminosäuren, Proteinhydrolysate. Zur Konditionierung tragen auch »Überfettungsmittel« bei, die trockenes Haar »einfetten«, ohne zu kleben. Allerdings enthalten solche Haarwässer »mit Fett« keine tatsächlichen Fette oder Öle, sondern ölartige Stoffe, wie Glycerin, Polyethylenglykol, Sorbit, Diisopropyladipat, Isopropylmyristat usw.

Festiger: Kunstharze der Haarfestiger bzw. der Fönwell-Lotionen sind in den »Frisierwässern« enthalten.

Pflanzensäfte bzw. Pflanzenextrakte: Z. B. von Birke, Kamille, Arnika, Klette, Baldrian, Eichenrinde und weitere.

Vitamine und Haarkomplexe: Haarkomplexe sind Wirkstoffmischungen für Haarwässer, die je nach Type Inosite, Calciumpantothenat, Kräuterextrakte, Spurenelemente, essentielle Fettsäuren, Placenta-Frischextrakt enthalten – Substanzen, von denen man sich einen günstigen Einfluß verspricht. Der Nutzen dieser Zusätze ist, wie bei den Shampoos, umstritten. Jedenfalls sind solche Präparate unwirksam, die dem Haar »nährende« Stoffe zuführen sollen.

1.13.1 Wissenswertes für die Praxis

Zur Pflege trockenen Haars

Nach der Wäsche sollte man das nasse, gut abfrottierte Haar so oft wie möglich an der Luft (also ohne Fönbenutzung) trocknen lassen und wöchentlich etwas Creme-Kur gleich einer Frisiercreme in die Haarspitzen streichen – das empfiehlt sich auch vor jedem Baden in Badeanstalten und im Meerwasser.

1.14 Kosmetische Mittel zur Festigung des Haars (Frisiermittel)

Diese Produkte umgeben und/oder vernetzen die Haare mit einem Film (z. B. aus Fett, Öl, Wachs, Schleimstoffen, natürlichen und synthetischen Harzen usw.) und bewirken so eine vorübergehende, mehr oder weniger starke Festlegung der Haare und Frisur.

Haaröle (flüssige Brillantinen)

Sie sind wasserfreie Haarfrisiermittel auf Fettbasis. Paraffinöle, pflanzliche Öle, höhere Alkohole, flüssige Monoglyceride, Ester höherer Fettsäuren, Konservierungsmittel bzw. Antioxidantien bilden die allgemeinen Bestandteile.

Haaröle sind in Flaschen und als Aerosol (mit Treibgas in Sprühdosen: 10 bis 15 Teile Öl mit 85 bis 90 Teilen Treibgas) erhältlich.

Schüttel-Haaröle (Schüttel-Brillantinen)
Zur besseren Verteilbarkeit im Haar verdünnt man Haaröle oft mit Ethanol zu einer heterogenen Mischung (meist $^{2}/_{3}$ Öl und $^{1}/_{3}$ Alkohol) und erzeugt vor der Benutzung durch kräftiges Schütteln der Flasche eine grobe, unbeständige Emulsion.

Pomaden (pastenförmige und feste Brillantinen)
Um die gewünschte festere Konsistenz zu erreichen, sind diesen Präparaten außer den Bestandteilen der Haaröle häufig noch das Mineralwachs Ceresin, Paraffine, Vaseline, Wollwachs (Lanolin), Walrat, Bienenwachs, Harz, synthetische Wachse usw. hinzugefügt. Zur Verdickung der Mineralöle werden auch Salze beigemischt, z. B. Aluminiumstearat und andere Metallseifen. Gefärbt und parfümiert wird nur leicht.

Haarcremes (Frisiercremes)
In ihrer Wirkung den wasserfreien Frisiermitteln ähnlich, führen diese wasserhaltigen Fett- bzw. Wachsemulsionen trockenem, sprödem Haar Wasser zu und verhindern durch den Fettfilm die Wasserverdunstung.

Die weißen, in Metalltuben oder Glastöpfchen abgefüllten Cremes enthalten außer den Inhaltsstoffen der wasserfreien Haarfrisiermittel noch Emulgatoren, außerdem vielfach quartäre Ammonium-Verbindungen zur Konditionierung, wasserbindende Mittel (Glycerin, Polyglykole usw.) und Konservierungsmittel (z. B. Hydroxybenzoesäureester).

Frisiergelees und Frisierlotionen
Frisiergelees und flüssige Frisierlotionen werden, wie die Haaröle, Pomaden und Haarcremes, ebenfalls im trockenen Haar verteilt und bilden einen fast oder völlig unsichtbaren elastischen, nicht klebrigen Film. Dieser trägt zwar nicht zur Konditionierung des Haars bei, stützt und festigt die Frisur aber gut.

Die Grundlage stellen verschiedene natürliche und synthetische Schleimstoffe (Quellstoffe) dar, wie Pektine, Polyvinylpyrrolidon, Cellulose-Derivate, Alginate, Tragant usw. Sie sind es, die zu einem transparenten, stützenden Film auf der Haaroberfläche trocknen. Die Filmqualität (Elastizität, Dicke, Transparenz, Haftfestigkeit) weist je nach den Bestandteilen große Unterschiede auf. Manche Präparate beseitigen den Haarglanz und schuppen beim Ausbürsten des fixierten Haares wieder ab (z. B. traganthaltige), andere (z. B. natriumalginathaltige) ergeben beständigere Filme, die die festgelegte Form trotz Ausbürsten unverändert lassen. Häufig dienen Weichmacher (Glycerin, Polyglykole usw.) zur Verbesserung der Filmqualität und mineralische Öle oder Siliconöle dazu, dem Haar Glanz zu verleihen. Ebenso können noch Farbstoffe, Konservierungsmittel und Parfümöl enthalten sein. Angeboten werden alkoholfreie und alkoholhaltige Gelees bzw. Lotionen, die Produkte sind entweder fettfrei oder mit schwach fettenden Eigenschaften ausgestattet.

Bei der Anwendung von flüssigen Frisierlotionen auf der Basis von Schleimstoffen besteht die Gefahr einer zu starken, sichtbaren Haarbelastung. Geeigneter sind Gelees oder cremige Zubereitungen (O/W-Emulsionen der Schleimstoffe), die einen dünneren, kaum wahrnehmbaren Belag auf dem Haar zurücklassen.

Die Marktbedeutung von Frisiergelees und Frisierlotionen ist, wie die der Haarcremes, gleichfalls nur gering.

Haarfestiger

Im Gegensatz zu den bisher genannten Frisiermitteln werden Haarfestiger im feuchten Haar verteilt und überziehen die einzelnen Haarschäfte mit einem klaren, elastischen, nicht klebrigen Film aus Natur- oder Kunstharzen.

Die heutigen Haarfestiger bzw. »Einlegemittel« für Wasserwellen sind meist wäßrig-alkoholische (mit Ethanol, Isopropanol, *n*-Propanol) oder wäßrige Lösungen von Kunstharzen (z. B. Vinylpyrrolidon-Copolymeren und anderen). Um dem Stützfilm mehr Elastizität und Haltbarkeit zu geben, etwa um das Absplittern beim Kämmen zu verhindern, mischt man außerdem noch Weichmacher zu (Polyglykole, Wollwachs-Derivate usw.). Hinzugefügte Konditionierungsmittel (Kation-Tenside oder auch quartäre Polymere), Mineralöle oder Siliconöle verbessern die Naßkämmbarkeit und verstärken den Haarglanz. Mit schwachen organischen Säuren leicht sauer eingestellte Produkte wirken adstringierend auf gequollenes Haar und verbessern so ebenfalls die Naßkämmbarkeit. Parfümöle und manchmal Konservierungsmittel (besonders bei alkoholfreien Produkten) sind weitere Bestandteile.

Tönungsfestiger (Farbfestiger)

Es sind Haarfestiger mit 0,1 bis 0,3% zusätzlichen direktziehenden, leicht auswaschbaren Farbstoffen zur vorübergehenden »Tönung« (d. h. leichten Farbtonverschiebung). (»Direktziehende« Farbstoffe bestehen aus relativ kleinen Farbstoffen, die leicht in das Haar hineinwandern können; siehe dazu auch Seite 119).

Fönwell-Lotionen

Unter Fönwell-Lotionen (Fönwellen, Fönlotionen, Frisiertonics und weiteren Bezeichnungen) versteht man Haarfestiger, die als Filmbildner kationische Polymere (z. B. quarternisierte Polyvinylpyrrolidon-Copolymere) enthalten. Diese ziehen wie die niedermolekularen Kation-Tenside (Konditionierungsmittel) fest auf die Haaroberfläche auf und ergeben so einen gegen Ausbürsten oder Kämmen stabilen Film.

Haarsprays (Frisurenfestiger, Haarlacke)
Haarsprays wirken wie ein unsichtbares Haarnetz. Die fertig gestaltete Frisur wird fixiert, länger haltbar gemacht und gegen Umwelteinflüsse stabilisiert, indem die oben liegenden Haare an ihren Berührungspunkten miteinander verkittet werden (wie eine »Punktverschweißung«). Haarsprays dienen ausschließlich zur Festigung der Frisur, sie ersetzen keine Haarpflegemittel. Haarsprays für fettiges Haar binden einen Teil des überschüssigen Fetts und verlangsamen, wie die Festiger, so die Strähnenbildung etwas. In keinem Fall sollte man bei fettigem Haar ein fett- bzw. wollwachshaltiges Haarspray oder ähnliches benutzen, da dann die Haare überladen und strähnig werden, miteinander verkleben und die Frisur keinen Halt mehr zeigt.

Exkurs: Spraydosen

Bis 1976 enthielten fast alle Spraydosen Fluorkohlenwasserstoffe (FKW) bzw. Fluorchlorkohlenwasserstoffe (FCKW) als Treibgas. 1974 veröffentlichten die beiden Wissenschaftler F.S. Rowland und Mario J. Molina die Hypothese, nach der die Ozonschicht in der Stratosphäre durch Trichlorfluormethan (Treibgas 11®) abgebaut wird (das schleimhautreizende, giftige Ozon ist ein Molekül aus drei Atomen Sauerstoff). Da der Ozongürtel die Erdoberfläche vor den energiereichen UV-Strahlen schützt, hat eine Verringerung des Ozons verheerende Folgen für uns. Daher sind Treibgasdosen auf der Basis von Fluorchlorkohlenwasserstoff in den USA seit 1979 verboten, in der Europäischen Gemeinschaft wurde seit 1980 bzw. 1982 die Verwendung von FKW 11® und 12® in Sprays eingeschränkt (um mindestens 30%). Zweifelsfrei beantwortet ist die Frage nach der Beeinflussung des Ozongürtels durch Fluorkohlenwasserstoffe bzw. Fluorchlorkohlenwasserstoffe immer noch nicht, doch gilt heute ein solcher Zusammenhang als fast gesichert (23). Die 83 Vertragsstaaten des Montrealer Protokolls über die Reduzierung von Fluorchlorkohlenwasserstoffen haben sich im Juni 1990 in London darauf geeinigt, bis zum Jahr 2000 weltweit die Produktion und den Verbrauch von FCKW einzustellen. In Deutschland sieht ein Verordnungsentwurf des Bundesministers für Umwelt, Naturschutz und Reaktorsicherheit vom April 1990 daher ein stufenweises Verbot der Verwendung bzw. der Herstellung ozonschichtschädigender Stoffe mit folgenden Fristen vor: 1990 für FCKW als Treibgase in Spraydosen sowie für die Herstellung von Verpackungsmaterial, Geschirr aus Schaumstoff (z.B. Styropor®) oder von Montageschäumen. Ab 1992 soll der Einsatz als Kühl- und Kältemittel in Großanlagen, zur Herstellung von Schaumstoff (mit Ausnahme der Dämmstoffe) sowie als Reinigungs- und Lösemittel (FCKW sind wirksame Präzisionsreinigungsmittel zum Lösen von Fetten und Ölen in der Elektronik, Medizin, in der optischen sowie Kfz-Industrie usw.) verboten sein. Der Gebrauch für die Herstellung von Dämmstoffen soll 1993 enden, der als Kühl- und Kältemittel in Kleinanlagen 1995. Das von dieser Regelung ausgenommene Treibgas R 22® (Chlordifluormethan) soll erst ab 1998 als Kühl- und Kältemittel sowie für die Herstellung von Schaumstoffen nicht mehr zugelassen sein. Die Frist für die bekannten Lösemittel und FCKW-Zwischenprodukte Tetrachlorkohlenstoff und Methylchloroform läuft 1992 ab.

Die Brandbekämpfung mit Hilfe der sogenannten »Halone« (bei diesen kann Kohlenstoff außer mit Fluor und Chlor zusätzlich auch mit Brom verbunden sein) soll bei Handfeuerlöschern bis 1992 bzw. bei stationären Anlagen zur Brandbekämpfung bis 1996 noch möglich sein.

Die haushaltsüblichen Spraydosen enthalten bereits seit Ende 1988 keine Fluorchlorkohlenwasserstoffe mehr. Da aber auch manche Ersatztreibgase, wie z.B. Propan oder Butan, die Umwelt belasten, darf seit Anfang 1990 das Umweltzeichen nur noch an treibmittelfreie Sprays (Haar- und Deosprays sowie Rasierseifenschäume) vergeben werden. Solche treibmittelfreie Pumpensprüher können mit dem »Blauen Engel« und mit der Beschriftung »Umweltzeichen * weil luftentlastend« ausgezeichnet werden. – Erwähnenswert ist noch, daß im Ausland hergestellte Druckgasfanfaren, die vor allem in Fußballstadien zum »Anfeuern« der jeweiligen Mannschaft eingesetzt werden, oft zu 100% FCKW enthalten. Auf diese sollte der umweltbewußte Sportfan wirklich verzichten.

Die Suche nach Alternativen, d.h. der Einsatz unproblematischerer Treibgase mit ähnlich guten Gebrauchseigenschaften wie die der Fluorchlorkohlenwasserstoffe und die Entwicklung von Pumpflaschen mit vergleichbarer Sprühqualität wie die der Treibgasdosen, war bisher nur teilweise erfolgreich. Die Überlegungen führten zu folgenden möglichen Alternativen:

Der *Pumpzerstäuber* benötigt kein Treibgas und enthält 100% Wirkstoff. Mit einem Fingerdruck wird die Flüssigkeit in der Dosierungskammer mit etwa $4 \cdot 10^5$ Pa (4 bar) komprimiert und durch eine Düse herausgepreßt. Dieses System ist in der Herstellung jedoch unwirtschaftlich, eignet sich nur für Produkte, die stabil gegenüber Sauerstoff sind, und läßt sich unbequem handhaben.

Das *Preß-Pack*-System besteht aus einer Dose in einer zweiten Dose mit einer fest verschließbaren Öffnung am Boden. Durch diese wird Luft, Stickstoff oder ein anderes komprimiertes Gas eingefüllt, und zwar zwischen den Innenbehälter aus Aluminium oder Kunststoff und die Außenwand. Bei Betätigung des Ventils drückt das Treibmittel zwischen den Dosen die Flüssigkeit aus der inneren Dose heraus. Dieses System ist relativ teuer und ergibt bisher noch keine gleichmäßige Sprühleistung.

Das *Aquasol*-System erfordert eine andere Technologie als die herkömmlichen Druckdosen. Man arbeitet nicht mit einem, sondern mit zwei Kanälen im Ventil: einem für das Treibgas (Butan) und einem für das Gemisch aus Wasser und Wirkstoff. Sie treffen in einer Wirbelkammer zusammen, wo sich die Aerosol-Nebeltröpfchen bilden. Die Verwendung von Wasser erübrigt einen Teil des Treibmittels, was das Ganze verbilligt. Außerdem ist der Sprühstrahl nicht mehr brennbar. Ohne Gefahr von Treibgasverlust läßt sich aufrecht oder auch mit umgekippter Dose sprühen. Aufmachung und Bedienung entsprechen jener der gewohnten Druckdosen. Allerdings gelang es noch nicht, mit diesem System auch nur annähernd zufriedenstellende Sprühergebnisse zu erhalten.

Die heutigen Haarsprays auf Kunstharzbasis lassen sich mit Wasser und Shampoo rückstandslos auswaschen. Bei normaler Verwendung sind die Sprays gesundheitlich unbedenklich. Der Verdacht, daß die Harze Lungenschäden bewirken, hat sich nicht bestätigt.

In bezug auf ihre Inhaltsstoffe ähneln die modernen Haarsprays den Haarfestigern und sind aus folgenden Bestandteilen aufgebaut:

Lösemittel: Im Unterschied zu den Haarfestigern enthalten die Haarsprays kein oder höchstens nur sehr wenig Wasser, sondern organische Lösemittel, damit der Harzfilm rasch trocknet. Meist verwendet man Isopropanol oder das teurere, geruchsneutralere Ethanol. Außerdem können noch die Kohlenwasserstoffe Pentan und Hexan, Aceton und andere organische Lösemittel vorhanden sein. Chlorierte und fluorierte Kohlenwasserstoffe, wie Methylenchlorid oder 1,1,2-Trifluor-1,2,2-Trichlorethan, sind wegen ihrer möglichen gesundheitsschädigenden und zerstörerischen Wirkung auf den Ozongürtel nur noch zu kleineren Anteilen bzw. nicht mehr erlaubt. Die Kosmetikverordnung hat den Gehalt an Methylenchlorid in Sprays mit Treibgasen auf maximal 35% beschränkt (in der Schweiz ist Methylenchlorid in Sprays verboten).

Filmbildner (bis zu 6%). Sie stellen eine Kombination verschiedener Kunstharze, seltener mit Naturharzen dar, vor allem Mischpolymerisate aus Polyvinylpyrrolidon und Polyvinylacetat (PVP-PVA: Luviskol®) und andere. Die Filmbildner sollen einerseits auswaschbar, andererseits aber auch zum Schutz der Frisur gegen Feuchtigkeit wasserabstoßend (hydrophob) sein. Mit Hilfe einer Kompromißlösung versucht die Industrie, diese beiden einander widersprechenden Wünsche zu berücksichtigen.

Weichmacher: Sie nehmen den Harzfilmen die Sprödigkeit (machen die Filme plastischer) und vermindern so die Abschuppbarkeit. Außerdem erhöhen sie die wasserabstoßende Wirkung der wasserlöslichen Harzfilme (Hydrophobierung) und geben bzw. verstärken den Glanz. Wichtige Weichmacher sind Fettsäureester von Glykolen und Polyethylenglykolen, verzweigtkettige Fettsäureester, Phthalsäureester und andere.

Additive: Verschiedene Zusätze ermöglichen weitere Eigenschaften. Hinzugefügt werden Tenside zur besseren Benetzung der Haare und als Antistatika (z.B. quartäre Ammonium-Verbindungen; Antistatika überziehen die Haaroberfläche mit einem hydrophilen ladungsableitenden Film und verhindern so eine elektrische Aufladung durch Reibung), UV-Absorber als Lichtschutzmittel, Glanzbildner, Desodorantien bei Spezialhaarsprays usw.

Parfümöl: Es dient auch zur Überdeckung des Eigengeruchs von Isopropanol.

Treibgase: Dimethylether, Propan/Butan, Kohlendioxid, Distickstoffoxid usw. sorgen für die Handhabung als Aerosol. Propan/Butan und Dimethylether wirken zusätzlich auch als Lösemittel.

(Farbige Haarlacke siehe Seite 123.)

1.14.1 Wissenswertes für die Praxis

Bei *Haarölen* und *Pomaden* ist der Glanz um so stärker, je härter der Film ist und je weniger die Filmbildner in das Haar eindringen. Mineralwachse geben besseren Glanz als Wollwachs (Lanolin) oder Bienenwachs, hochviskose Mineralöle besseren Glanz als niedrigviskose bzw. als Fettsäureester (z.B. Isopropylpalmitat). Je zäher und klebriger das

Präparat ist, desto besser ist seine haarfestlegende Wirkung. Allerdings läßt es sich mit zunehmender Klebrigkeit schlechter gleichmäßig verteilen, und das Haar verschmutzt schneller. Die relativ festen Stangenpomaden werden auch zur Glättung starker Haarkrausen (Negerhaar) eingesetzt.

Haarfestiger sind meist als Lotionen erhältlich, abgepackt in Glas- oder Kunststoffflaschen. Bei zu dünnwandigen Kunststoffflaschen können Alkohol und Parfümöle durch die Wand diffundieren, so daß durch Vakuumbildung Einbuchtungen auftreten.

Bei der Benutzung von *Haarsprays* sollte man auf keinen Fall in die Augen sprühen, um die Augenhornhaut nicht zu schädigen, und sicherheitshalber die Nebel nicht einatmen. Wegen möglicher Brennbarkeit des Sprühstrahles darf die Anwendung nicht in der Nähe von offenen Flammen oder Glut erfolgen.

1.15 Kosmetische Mittel zur Formveränderung des Haars

Die Form des Haars hängt von der Struktur der Faserschicht (Cortex) ab. Das ist jene Schicht im Einzelhaar, die ihm durch miteinander verdrillte und verkittete Einzelfibrillen Elastizität und Reißfestigkeit gibt.

Eine *kurzzeitige Formveränderung* gelingt schon durch Einwirkung von Wasser (bei »Fönfrisuren« und »Wasserwellen«). Die Wasserstoff-Brücken des Haarkeratins werden teilweise gelöst, die Salz-Brücken gelockert (von alkalischen Lösungen ganz gelöst), so daß das Haar im Querschnitt quillt, dehnbarer und verformbarer wird. Da bei dieser Verformungsmethode nur die Wasserstoff- und Salz-Brücken gelöst und verschoben werden, alle Peptid- und Disulfid-Brücken aber ihre alte Stellung behalten, entstehen durch die Verformung innere Spannungen im Haar, die sich bei Einwirken von Wasser (Luftfeuchtigkeit, Regen, Schweiß, Haarwäsche) unter Rückbildung der natürlichen Form wieder ausgleichen.

In der Praxis gibt man dieser instabile Verformung durch filmbildende Produkte (Fönwell-Lotionen, Haarfestiger, Haarsprays usw.) etwas mehr Halt.

Eine *permanente Verformung* (Dauerwelle bzw. Schlichtung) ist erst durch Spaltung der Disulfid-Brücken des Keratinkitts und deren anschließende Neuverknüpfung möglich. Eine solche Spaltung und Neuverknüpfung sind Reduktions-Oxidations-Reaktionen. (»Reduktion« bedeutet eine Zufuhr von Elektronen. Wird bei einer Reduktion zugleich Wasserstoff eingeführt, gilt dies als »Hydrierung«. »Oxidation« bezeichnet eine Abgabe von Elektronen. Eine Oxidation unter Abgabe von Wasserstoff nennt man »Dehydrierung«.) Früher verwendete man

Exkurs: Chemie der Kaltwellung

Das Erweichen bzw. die Auflösung der natürlichen Haarstruktur durch Reduktion geschieht mit dem »Wellmittel« (auch »Entwickler«) genannt:

$$R{-}S{-}S{-}R \quad + \quad 2H^+ \quad + \quad 2e^- \quad \xrightarrow{\text{Reduktion}} \quad R{-}SH \quad + \quad R{-}SH$$

Die Neuverknüpfung bzw. die Fixierung der neuen Haarstruktur durch Oxidation geschieht mit dem »Fixiermittel«:

$$R{-}SH \quad + \quad HS{-}R \quad - \quad 2e^- \quad - \quad 2H^+ \quad \xrightarrow{\text{Oxidation}} \quad R{-}S{-}S{-}R$$

etwas genauer:

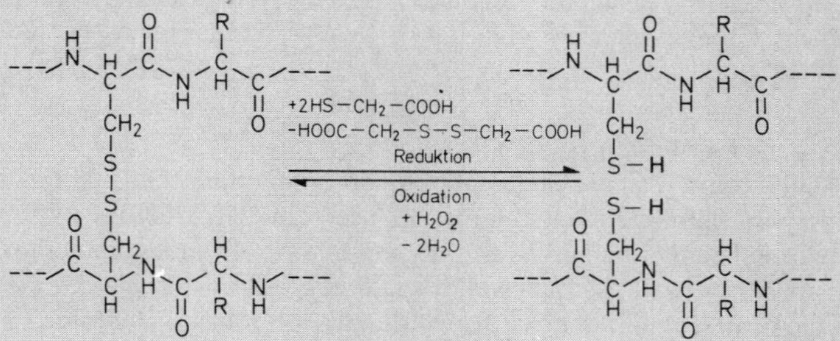

hierzu heiße wäßrige Lösungen von alkalisch reagierenden Salzen, Alkalimetallsulfiten oder Alkalimetallhydrogensulfiten (»Heißwelle«), wobei sowohl die Spaltung als auch die Neuverknüpfung durch gleichzeitige Oxidations-Reduktions-Reaktionen erfolgten. Heute gelingt die Spaltung und Neuvernetzung durch Verwendung von nacheinander eingesetzten Reduktionsmitteln (zur Spaltung) und Oxidationsmitteln (zur Verknüpfung bzw. Fixierung der neuen Form) bei wesentlich tieferen Temperaturen (etwa 30 bis höchstens 50 °C) als bei der Heißwelle, man spricht daher von »Kaltwellung« bzw. »Kaltwelle«.
(Siehe hierzu auch den Exkurs »Chemischer Aufbau des Haars«, Seite 98).

Kaltwellmittel und Fixiermittel
Wichtigster Wirkstoff eines Kaltwellpräparats ist sein Reduktionsmittel. Dessen Ausgangssubstanz bildet meist die Thioglykolsäure, es ist aber je nach Art des Produkts verschieden (vergleiche die nachstehenden Ausführungen). Sein Eindringen, vor allem bei den nur schwach alkalischen

Präparaten, erleichtert ein Quellmittel, z.B. Harnstoff. Zur besseren Haardurchfeuchtung und stabileren Verteilung der Parfümöle tragen Netzmittel bei, meist Anion-Tenside (z.B. Lamepon®) oder nichtionogene Tenside. Überfettungsmittel, wie wasserlösliche Wollwachsderivate, Cholesterin, Eiweißhydrolysate usw. sollen das Auslaugen der Haare verringern. Parfümöle, Farbstoffe und Trübungsmittel (meist Kunstharze) dienen dazu, den unangenehmen Geruch des Reduktionsmittels zu überdecken und das Aussehen des Haars zu verschönern. Manchmal (im allgemeinen ist es jedoch nicht üblich) werden Metallsalze (etwa von Mangan, Eisen, Kupfer usw.) als Katalysatoren zugesetzt, um die Oxidation durch Luftsauerstoff zu beschleunigen und auf ein Fixiermittel verzichten zu können.

Bei Kaltwellmitteln – sie sind als klare Lösungen, flüssige Emulsionen mit milchigem Aussehen, Schaum aus der Treibgasdose, vereinzelt auch als Cremes im Handel – lassen sich verschiedene Arten unterscheiden:

Alkalische Kaltwellmittel
Sie enthalten 4- bis 8%ige Lösungen von Ammoniumthioglykolat, das durch Neutralisation von Thioglykolsäure ($HS\text{-}CH_2\text{-}COOH$) mit Ammoniak entsteht. Mit Hilfe von Ammoniak oder Monoethanolamin ist der pH-Bereich alkalischer Wellflüssigkeiten auf etwa 8 bis 8,6 eingestellt. Lösungen mit höheren pH-Werten als 9,5 würden Haut und Haar zu sehr schädigen.

Neutrale Kaltwellmittel
Solche Präparate sind neutral oder nur sehr schwach alkalisch eingestellt (pH-Bereich von 7 bis 8). Die Verminderung der Alkalität hat allerdings eine erhöhte Reduktionsmittel-Konzentration (bis maximal 10%) zur Folge, damit sich eine befriedigende Wellwirkung erzielen läßt.

Saure Kaltwellmittel (Sauerdauerwellen)
Seit 1957 befinden sie sich auf dem Markt. Sie arbeiten im schwach sauren Bereich (pH 5 bis 6) und enthalten als Reduktionsmittel Monoglykolester oder Monoglycerinester der Thioglykolsäure, seltener auch andere Reduktionsmittel, bis zu 12%. Der pH-Wert dieser Wellmittel ist haarfreundlich, ergibt eine weiche, bei feuchter Witterung nicht so stark durchschlagende Krause und greift die Haut nicht sosehr an. Dennoch konnten die sauren Kaltwellmittel die alkalischen nicht verdrängen. Sie wirken bei härteren oder dickeren Haaren nicht intensiv genug, riechen oft unangenehmer, lösen häufiger Kontaktallergien aus und sind etwas umständlicher in der Handhabung. Die Wellmittel sind nur im wasserfreien Zustand länger haltbar und müssen kurz vor dem Ge-

brauch mit der vorgeschriebenen Menge Wasser verdünnt werden. Bei porösem, gefärbtem oder blondiertem Haar sind sie wegen der haarschonenderen Wellung aber das Mittel der Wahl.

Kaltwellmittel mit steigendem pH-Wert (Zweistufen-Wellmittel)
Erst nach einer zeitlich verzögerten Alkalisierung entfalten sie ihre Wirksamkeit:

Die Enzym-(Ferment-)Kaltwelle besteht aus einer Mischung von Thioglykolsäure und Harnstoff in schwach saurer Lösung. Vor dem Auftragen wird das Enzym Urease in Pulverform beigemischt, welches die Freisetzung von Ammoniak aus dem Harnstoff bewirkt (katalysierte Hydrolyse). Die Thioglykolsäure wird allmählich zum Ammoniumthioglykolat umgesetzt und die Lösung dabei alkalisiert (z. B. ist nach 15 Minuten ein pH-Wert von etwa 8 erreicht).

Bei den Zweistufen-Wellmitteln mit Alkalizusatz verwendet man bei der ersten Stufe die schwach saure Thioglykolsäure-Lösung zum Vorfeuchten und Wickeln. Erst bei der zweiten Stufe, wenn ein alkalisch reagierender Stoff beim Nachfeuchten zugegeben wird, tritt die Wellwirkung ein.

Fixiermittel
Die im Anschluß an die Wellpräparate auf das Haar gebrachten Fixiermittel sind ebenfalls aus mehreren Komponenten zusammengesetzt.

Fixiermittel für alkalische Kaltwellpräparate enthalten in gebrauchsfertiger Lösung etwa 1,5 bis 2% Wasserstoffperoxid bzw. Natriumbromat als Oxidationsmittel. Außerdem wird mit Säure (Citronensäure, Weinsäure, Phosphorsäure usw.) auf einen pH-Wert von 2,5 bis 3 eingestellt, um Alkalireste im Haar zu neutralisieren und das Haar zu adstringieren (Entquellung), oder auch um eine eventuelle Bleichung des Haares zu erschweren. Fixiermittel für neutrale oder saure Kaltwellpräparate sind meist neutral eingestellte (pH 7) Natriumbromat-Lösungen.

Neben den Oxidationsmitteln (z. B. Alkalibromaten, wie Natriumbromat, oder Peroxo-Verbindungen, wie Wasserstoffperoxid) sind weitere Stoffe eingearbeitet. So verhindern Stabilisierungsmittel bei peroxidhaltigen Produkten die Sauerstoff-Abspaltung. Waschaktive Substanzen (z. B. Lamepon S®, Fettalkoholpolyglykolethersulfate usw.) dienen als Netzmitttel und gleichzeitig als Schaumbildner bei den meist durchgeführten »Schaumfixierungen«. Konditionierungsmittel und Überfettungsmittel halten das Haar geschmeidig und erleichtern das Kämmen. Eingesetzt werden quartäre Ammonium-Verbindungen (z. B. Cetyldimethylbenzylammoniumchlorid), oxy-ethylierte (wasserlösliche) Wollwachs-Derivate, emulgierte wasserunlösliche Wollwachs-Derivate und andere.

Die Fixiermittel werden meist als dünnflüssig schäumende Produkte

(»Schaumfixierung«) oder mittelviskos als Emulsion angeboten. Nur noch selten verwendet man einfache wäßrige Lösungen zum mehrfachen Ausspülen (»Spülfixierungen«).

Haarglättungsmittel (Schlichtungsmittel)
Haarglättungsmittel (Haarschlichtungsmittel, Haarstreckungsmittel) weisen eine analoge Zusammensetzung wie die Kaltwellmittel auf, denn Entformung ist ja ebenfalls eine Verformung. Sie werden meist in Form einer Creme oder eines Gels angewendet. Die Mittel enthalten freies Ammoniak und haben einen pH-Wert von 9 bis 9,6. Nach dem Auftragen der Creme bzw. des Gels und dem anschließenden Glätten des Haars bedarf es, wie bei der Dauerwelle, der Fixierung mit einer oxidierenden Lösung.

1.15.1 Wissenswertes für die Praxis

Handhabung von Dauerwellpräparaten
Dauerwellpräparate sind aggressive Chemikalien. Auf Kleidern, Möbeln usw. können leicht häßliche Flecken entstehen.

Vor allem sollte man die Mittel sowenig wie möglich mit der Haut in Berührung bringen, da die alkalischen und sauren Lösungen leicht Reizungen, manchmal auch Allergien hervorrufen. Besonders Augen und Augenlider sind zu schützen.

Um den Grad der vorhandenen Empfindlichkeit abzuschätzen, läßt man das Präparat kurz auf der Kopfhaut (Haaransatz der Schläfengegend) einwirken. Vor der Haarbehandlung sollte die Haut rund um den Haaransatz mit Hautschutzsalbe und Wattestreifen abgedeckt werden. Zum Schutz der Hände empfiehlt sich das Arbeiten mit Plastikhandschuhen.

Will man bei gefärbtem Haar vermeiden, daß das Dauerwellmittel die Farbe teilweise entfernt, sollte man zwischen Färben und Dauerwellung mindestens zwei Wochen verstreichen lassen und eventuell an einer Probesträhne feststellen, ob die Wellösung die Haarfarbe verändert. – Beim Färben von dauergewelltem Haar ist zu berücksichtigen, daß es die Farbe stärker aufnimmt, die Einwirkzeit des Färbemittels daher verkürzt.

Stark blondiertes oder strapaziertes Haar kann durch eine Dauerwellung verfilzen oder auch brechen (siehe auch Seite 124). Poröse Haarspitzen, die das Wellmittel zu schnell annehmen würden, erhalten vor der Wellung etwas Haarkur einmassiert. Dickes Haar läßt sich besser wellen als dünnes Haar. Je dicker der Wickler, um so großzügiger, weicher wird die Welle. Je kleiner der Wickler, um so krauser, schärfer wird sie. Das Haar darf nicht zu breitsträhnig und muß schön rund um den Wickler gelegt werden, ohne es zu verdrehen oder zu knicken.

Manche Kaltwellpräparate gehören ausschließlich in die Hand des Fachmanns, die sogenannten »Heimdauerwellmittel« kann der Verbraucher allein anwenden. Allerdings sollte die Gebrauchsanleitung (besonders bezüglich Einwirkzeiten, Temperaturen, Verdünnungen) stets peinlich genau beachtet werden, weil Mißerfolge und Haarschäden sonst nicht auszuschließen sind.

Lagerung von Wellmitteln
Wellmittel sollten kühl gelagert werden und nie längere Zeit unverschlossen bleiben. Sie sind sehr sauerstoffempfindlich und verlieren durch den Zutritt von Sauerstoff allmählich ihre Wirksamkeit. Nach längerem Stehen kann auch die Alkalität durch entweichendes Ammoniak sinken, besonders bei Wärme.

1.16 Kosmetische Mittel zur Farbveränderung des Haars

Kosmetische Mittel zur Veränderung der Haarfarbe haben den Zweck, die eigene Haarfarbe aufzufrischen, aufzuhellen oder völlig zu verändern bzw. ergrautes Haar der ehemaligen Naturfarbe anzugleichen. Je nach der Haltbarkeit der Farbveränderung unterscheidet man temporäre, semipermanente und permanente Farbveränderungen.

Temporär nennt man sie, wenn sie sich durch Wasser (Regen, Kopfwäsche usw.) leicht wieder entfernen lassen. Die Farbteilchen haften locker außen an der Schuppenschicht (siehe Seite 100) des Haars. Wasserlösliche, synthetische, organische Farbstoffe oder Pigmente sorgen für diese Art der Färbung.

Semipermanente Farbstoffe werden von Haarwäsche zu Haarwäsche stufenweise mehr oder weniger rasch abgeschwächt. Bei solchen Färbungen haften die Farbstoffteilchen fester an der Haaroberfläche bzw. dringen auch etwas in die Schuppenschicht ein. Vor allem direktfärbende (»direktziehende«) Farbstoffe, etwa aus der Wollfärberei oder bestimmte andere synthetische Farbstoffe, ebenso die heute weniger häufig verwendeten Metallsalz-Haarfarben und pflanzliche Haarfarben gewährleisten dies. Einige Metallsalz-Haarfarben (das sind wäßrige Lösungen bestimmter Schwermetallsalze) wurden wegen Gesundheitsgefährdung (Giftigkeit, Haut- und Haarschädigungen) bereits verboten. Die heutigen Mittel enthalten meist Silbersalz (Silbernitrat). Sie dienen in der Friseurpraxis noch zum Färben von Wimpern und Augenbrauen. Die Färbung beruht auf der photochemischen Reduktion des Silber-Kations zu braunschwarzem elementarem Silber. Zur Beschleunigung der Reaktion trägt man daher vorher die Lösung eines Reduktionsmittels

(Natriumhydrogensulfit, Pyrogallol usw.) auf. Früher übliche Haarumfärbungen bzw. Tönungen mit pflanzlichen Stoffen verloren gleichfalls an Bedeutung. Bekannt waren z.B. Henna und Reng (siehe Seite 73), Extrakte aus grünen Nußschalen, Galläpfeln und anderen tanninhaltigen Pflanzen, Kamillenblüten (zur Blondierung) usw. Heute werden verschiedentlich noch Henna bzw. Henna-Reng-Gemische herangezogen. Färbungen mit Henna sind nicht ganz reibecht, wenig lichtbeständig und hängen im Farbton sehr von der Naturfarbe des Haares ab. Ihr Einsatz ist lediglich zur rötlichen Nuancierung eines dunklen Naturfarbtons sinnvoll.

Permanente Farbveränderungen überstehen nahezu beliebig viele Shampoo-Waschungen. Die Farbteilchen werden nicht nur in der Schuppenschicht, sondern auch im Innern der Faserschicht eingelagert. Dauerhafte Färbungen mit großer Farbvariation und guter Lichtechtheit liefern die sogenannten »Oxidationshaarfarben«: Kleine, meist farblose Farbmittelvorprodukte (»Farbbasen«) dringen durch die im alkalischen Medium aufgequollene Schuppenschicht in das Haarinnere ein und werden dort zu fest im Haar eingelagerten Pigmenten oxidiert. Die so erzielte Färbung ist fast unbegrenzt haltbar, der nachwachsende Teil des Haarschafts zeigt allerdings die ursprüngliche natürliche Haarfarbe.

Oxidationshaarfarben findet man sowohl in Haarfärbemitteln als auch in Colorationsmitteln sowie in vielen Haartönungsmitteln. (Colorationsmittel stehen in ihrer Wirkung zwischen den Haarfärbemitteln und den Haartönungsmitteln.) Mit den Haarfärbemitteln ist fast jede beliebige Umfärbung möglich, während sich mit den Haartönungsmitteln die natürliche Haarfarbe nur um einige Nuancen ändert.

Ebenfalls zu den Farbveränderungen zählt der dem Färben entgegengesetzte Vorgang, das Haarbleichen und Blondieren sowie das Entfernen dem Haar bereits zugeführter Farbmittel.

Haarfärbemittel (auf der Basis von Oxidationshaarfarben), Entwickler und Nachbehandlungsmittel

Haarfärbemittel

Mit Hilfe von Haarfärbemitteln auf der Basis von Oxidationshaarfarben läßt sich das Haar in nahezu jeden gewünschten Farbton einfärben, und starke Grauanteile werden überdeckt. Da Dosiermengen und Einwirkzeiten verschieden sind, von ihnen aber das Ergebnis abhängt, ist die Gebrauchsanweisung immer genau zu beachten.

Bei porösem, saugfähigem Haar (z.B. »Urlaubshaar«, dauergewelltem oder anderweitig strapaziertem, besonders blondiertem Haar) kann es leicht zu unerwarteten Farbverschiebungen kommen (vergleiche unter »Handhabung von Dauerwellpräparaten«, Seite 118). In bestimmten Fällen tritt auch eine haardickenabhängige Nuancierungsverschiebung ein. Will man unangenehme Überraschungen vermeiden, sollte man Färbungen dem Fachmann überlassen, der den gesuchten Farbton zu erreichen weiß.

Haarfärbemittel, die mit Oxidationshaarfarben arbeiten, enthalten im allgemeinen die nachfolgend genannten Inhaltsstoffe.

Farbmittelvorprodukte: Es sind meist primäre aromatische Diamine, Aminophenole, Polyphenole und aromatische Alkohole. Fast sämtliche modernen Haarfarben enthalten als Farbmittelvorprodukt (anstelle des starken Allergens 1,4-Diaminobenzol) neben anderen das 1-Methyl-2,5-diaminobenzol (2,5-Diaminotoluol, *p*-Toluylendiamin), das alleine von hellblond bis tiefbraun färbt.

Viele Vorstufen der Oxidationsfarben können allergische Reaktionen hervorrufen. Das stärkste Allergen, das 1,4-Diaminobenzol (*p*-Phenylendiamin, eine Vorstufe für tiefstes Schwarz) war in manchen Ländern – auch in Deutschland – lange Zeit verboten, ist aber inzwischen mit der zulässigen Höchstkonzentration von 6% zugelassen, und auch für die schwächeren Allergene sind zulässige Höchstmengen festgelegt worden, doch empfiehlt es sich in jedem Fall, vor der Anwendung von Oxidationsfarben einen Allergietest durchzuführen (z. B. in der Armbeuge, am Hals oder am Haaransatz).

Nuancierfarbstoffe: Sie werden den Färbecremes (der häufigsten Handelsform von Haarfärbemitteln) zugemischt und verändern den Ton der Grundfarbe. Das können entweder »Kupplungs- und Farbstabilisatoren« sein, die chemisch zum neuen Farbmittelmolekül gebunden werden, oder auch verschiedentlich schon fertige direktfärbende (meist rötliche) Farbstoffe (häufig Nitro-, Azo- und Anthrachinon-Farbstoffe).

Alkalisierungsmittel: Durch Quellung lockern sie die Schuppenschicht auf, so daß die Farbmittelvorprodukte leichter in das Haarinnere dringen können. Außerdem verläuft die Oxidation bei einem pH-Wert von 9 bis 10 am besten. Die besten Eigenschaften weist bislang Ammoniak auf (höchstens 1% in der fertigen Mischung).

Stabilisatoren (Antioxidantien) verhindern eine vorzeitige Oxidation bei Herstellung, Lagerung, Anrühren und Auftragen der Farbmittelvorprodukte, da diese sehr leicht schon durch Luftsauerstoff oxidiert werden. (Flaschen und Tuben sind daher stets nach Gebrauch wieder zu verschließen. Die Stabilisierung übernehmen Reduktionsmittel, wie Natriumsulfit, Natrium-formaldehyd-sulfoxylat (Rongalit® HO-CH_2-$SO_2Na \cdot 2H_2O$), Ascorbinsäure, Thioglykolsäure usw.

Organische Lösemittel: Meist Alkhole, aber auch andere Substanzen, dienen als Lösungsvermittler. Sie können außerdem das Eindringvermögen beschleunigen (z. B. Ethanol, Isopropanol) oder auch hemmen (z. B. Glycerin, Glykol).

Tenside können ebenfalls als Lösungsvermittler (Emulgatoren) wirken, als Netzmittel die Anfärbung des Haares beschleunigen und als Waschmittel das Auswaschen der Chemikalien nach der Färbung erleichtern.

Verdickungsmittel: Zur Herstellung der Trägermasse mit gebrauchsgünstiger Viskosität (cremige Emulsionen, Gelees, dickflüssige Gemische) der Farbstoffvorstufen bedarf es geeigneter Hilfsstoffe (z.B. Cellulose-Derivate, Fettalkohole usw.). Das Abrinnen der Färbemasse wird erschwert, außerdem sollen die haarschädigenden Nebenwirkungen von Oxidationsmittel und Alkalisierungsmittel gemildert werden.

Parfümöl: Es soll den Ammoniakgeruch mildern.

Die Haarfärbemittel mit Oxidationsfarben sind meist in Creme-Form vom Typ einer O/W-Emulsion (Creme-Haarfarbe, Färbecreme usw.), daneben auch als Lotionen, Shampoos (Färbeshampoos) und als mit Wasserstoffperoxid gelierende Lösungen auf dem Markt. Auf den Verpackungen sollte man das Herstellungsdatum und eine ausführliche Gebrauchsanweisung mit Hinweis auf die Überempfindlichkeitsprobe finden.

Farbentwickler

Damit die Farbmittelvorstufen zum endgültigen Farbmittel oxidiert werden, bedarf es eines »Farbentwicklers« als Oxidationsmittel.

Als Farbentwickler verwendet man wäßrige Lösungen von Wasserstoffperoxid bzw. manchmal auch feste Addukte in Pulver- oder Tablettenform von Wasserstoffperoxid (z.B. das Wasserstoffperoxid-Harnstoff-Addukt Carbamidperoxid, Ortizon®). Gelingen und Ton der Färbung hängen sehr von der Konzentration des Oxidationsmittels ab. Man sollte sich grundsätzlich peinlichst genau an die für das jeweilige Präparat vorgeschriebene Dosierungsmenge halten. Wäßrige Entwicklerlösungen sind in Kunststoff-Flaschen abgepackt, da Metall vermieden werden muß.

Nachbehandlungsmittel

Nach dem Auswaschen des Färbemittels empfiehlt sich unbedingt eine Spülung mit einem sauer reagierenden Nachbehandlungsmittel, um Alkalireste zu neutralisieren und die gequollenen Haarschäfte zu adstringieren. Manche Nachbehandlungsmittel enthalten neben Säuren (z.B. Weinsäure oder Citronensäure) noch Reduktionsmittel (z.B. Natriumthiosulfat, Ascorbinsäure oder Glyoxylsäure), um das Oxidationsmittel quantitativ zu zersetzen oder so eine mögliche schleichende Weiteroxidation zu verhindern.

Haartönungsmittel und Colorationsmittel

Während die Haarfärbemittel auf 100% weißes Haar eingestellt sind und nur in diesem Anwendungsgebiet die der Nuance entsprechende Färbung ergeben, bewirken die Haartönungsmittel ausschließlich eine Nuancierung der Naturhaarfarbe, meist ohne Abbau der Naturpigmente. Das Haar erhält einen Farbton, der sich aus Eigenfarbe und Tönungsfarbe additiv ergibt. Die Wahl des Farbtons eines Tönungsmittels hängt sehr von der Naturfarbe ab. Stimmt die Nuance eines Tönungsmittels nicht mit der Farbtiefe der Naturfarbe überein, entstehen Fehlfärbungen. Die Deckkraft von Haartönungsmitteln auf weißem Haar ist gering, nur mit den farbkräftigeren Tönungsmitteln läßt sich auch leicht ergrautes Haar (Weißanteil bis maximal 20%) gleichmäßig überdecken.

Die Colorationsmittel erreichen eine farb- und deckkräftigere Nuancierung als die Tönungsmittel und lassen sich bereits als schwache (aber auch schonendere) Haarfärbemittel einordnen. Colorationsmittel quellen das Haar weniger stark auf und haben eine geringere Bleichwirkung (die bei den Haarfärbemitteln parallel mit der Synthese des Farbstoffs abläuft, um ein Scheckigwerden des Haars zu verhindern). Mit manchen Colorationsmitteln lassen sich sogar Haare mit bis zu 50% Weißanteil (d.h. zur Hälfte ergraut) noch abdecken.

Die Zusammensetzung der Haartönungsmittel und Colorationsmittel hat sich gegenüber früher geändert: Während früher Haartönungsmittel meist nur direktziehende temporäre oder nicht sehr haftfeste semipermanente Farbstoffe enthielten, finden sich heute bereits in vielen Produkten (auf jeden Fall in den Colorationsmitteln) auch die permanenten Oxidationsfarben. Eine allgemein verbindliche Unterteilung dieser Mittel gibt es nicht und ist wohl kaum möglich, da selbst zwischen den verschiedenen Tönungsserien eines Herstellers (oft mit den gleichen Nuancen!) Unterschiede in Zusammensetzung, Anwendung, Farbintensität und Haftfestigkeit bestehen.

Mögliche farbgebende Inhaltsstoffe sind etwa:

- direktziehende Farbstoffe,
- Farbmittelvorstufen, die durch Luft zu Farbmitteln oxidiert werden (l-Hydroxy-2,4-diaminobenzol und andere),
- Vorprodukte von Oxidationshaarfarben, die mit Wasserstoffperoxid entwickelt werden müssen.

Außerdem können zahlreiche Zusatzstoffe vorhanden sein, wie waschaktive Substanzen (zur Verbesserung der Netzfähigkeit und Auswaschbarkeit), Verdickungsmittel, O/W-Emulsionen (als Grundlage) usw.

Beispiele für Produkttypen und Handelsformen (Grobordnung nach steigender Deckkraft bzw. Haftfestigkeit) sind farbige Haarsprays (farbige Haarlacke), Farbfestiger (Tönungsfestiger; siehe Seite 109), Farbspülungen (Tonspülungen) – mit organischen Säuren und auswaschbaren Farbstoffen –, Schaumtönungen – sie enthalten meist direktziehende Farbstoffe, die sich durch einige Haarwäschen herauswaschen –, die meist oxidationsfarbenhaltigen Tönungswäschen (Tönungsshampoos, Waschtönungsmittel) mit starker Tönungswirkung und schließlich die zu den Haarfärbemitteln überleitenden Colorationsmittel (Intensivtönungen, verschiedentlich ebenfalls als »Tönungsshampoos« usw. bezeichnet).

Haarbleich- und Blondiermittel (Aufhellmittel, Haaraufheller)
Grundsätzlich bestehen zwei Möglichkeiten, die natürliche Haarfarbe aufzuhellen: durch Stören der Farbpigmentbildung und durch nachträgliches Aufhellen der Naturfarbe mit Hilfe chemischer Reaktionen (meist eine oxidative Umwandlung oder Zerstörung der Pigmente).

Ein Aufhellen durch Beeinflussen der Pigmentbildung ist bisher nur mit gewissen innerlich angewandten Arzneimitteln möglich und für kosmetische Zwecke daher indiskutabel. Bei Einnahme von Chloroquin-Präparaten etwa, wie Resochin®, die als Chemotherapeutika bei Malaria, Tropeninfektionen, als Antirheumatika, aber auch als Dermatotherapeutika angewendet werden, hellt sich z. B. blondes Haar bis zum Platinblond auf.

Kosmetische Präparate zur Aufhellung der Haarfarbe wirken stets pigmentbleichend. Ein mildes, leichtes Aufhellmittel für blondes Haar bietet sich in dem seit altersher bekannten Hausmittel, dem Aufguß von Blüten der römischen Kamille oder der deutschen Kamille an. Als aufhellenden Faktor nennen einige Autoren ein Azulen-Derivat, andere den gelben Farbstoff 5,7,4'-Trihydroxyflavon (Apigenin) in der Kamille.

Seit 1867, als auf der Pariser Weltausstellung eine 3%ige Wasserstoffperoxid-Lösung als »Wasser des güldenen Jungbrunnens« vorgestellt wurde, bildet Wasserstoffperoxid den wesentlichen Bestandteil von Bleich- und Blondiermitteln. Auch das Bleichen feuchten Haars durch Licht (besonders UV-Licht) und Luft wird unter anderem durch das Entstehen von Wasserstoffperoxid erklärt. Allerdings greift dieses Oxidationsmittel auch die Haarsubstanz mehr oder weniger stark an (Auslaugung, teilweise Spaltung der Keratinmoleküle), so daß Elastizität und Festigkeit zurückgehen und der Glanz sich nahezu verliert. (Dies sollte man vor allem beim Nachfärben bereits blondierten Haares bedenken und jede neue Farbänderung am besten dem Fachmann überlassen.) Sehr starke Bleichungen können zu Ätzungen der Haut, zum Strohigwerden und schließlich Abbrechen der Haare führen. Auf keinen Fall darf eine Blondierung mit einer Dauerwelle kombiniert werden. Man wartet mindestens 14 Tage nach der Dauerwellung und verkürzt die empfohlene Einwirkzeit (z. B. um etwa 5 bis 10 Minuten).

Mittel- und dunkelblondes Haar kann um eine bis vier Nuancen ohne merkliche Schäden aufgehellt werden. Das Aufhellen dunkleren Haares ist heikel: Mittelbraunes bis schwarzes Haar sollte man auf keinen Fall bleichen, da die hierfür notwendige Oxidationsmittelkonzentration das Haar zu stark schädigt. (Zum Bleichen von Haar, das mit Metallsalzen gefärbt wurde, siehe den »Hinweis zu Haarbleich- und Blondiermitteln«, Seite 127).

Zusammensetzung: Als Bleichmittel dient Wasserstoffperoxid. Die Konzentration der gebrauchsfertig angerührten Mischung sollte 9% möglichst nicht überschreiten, weil eine höhere Konzentration das Haar zu sehr angreift. (Für Heimartikel verwendet man etwa 6%ige Wasserstoffperoxid-Lösungen.) Als Stabilisator für Wasserstoffperoxid setzt man z.B. Phosphorsäure, Phenacetin, Acetanilid und anderes ein.

Zusätzlich werden meist Peroxodisulfate als Blondierverstärker (ohne eigene Bleichwirkung), Alkalisierungsmittel (wie Ammoniak), damit das Haar quillt und sich die Schuppenschicht lockert, Pufferstoffe (z.B. Ammoniumsalze) und Netzmittel (Tenside) zur gleichmäßigeren Verteilung der Blondiermasse eingearbeitet. Verdickungsmittel (z.B. Aerosil®, Cellulose-Derivate, O/W-Emulsionen) verbessern die Gebrauchseigenschaften, Schutzstoffe (wie Wollwachs-Derivate, Lecithin, Stearin, Wachs usw.) sollen die Keratinschädigung während des Bleichvorgangs herabsetzen, anschließend in die strapazierte Schuppenschicht einziehen und Schäden ausgleichen. Farbstoffzusätze, vor allem direktziehende Farbstoffe, nuancieren und kompensieren unerwünschte Farbreflexe, und optische Aufheller erhöhen die Leuchtkraft des Haars, sie geben ihm einen klaren, hellen Ton.

Haarbleich- und Blondiermittel gelangen als schwach sauer eingestellte Bleichlotionen, Blondieröle, Blondiergelees (mit pflanzlichen und synthetischen Schleimstoffen), Blondiercremes (dickflüssige O/W-Emulsionen) und Blondierpulver in den Handel.

Wie beim Färben, erfordert auch das Bleichen des Haars eine *Nachbehandlung*. Entsprechende Präparate sind in der Regel aus schwachen organischen Säuren (z.B. Wein- oder Citronensäure), Antioxidantien (häufig Natriumthiosulfat, Ascorbinsäure oder Glyoxylsäure), Konditionierungsmitteln (quartären Ammonium-Verbindungen, wie Cetyltrimethylammoniumbromid) aufgebaut. Auch Formaldehyd (siehe Seite 80) abspaltende Substanzen werden beigemischt, um das Haar widerstandsfähiger, griffiger, weicher und glänzender zu machen.

Haarfarben-Entfernungsmittel (Haarentfärbungsmittel)

Diese Mittel dienen zum Entfärben von gefärbtem Haar, z.B. wenn der zu dunkle Ton einer Haarfarbe nicht gefällt, das Haar umgefärbt oder die Naturfarbe wiederhergestellt werden soll. Die Wahl des jeweils anzuwendenden Mittels richtet sich nach der Färbungsart.

Entfernen von pflanzlichen Haarfarben
Dies gelingt mit 4- bis 6%igen Wasserstoffperoxid-Lösungen, also durch oxidative Bleichung.

Entfernen von Metallsalz-Haarfarben
Eine gründliche Entfernung ist sehr schwierig und gelingt meist nur mit aufwendigen chemischen Verfahren. So entfernt man in der Friseurpraxis z.B. Silbersalzfärbungen durch Einwirkung von Alkali, dann von Kaliumiodid und schließlich von Natriumthiosulfat. Umfärbungen mit Oxidationsfarben oder Dauerwellungen von metallsalzgefärbtem Haar sollten nur dem Fachmann überlassen werden.

Entfernen von Oxidationsfarben
Bei den Entfärbemitteln für Oxidationsfarben handelt es sich entweder um Reduktionsmittel in saurer Lösung (»Abziehmittel«) oder um Oxidationsmittel in alkalischer Lösung (»Überoxidationsmittel«). Die reduktive Entfärbung (»Reduktion« siehe Seite 114) ist bei weitem haarschonender als die oxidative, allerdings weniger wirksam.

Bei den *Abziehmitteln* dienen z.B. Natrium-formaldehyd-sulfoxylat (Rongalit®), Natriumdithionit, Natriumthiosulfat usw. der Reduktion, die mit den Säuren, wie Oxalsäure, Weinsäure, Citronensäure usw., gemischt werden. Die reduktiv zu kleinen Bruchstücken gespaltenen Oxidationsfarbpigmente lassen sich teilweise auswaschen. Die natürlichen Pigmente bleiben unverändert erhalten. Diese Art der Haarentfärbung schließt also keinen Bleichvorgang ein. Da sie aber nicht alle Abbauprodukte entfernt, dunkelt das Haar nach einiger Zeit etwas nach (erneute Oxidation der Abbauprodukte durch Luftsauerstoff zu Farbpigmenten).

Das Entfärben durch *Überoxidationsmittel* entspricht hingegen einer sehr kräftigen Haarbleichung, denn hierbei werden auch die natürlichen Farbpigmente zerstört. Das Arbeitsverfahren gleicht dem der Blondierung. Bei strapaziertem und geschädigtem sowie metallsalzgefärbtem Haar ist die Methode der Überoxidation in keinem Fall angebracht.

Entfernen von direktziehenden Farbstoffen
Das Entfärben von direktgefärbtem Haar kennt ebenfalls mehrere Methoden. Je nach Farbstofftyp gelingt die Entfärbung manchmal durch Shampoo-Waschungen, verschiedentlich auch durch strähnenweises Behandeln mit Ethanol unter Abreiben mit einem Tuch.

1.16.1 Wissenswertes für die Praxis

Handhabung von Haarfärbemitteln

Zum Anrühren eignen sich Kunststoff-, Porzellan- oder Glasgefäße, zum Umrühren Plastiklöffel, die Applicette (Flachpinsel) oder Holzstäbchen. Auf keinen Fall darf die Mischung mit Metall in Berührung kommen, da Verfärbungen eintreten können und das Oxidationsmittel katalytisch zersetzt werden kann.

Im allgemeinen wird das Haar vor einer Behandlung mit Oxidationshaarfarben nicht gewaschen, um den schützenden Talgfilm auf Kopfhaut und Haar nicht schon vorher zu entfernen. Vorherige Kopfwäsche erfolgt nur bei stark verschmutztem, verklebtem (Haarspray) oder sehr fettigem Haar: Man wäscht dann leicht ohne Kopfmassage und frottiert handtuchtrocken.

Kleidungsstücke können durch die Färbemittel hartnäckige Flecken bekommen, daher sollte man die Schultern mit einem Handtuch, Plastikumhang oder ähnlichem schützen. Die Hände sollten von den alkalischen Färbemitteln durch Plastikhandschuhe ferngehalten sein (diese liegen den meisten Produkten bei).

Grundsätzlich beginnt man mit der Färbung dort, wo die Haare am stärksten farbig zu verändern sind: bei Normalfärbungen beim höchsten Weißanteil, bei Hellerfärbungen bei den dunkelsten Haaren. Poröse, stark farbaufsaugende Bezirke (z. B. die Haarspitzen) zuletzt behandeln.

Haltbarkeit

Unbenutzte Reste in der Tube oder Flasche können kurze Zeit aufgehoben werden, wenn noch nicht vermischt wurde, allerdings sollte möglichst wenig Kontakt mit Sauerstoff bestehen. Alles Angerührte darf nicht stehenbleiben, sondern muß sofort verbraucht, überschüssige Reste müssen weggeworfen werden.

Trotz der Stabilisatoren ist auch die Haltbarkeit unangebrochener Präparate nur begrenzt. Wenn kein Verfallsdatum angegeben ist, ist das Mittel mindestens drei Jahre lang haltbar. Das Herstellungsdatum ist meist codiert.

Hinweis zu Haarbleich- und Blondiermitteln

Wie bei den Oxidationsfarben darf die peroxidhaltige Mischung solcher Produkte nicht mit Metallen in Berührung kommen, weil die entstehenden Metalloxide zu Verfärbungen und allergischen Reaktionen auf der Haut führen und auch das Wasserstoffperoxid katalytisch zersetzen können. Aus diesem Grund darf mit Metallsalzen gefärbtes Haar auf keinen Fall aufgehellt oder blondiert werden.

1.17 Riechstoffe und Parfümierung

Riechstoffe (Geruchsstoffe, Duftstoffe) sind Reinstoffe oder Stoffgemische, die den Geruchssinn anregen können, d.h., die einen mehr oder weniger starken Geruch (z.B. blumig, würzig, fruchtig, harzig, faulig, brenzlig) aufweisen. Dem Parfümeur stehen zahlreiche natürliche und synthetische Riechstoffe zur Verfügung, aus denen er durch geeignete Zusammenstellungen bestimmte Geruchsnoten (Duftnoten) komponiert. Die Riechstoffkompositionen bzw. Riechstoffkonzentrate, die dann etwa zu Duftwässern bzw. Parfüms weiterverarbeitet oder kosmetischen, Haushalts- und anderen Produkten zur Parfümierung (Geruchsverbesserung) zugesetzt werden, nennt man zusammenfassend »Parfümöle«.

Die meisten natürlichen Riechstoffe stammen aus der Pflanzenwelt: Von den etwa einer halben Million auf unserer Erde vorkommenden bekannten Pflanzenarten enthalten etwa 1700 Riechstoffe in Form von etherischen Ölen, Harzen oder Balsamen. Aus der Tierwelt kennt man viel weniger Riechstoffe, die sich in der Parfümerie verarbeiten lassen, nämlich nur vier:

- Ambra, ein Stoffwechselprodukt aus dem Darm des Pottwals,
- Moschus aus der Vorhautdrüse des männlichen Moschustiers,
- Zibet, ein Drüsensekret der Zibetkatze,
- Castoreum (Bibergeil), ein Sekret aus Drüsensäcken des Bibers.

Alle tierischen Riechstoffe sind wegen der mühsamen Gewinnung und/oder der Seltenheit sehr teuer.

Pflanzliche Riechstoffe werden aus Pflanzenteilen, also Blüten, Blättern oder Wurzeln durch Extraktion, Kaltpressen oder Wasserdampfdestillation gewonnen. Sie sind teilweise ebenfalls sehr teuer, weil man meist große Pflanzenmengen benötigt und viele pflanzliche Riechstoffe empfindlich und relativ instabil sind, so daß die Isolierung oft einen großen Aufwand erfordert.

Heute werden viele Riechstoffe preisgünstig synthetisch produziert: Entweder man erzeugt die duftenden Naturstoffe auf synthetischem Weg oder stellt Stoffe her, die fast den gleichen Duft wie die natürlichen Riechstoffe haben, oder man synthetisiert Stoffe mit Geruchsnoten, die sich in der Natur nicht finden.

Eine schematische Übersicht über natürliche und synthetische Riechstoffe gibt Tabelle 1 auf Seite 130.

1.17.1 Die Komposition von Parfümölen

Ein Parfümöl setzt sich aus Rohstoffen zusammen, die der Parfümeur drei Bereichen zuordnet:

- Kopfnote,
- Mittelnote,
- Basisnote.

Kopfnote (auch »Tête«, »Spitze« oder »Angeruch« genannt): Sie bestehen aus hellen, spritzigen, leichten Riechstoffen, die wegen ihrer großen Flüchtigkeit sofort wahrnehmbar sind und das Parfümöl »beleben«. Man verwendet vor allem »frische« Düfte, z.B. Citrusöle (Orangenöl, Bergamotteöl usw. bzw. deren Geruchsträger), die oft mit aliphatischen Aldehyden, Grün-Noten (Blattgerüchen) oder Fruchtaromen effektvoller gestaltet werden. Man spricht speziell von einer Citrus-Spitze, Aldehyd-Spitze usw.

Mittelnote (auch »Bouquet«, »Herznote« oder »Körper« genannt): Sie besteht aus mäßig flüchtigen Riechstoffen, meist aus Blumen-Noten, die als Übergangsduft Wärme und Leben in die Komposition bringen (Bukettierungsstoffe).

Basisnote (auch »Fond« oder »Nachgeruch« genannt): Die Basisnote stellt die Grundkomposition des Parfümöls dar und bestimmt dessen Leitgeruch (Typ, Grundnote). Es handelt sich hier um kaum flüchtige, stark haftende Riechstoffe. Bei der Basisnote sind auch die »Fixierungsmittel« (Fixateure) zu finden, welche die Bindung und Haftfestigkeit der flüchtigen Riechstoffe erhöhen und so die Geruchskomposition stabilisieren. Diese Eigenschaften besitzen vor allem Extrakte aus tropischen Harzen, aber auch bestimmte etherische Öle, die schwer flüchtig sind. Die Fixierung eines Parfümöls ist bereits beim Aufbau der Komposition zu berücksichtigen: Auf keinen Fall kann man durch nachträglichen Zusatz eines Fixateurs eine stärkere Haftfestigkeit des Duftes erzielen, ohne dadurch dessen Gesamteindruck zu verändern.

Diese Dreiereinteilung aufgrund der unterschiedlichen Flüchtigkeit läßt sich meist nicht scharf abgrenzen, sondern die Grenzen sind fließend. Darüber hinaus können Kopfnote, Mittelnote und Basisnote durch weitere Riechstoffkomponenten, die sogenannten »Adjuvantien«, enger miteinander verbunden werden, um den Duftablauf fließend zu gestalten, den gesamten Geruchseindruck abzurunden und die Geruchsnoten auszubauen.

So verleihen zusätzlich eingebrachte Riechstoffe, wie Aldehyd-Noten, Gewürz-Noten, Frucht-Noten usw. einen bestimmten Akzent. Auf diese Weise gibt man z.B. einer herb-frischen Moos-Grundnote die Richtung »schwer und süß« (»orientalisch«) usw.

Vor allem die »Schlüsselnoten« unter den Adjuvantien stellen jene Zutaten dar, die die Gesamtkomposition bereits in kleinen Mengen entscheidend beeinflussen, ohne selbst geruchlich besonders hervorzutreten. Schlüsselnoten können Aldehyde, Gewürzöle, Olibanumöl (Weihrauchöl) usw. sein.

Natürliche Riechstoffe (Duftstoffe)		Synthetische Riechstoffe	
Tierische	Pflanzliche	Isolierte und halbsynthetische	Chemische
Sekrete Ambra Castoreum Moschus Zibet	*A Drogen* *B Balsame, Harze und Resinoide* (gereinigte lösliche und konzentrierte Extrakte) *C etherische Öle* aus Wurzeln, Hölzern, Rinden, Blättern, Früchten, Samen	Anethol Anisaldehyd Borneol Campher Carvon Citral Citronellal Citronellol Eugenol Geraniol Heliotropin Jonon Linalool Menthol Rhodinol Thymol Vanillin	*A Kohlenwasserstoffe.* Wichtige Verbindungen: z. B. Bromstyrol, *p*-Cymol, Diphenylmethan, Terpenkohlenwasserstoffe (Terpene, Sesquiterpene, z. B. Azulene, Cadinene, Limonen, Pinen) *B Alkohole.* Wichtige Verbindungen: z. B. Octanol-2 (für Teerosennoten) Benzylalkohol, Phenylethylalkohol, Zimtalkohol, Terpenalkohole (z. B. Citronellol, Farnesol, Geraniol, Linalool, Menthol, Nerol, Terpineol) *C Aldehyde und Acetale.* Wichtige Verbindungen: z. B. Methylnonylacetaldehyd, Undecylenaldehyd, Amylzimtaldehyd, Anisaldehyd, Benzaldehyd, Heliotropin, Phenylacetaldehyd, Terpenaldehyde (z. B. Citral, Citronellal, Geranial, Hydroxycitronellal). Acetale (z. B. Phenylacetaldehyddimethylacetal) *D Ketone.* Wichtige Verbindungen: z. B. Benzalaceton, Terpenketone (z. B. Campher, Iron, Jasmon, Jonon, Fenchon)
	D Blütenöle Gewinnung durch: Extraktion, Enfleurage, Mazeration, Absorption (Absolues)		*E Phenole und Phenolether* (z. B. Anethol, Eugenol, Thymol) *F Säuren und Ester* (außerordentlich zahlreiche Riechstoffe, z. B. Benzylacetat, Bornylacetat, Heptincarbonsäuremethylester, Isobornylacetat, Salicylsäureisoamylester, Salicylsäuremethylester, Terpinylacetat, Vetiverylacetat) *G Lactone.* Wichtige Verbindungen: z. B. Ambrettolid, Cumarin, Exaltolid *H Sonstige Verbindungen:* z. B. Anthranilsäure-methylester, 1,8-Cincol, künstliche Moschusriechstoffe, Indol, Skatol

Künstliche Blütenöle – *Parfümistische Komplexe* – Phantasieöle

Tab. 1: Riechstoffe. (18, verändert)

Aufbau einer Parfümöl-Komposition

Die Art der Komponenten einer Parfümöl-Komposition bestimmt deren Aufbau, der

- linear oder
- komplex

sein kann. Bei linearem Aufbau mischt man im wesentlichen definierte Riechstoffe und etherische Öle, bei komplexem Aufbau dagegen überwiegend vorkonstruierte, aus zahlreichen Einzelkomponenten bestehende und in sich bereits abgerundete Parfüm-»Basen«, die jeweils wieder in Kopfnote, Mittelnote und Basisnote mit Fixierungsmitteln usw. unterteilt werden können. So ließe sich z. B. ein Duftkomplex natürlicher etherischer Öle durch geeignete Basen aus synthetischen Stoffen ersetzen. Der komplexe Aufbau ermöglicht eine noch bessere Abrundung der Gesamtkomposition als durch Zugabe einzelner Riechstoffe. Man erhält so Parfümöle, die bis zu mehreren hundert Einzelkomponenten bestehen.

Beispiel für einen linearen und komplexen Aufbau eines Blütenduftes (aus 19)

Linearer Aufbau:

Bouquet Floral (Mengenangaben in g)

Kopfnote		5	Undec-2-enyl-aldehyd
		5	ω-Decenol
		20	2,6-Dimethyl-heptan-2-ol
		60	Dihydromyrcenol
		50	Bergamotteöl
		30	Linalool
		10	Neroliöl
Blüten komplex	Rose	50	Citronellol
		30	Geraniol
		80	Phenylethylalkohol
	Flieder	25	Terpineol
	Jasmin	75	α-Hexylzimtaldehyd
		25	α-Amylzimtaldehyd
		30	Benzylacetat
	Maiglöckchen	120	*p-tert*-Butyl-α-methyl-hydrozimtaldehyd
		40	4-(4′-Hydroxy-4′-methyl-pentyl)-cyclohex-3-encarboxaldehyd
		10	*p-i*-Propyl-α-methyl-hydrozimtaldehyd

	Gardenia	15	Styrolylacetat
	Iris/ Veilchen	60	γ-Methyljonon
		25	*p-tert*-Butyl-cyclohexyl-acetat
	Nelke	10	Eugenol
		5	Eugenolmethylether
Fixierung	Süß	25	Zimtalkohol
		20	Cumarin
	Holz	60	Acetylcedren/Acetylthujopsen
	Ambra	5	1,2-Furano-2,5,5,8a-tetramethyl-decalin 10%ig in Diethylphthalat
	Moschus	40	1,1,2,2,3,3,5-Heptamethyl-6-acetyl-indan
		10	Cyclopentadecanolid
		30	Moschus-Keton (4-*tert*-Butyl-3,5-dinitro-2,6-dimethyl-acetophenon)
		30	Moschus Ambrette (6-*tert*-Butyl-5-methyl-2,4-dinitroanisol)
		1000	

Einen komplexen Aufbau würde man erreichen, indem man z. B. die einfachen Blumen-Noten gegen inhaltsreichere, entsprechende Blumen-Basen austauschte – z. B. die aus Citronellol, Geraniol und Phenylethylalkohol bestehende einfache Rosen-Note durch folgende Rosen-Base ersetzte:

		Rosen-Base (Mengenangaben in g)
Kopfnote	15	Undec-2-enyl-aldehyd 10%ig in Diethylphthalat
	5	ω-Decenol
	5	Phenylacetaldehyd-dimethylacetal
	20	Decanal 1%ig in Diethylphthalat
Bouquet	300	Phenylethylalkohol
	200	Citronellol
	100	Geraniol
	20	Geranylacetat
	160	Diethylessigsäure-phenylethylester
	25	Nerol
Fixierung	20	Farnesol
	25	Nerolidol
	5	Eugenol

20	Trichlormethyl-phenyl-carbinylacetat
30	Zimtalkohol
50	Phenylethylphenylacetat
1000	

1.17.2 Geruchsnoten

Für die Geruchsrichtungen besteht keine allgemein verbindliche Einteilung. Grob kann man unterscheiden zwischen
- nachgebildeten Noten,
- Phantasie-Noten.

Nachgebildete Geruchsnoten
Die nachgebildeten Geruchsnoten versuchen, durch Mischung von natürlichen und synthetischen Duftstoffen eine möglichst naturgetreue Nachbildung des vorgegebenen Geruchs zu erreichen.

Eine wichtige Untergruppe stellen hier die »Blüten-Noten« dar. Diese geben meist den Geruch der zum Vorbild gewählten Blüte wieder, ohne daß der entsprechende natürliche Duftstoff Hauptbestandteil bzw. enthalten zu sein braucht. Dieser wird in der Regel durch Mischung mehrerer ähnlich riechender Stoffe nachgeahmt. Beispiele sind Jasmin, Flieder, Orangenblüte, Narzisse, Veilchen, Mimose, Lavendel usw.

Weitere Vorbilder für nachgebildete Geruchsnoten sind z.B. der Heugeruch (Foin coupé), Farnkraut (Fougère), Waldmoos (Mousse fleuri), Juchten (Cuir de Russie), Honig bzw. Bienenwachs, Hölzer (z.B. Sandelholz, Zedernholz usw.), Gerüche von Früchten (z.B. Citrusfrüchten, Ananas, Apfel, Pfirsich usw.) und viele andere.

Phantasie-Noten
Bei den Phantasie-Noten handelt es sich um Geruchsnoten, die von den bekannten, in der Natur vorkommenden Düften mehr oder weniger stark abweichen. Sie hängen ganz von der Intuition des Parfümeurs ab. Die meisten Phantasie-Noten lassen sich einer überwiegenden Geruchsnote zuordnen, wobei weitere beigemischte Geruchsnoten den Duft zusätzlich z.B. herb, süß, frisch, schwer, holzig, würzig, balsamisch, animalisch, orientalisch usw. empfinden lassen.

Phantasie-Kombinationen können z.B. folgende überwiegende oder zusätzliche Geruchsrichtungen zeigen:

Aldehydartige Noten: Hierbei handelt es sich um frische, fruchtige Gerüche stark riechender Aldehyde (meist ein Gemisch von C-6- bis C-

12-Aldehyden), die sich z.B. auch in den Schalenölen von Citrusfrüchten finden. Man verwendet sowohl die entsprechenden etherischen Öle als auch einzelne hieraus isolierte Aldehyde (z.B. Citral aus Lemongrasöl, Citronellal aus Citronellaöl) sowie halb- und vollsynthetisch hergestellte Aldehyde, die pur eher stechend riechen. (Kurze Erklärung zum Begriff des Aldehyds: Wie der vollständige wissenschaftliche Name »*Al*coholus *dehyd*rogenatus«, dem das Kurzwort »Aldehyd« entstammt, bereits sagt, entsteht diese chemische Stoffgruppe durch Wasserstoffentzug aus bestimmten Alkoholen.)
Aldehydartig-blumige Noten duften hauptsächlich nach Rosen, Jasmin, Maiglöckchen und Ylang-Ylang (lieblicher Blütenduft des Cananga-Baumes). Aldehydartig-blumig-holzig-pudrige Noten wirken schwerer, da hier außer Blüten- und blumigen Noten noch holzige, balsamische und animalische Noten enthalten sind.
Auch Phantasie-Noten ohne vorwiegend aldehydartige Note werden fast immer verschiedene Aldehyde zugesetzt, da diese den Kompositionen Fülle, Entfaltung, Strahlungsvermögen und einen sogleich wahrnehmbaren Angeruch vermitteln. Die Aldehyde machten die modernen Phantasie-Kompositionen eigentlich erst möglich. Daher nennt man diese Phantasie- oder Modeparfüms in den englisch- oder amerikanischsprachigen Ländern auch »aldehydics«).

Grün-Noten: Diese Düfte sind leicht, kühl und riechen nach Blättern, Gräsern, Wiesen, Waldboden usw. Grüne Düfte sind meistens herbfrisch, z.B. durch Aldehyde, die entsprechenden Alkohole, Hexanole und Hexenole sowie deren Ester, Galbanumöl (das etherische Öl vor allem einer persischen Fenchelart), Öle von Citrusfrüchten usw. »Balsamische« Grün-Noten sind weicher, d.h. weniger herb, weniger frisch; Balsame (z.B. Olibanum – d.i. Weihrauch –, Myrrhe usw.) wirken zugleich auch fixierend.

Citrus-Noten: Sie bestehen zum großen Teil aus den etherischen Ölen der Citrusfrüchte. Den klassischen Citrus-Noten sind keine Fixierungsmittel beigegeben, sie verflüchtigen sich daher sehr schnell. Man findet sie in den klassischen Kölnisch Wässern, die ja hauptsächlich der Erfrischung dienen.
Fixierten Citrus-Noten sind zusätzlich fixierende Riechstoffe, wie Holz-Noten, Gewürz-Noten usw. beigemischt. Dadurch erhält der Duft oft eine herbbittere Nuance.
Kühl-blumige Citrus-Noten verdanken ihren Akzent als Ergänzung hinzugefügten Blumen-Noten oder undefinierbaren Phantasie-Noten. Man findet sie z.B. in den »bukettierten Kölnisch Wässern«.

Lavendel-Noten: Sie sind Bestandteil vieler Kompositionen und bilden in den »Lavendelwässern« den Hauptanteil. Diese haben einen kühlen, erfrischenden und gut deckenden Geruch. Fixiert wird z.B. mit animalischen, Holz- und Gewürz-Noten, wobei süßliche, kienige (Geruchsnote »Zypresse«), würzige und andere Geruchsvariationen entstehen.

Blumige Noten: Nur selten überläßt es der Parfümeur einer bestimmten Blumen-Note allein, den Duft eines Parfümöls zu bestimmen. Meist setzen sich die Parfümöle mit vorwiegend blumiger Note aus mehreren Einzelblumen-Noten zusammen. Typische Rohstoffe für einzelne Blumenbasen sind z. B. unter anderem für

Jasmin:	Benzylacetat. α-Amylzimtaldehyd, α-Hexylzimtaldehyd, Indol, Jasmin Absolue
Flieder:	Terpineol, Anisaldehyd
Rose:	Phenylethylalkohol, Geraniol, Citronellol, Rosenöl
Maiglöckchen:	Hydroxycitronellal, *p-tert*-Butyl-α-methyl-hydrozimtaldehyd, 4-(4′-Hydroxy-4′-methyl-pentyl)-cyclohex-3-encarboxyaldehyd
Iris/Veilchen	Jonone, Methyljonone
Nelke:	Eugenol, Isoeugenol, Nelkenöl.

Durch Beimischung zusätzlicher Duftstoffe lassen sich z. B. fruchtig-frische (etwa durch Schwarze-Johannisbeere-, Ananas- oder Apfel-Noten), blumig-frische, d. h. herb-kühl-sportliche (etwa durch Citrus-Noten), blumig-süße (etwa durch exotische Blumen-Noten, holzige und animalische Noten) Geruchsrichtungen erzielen.

Chypre-Noten (Moos-Noten): Charakteristisch für die Chypre-Noten – die Benennung erfolgte nach der französischen Bezeichnung der Insel Zypern – ist in allen Fällen die Verwendung von Eichenmoos-Extrakten allein oder zusammen mit Moos-Basen, die einen großen Anteil Bergamotteöl aufweisen. Viele Varianten wurden erzeugt. Die »klassische« Chypre-Note riecht herb-frisch. Die modernen Chypre-Noten sind verschieden bukettierte Moos-Noten, z. B. kombiniert mit Grün-Noten, Wurzel-Noten, Fichten-Noten (»kienig« entspricht »bitterholzig«), Leder-Noten, Tabak-Noten, orientalischen Noten, Fougère-Noten usw. Blumige und tierische Essenzen verleihen den Chypre-Düften einen »animalischen« Charakter (entspricht: intensiv, schwer, sinnlich). Durch Zusatz von Nelke oder Ambra duften sie würzig-süß, sind sehr edel und haften lange.

Fougère-Noten (Farn-Noten): Sie ist den Chypre-Noten verwandt, da in der Basisnote Eichenmoos-Extrakt, Cumarin, reichlich Lavendel-Noten und Bergamotteöl verwendet wird. Die klassische Note riecht herb-frisch, die modernen Noten riechen durch Zusätze von Holz-, animalischen und blumigen Noten süß und blumig.

Gewürz-Noten und orientalische Noten: Neben speziell komponierten Gewürzbasen und synthetischen Riechstoffen enthalten Gewürz-Noten auch einzelne Öle bzw. Extrakte von Gewürzen, z. B. von Thymian, Pfeffer, Muskat, Zimt, Nelken, Ingwer, Majoran, Cardamom, Koriander usw. Die Abrundung und Fixierung erfolgt je nach Gestaltung (frisch und leicht, trocken, aldehydartig, grün-würzig, orientalisch-süß und dergleichen) mit Holz-, Chypre-, Fougère-, Leder-, Ambra-, Citrus-, Tabak-, blumigen Noten usw. Aus würzigen Basen können auch die nicht stark hervortretenden Basisnoten von Parfüms mit blumigen Noten zusammengestellt sein.

Werden die Gewürz-Noten mit schweren, süßen, balsamischen oder animalischen Noten (etwa mit Ambra-Basen, Moschus-Basen, Juchten, Myrrhe, Olibanum, Vanillin, Cumarin usw.) kombiniert, erhält man die sogenannten orientalischen Noten verschiedener Gestaltung, wie (ge)würzig-orientalisch-süß (mit deutlichem Nelke-Vanille-Charakter) oder mit deutlichem, schwerem Ambra-Moschus-(»Musk«-) Charakter.

Holz-Noten: Bei diesen Phantasie-Kompositionen überwiegt der Geruch nach – meist exotischen – Hölzern, einschließlich der Rinden- und Wurzelgerüche. Holzige Noten können herb-frisch, bitter-holzig und durch Beimischung von z. B. balsamischen oder animalischen Noten (wie Olibanum, Moschus usw.) auch »warm« wirken. Eingesetzt werden neben den verschiedenen Holz-Basen auch Zedernöle und Derivate, Sandelholzöle und Derivate, Vetiveröl (Wurzelöl des Vetivergrases) und Derivate (süß-holzig riechend), Muhuhu-Öl (balsamisch und süßlich riechend), Patschuliöl (eigenartig grün-erdig bis campherartig riechendes Öl aus Patschuliblättern), Cumarin, Citrusöle usw.

Tabak-Noten: Diese Phantasie-Kompositionen geben teils den Duft der Tabakblüten, teils den Duft des fermentierten Tabaks wieder. Bei den vielen verschiedenen Variationen ist die Tabak-Note manchmal kaum noch erkennbar: Einige Kompositionen sind schwer süß, honigartig, mehr oder weniger würzig und kombiniert mit einer leichten Leder-Note; andere Motive sind grüner, frischer, herber und würziger ausgelegt. Meistens werden gar keine Extrakte von Tabakblättern eingesetzt, sondern neben den verschiedenen Tabak-Basen unter anderem auch Cumarin und Derivate, Tonka-Extrakte, Honig-Noten, Holz-Noten, Aldehyd-Noten usw.

Leder-Noten: Sie erinnern an den Geruch feinster Lederwaren. Man verwendet heute verschiedene Leder- und Juchten-Basen, außerdem auch Extrakte aus lohgegerbtem Leder. Mit zusätzlichen Citrusölen (von Limette, Bergamotte, Orange, Mandarine usw.) erhält man eine frische Leder-Note, mit Gewürz-Noten (z. B. Pfeffer- oder Muskatölen) eine würzige Leder-Note, mit Ambra oder anderen animalischen Basen eine süßliche Leder-Note. Auch Tabak-, Holz- und andere Noten können zur Variation zugemischt werden.

1.17.3 Einsatz von Parfümölen

Die Riechstoffindustrie erzeugt Parfümöle für die verschiedensten Verwendungszwecke und unter Berücksichtigung vielfältiger Anforderungen in bezug auf Geruchsstärke, Haftfestigkeit und Geruchsnote. Außer für die Herstellung von Parfüms (Extraits) bzw. von Duftwässern bedient man sich in vielen Bereichen »maßgeschneiderter« Parfümöl-Kompositionen für spezielle Verwendungszwecke, so z. B. zur Parfümierung von kosmetischen Mitteln, Wasch- und Reinigungsmitteln, Raumluft-Verbesserern, pharmazeutischen und zahlreichen anderen industriellen Produkten. Solche speziellen Verwendungszwecke engen die Zahl der in Frage kommenden Parfümöle ein, denn chemische Reaktionen, unangenehme geruchliche oder ästhetische Veränderungen müssen ausgeschlossen bleiben: Parfümierungen dürfen keine Verfärbungen bei weißen Produkten bewirken, müssen in Seifen und Waschpulvern usw. alkalibeständig sein, sollen unangenehme Eigengerüche von Produkten schon bei möglichst minimaler Dosierung gut überdecken, möglichst nicht hautreizend sein usw. – Für den Verbraucher von Parfüms und Duftwässern kommt noch hinzu, daß ein und dieselbe Parfümöl-Komposition beim Kontakt mit der Haut verschiedener Personen nie denselben Geruch zeigt, sondern manchmal sogar unangenehm riechen kann, weil z. B. die individuelle Schweiß- und Talgzusammensetzung oder die Ausscheidung der Hautduftdrüsen den Parfümöl-Duft sehr unterschiedlich beeinflußt.

Mittel	Gehalt (%)
Parfüms	12 – 20 (vereinzelt auch mehr)
Duftwässer	2 – 12
Mundwässer	5
Seifen	1 – 2 (manchmal auch bis 4%)
Cremes	0,3 –0,5
Puder	0,5 – 1
Zahnpasten	1
Haarwässer	0,5 – 1
Frisiercremes	0,3 –0,5
Haarsprays	0,3
Haaröle	0,5 – 1
Shampoos	0,4 –0,5
Kaltwellen	0,2
Dekorative Kosmetika	0,02–0,5
Bademittel	4

Tab. 2: Durchschnittlicher Parfümöl-Gehalt in kosmetischen Mitteln. (65)

Die verschiedenen kosmetischen Mittel haben unterschiedliche Parfümöl-Gehalte, wobei die Parfüms (Extraits) den größten Gehalt aufweisen. Höhere Anteile an Parfümölen besitzen auch die Duftwässer und kosmetischen Mittel, die bei der Anwendung verdünnt werden.

Häufig sind kosmetische Mittel nur »diskret parfümiert«, d.h., man verwendet geeignete Parfümöle mit geringer Haftfestigkeit in niederen Konzentrationen, um eine zusätzliche Anwendung von Duftwässern oder Parfüms mit der individuell gewünschten Note zu ermöglichen.

Speziell zur Körperparfümierung und/oder Erfrischung dienen folgende Produkte:

Parfüms (Extraits): Hierbei handelt es sich um eine meist 12- bis 20%ige Lösung von Parfümöl in meist 90- bis 96%igem Ethanol, das sorgfältig gereinigt sein muß. Diese Parfümöl-Lösung ist am »schwersten« und am teuersten. Man benutzt sie besonders am Abend und zu festlichen Anlässen.

Parfüms entfalten ihren Duft vor allem durch die Körperwärme. Auf Handgelenke, Ellenbeugen, Schläfen, Hautbezirken hinter dem Ohransatz usw. aufgetragen kommen sie am deutlichsten zur Geltung. In jedem Fall ausnehmen sollte man allerdings Hautpartien, die der Sonnenstrahlung ausgesetzt sind (auch am Strand oder bei Bergwanderungen sollte man kein Parfüm benutzen), da durch die Inhaltsstoffe einiger etherischer Öle in Zusammenwirkung mit der Sonnenbestrahlung Farbveränderungen, Reizungen und Allergien der Haut eintreten können.

Esprit de Parfum: Als 10- bis 12%ige Lösung von Parfümöl in meist 90- bis 96%igem Ethanol wird Esprit de Parfum verschiedentlich noch den Extraits zugerechnet.

Eau de Parfum: Dies ist die schwächere Variante des Parfüms, eine etwa 7- bis 10%ige Lösung von Parfümöl in etwa 80- bis 90%igem Ethanol. Es ist leichter im Duft als Parfüm, doch intensiver als ein »Eau de Toilette« und gut für den Nachmittag und Abend zu gebrauchen.

Eau de Toilette: Es enthält 4 bis 7% Parfümöl in meist etwa 80- bis 90%igem Ethanol und ist während des ganzen Tages unaufdringlich tragbar. Ein »Eau de Toilette« hat dieselbe Duftrichtung wie das Parfüm gleichen Namens, »Eau de Toilette fraîche« leitet sich hingegen nicht von einem Parfüm ab, sondern besitzt einen eigenen Duft.

Eau de Cologne (Kölnisch Wasser): Das leichte, unaufdringliche Duftwasser dient mehr der Erfrischung. Es enthält 2 bis 4% Parfümöl in meist 70- bis 85%igem Ethanol. Klassisches Kölnisch Wasser hat eine Citrus-Note, der Rosmarin-, Lavendel- und andere Öle als Abrundungsstoffe beigefügt werden. Kölnisch Wasser muß (nach den Bestimmungen des Industrieverbandes Körperpflege- und Waschmittel e.V.) mindestens 70% Ethanol enthalten. Manche weisen auch 80 oder 90% Ethanol auf.

	Konzentration ≙ Anteile von Duftessenzen (%)	Alkoholgrad (%)	Wasser (%)
Parfüm	bis 20	90–96	10–12
Esprit de Parfum	10–12	90–96	10–12
Eau de Parfum	7–10	80–90	10–12
Eau de Toilette (Duftrichtung wie das Parfüm gleichen Namens)	4– 7	70–80	12–25
Eau de Toilette fraiche (nicht von einem Parfüm abgeleitet, sondern als selbständiger Duft entwickelt)	3– 5	ca. 80	15–18
Eau de Cologne	2– 4	70–85	10–28
Echt Kölnisch Wasser	2– 4	70–90	6–28
Eau de Toilette für Herren	3– 5	ca. 80	15–18
After Shave	1– 2,5	ca. 40–50	

Tab. 3: Der Aufbau von Parfüm und Duftwässern. (Nach 35 verändert)

Der Name »Kölnisch Wasser« ist patentrechtlich und markenrechtlich geschützt. Der Zusatz »echt« bedeutet, daß das Kölnisch Wasser in Köln hergestellt wurde. Andere Firmen bieten daher ihre Kölnisch Wasser unter dem Namen »Eau de Cologne« an, der nicht geschützt ist. – Neuerdings haben neben den klassischen Kölnisch-Wasser-Typen auch die sogenannten »bukettierten« oder »parfümierten« Eaux de Cologne steigenden Absatz gewonnen. Sie unterscheiden sich von den Parfüms, den Eaux de Parfums und den Toilettenwässern vor allem im Duft, außerdem durch den geringeren Ethanolgehalt und die geringere Konzentration an Parfümöl (2 bis 4%).

Wasch-Kölnisch-Wasser: Es enthält nur etwa 40% Ethanol und wurde früher besonders zur Gesichtsreinigung verwendet.

Parfümgele: Diese Gele bestehen aus niedrigprozentigem Alkohol, Lösungsvermittlern, Gelbildnern und etwa 5 bis 7% Parfümölen. Sie werden flüssig, hochviskos oder in Gelform hergestellt. Lösungsvermittler sind hauptsächlich oxy-ethylierte Alkohole, oxy-ethylierte Fettsäureester usw.

Festparfüms (Duft- und Erfrischungsstifte): Hierbei handelt es sich um Beimischungen von Parfümölen (bis 12%) zu Bienenwachs, Blütenwachsen, Paraffinen usw. unter Verwendung geeigneter Lösungsvermittler, wie Isopropylmyristat, Isopropylpalmitat und ähnliche Ester. Erfrischungsstifte (Kühlstifte) enthalten einen beträchtlichen Anteil an Ethanol mit meist Natriumstearat als Geliermittel und stabilisierenden Lösungsvermittlern.

Erfrischungstücher: Die Tücher sind aus saugfähigem Papier gefertigt, das mit einer Lösung von Parfümölen (meist Citrus- oder Lavendel-Noten), Menthol (Verstärkung der kühlend-erfrischenden Wirkung) und kleinen Mengen Feuchthaltemittel (z. B. Glycerin oder Propylenglykol) in Ethanol getränkt und verdunstungssicher verpackt ist.

1.17.4 Wissenswertes für die Praxis

Anwendung und Aufbewahrung von Parfüms

Will man Duftverfälschungen durch den individuellen Hautgeruch und die individuellen Hautbestandteile vermeiden, bringt man Parfüms nicht direkt auf die Haut auf, sondern appliziert sie z. B. auf einen im Kleidungsstück verborgenen Wattebausch. (Zu Duftentfaltung auf der Haut und Veränderung der parfümierten Hautstellen bei Sonnenbestrahlung siehe Seite 138.)

Licht, Wärme und Sauerstoff (Luft) schaden, daher bewahrt man Parfüms am besten kühl und im Verpackungskarton auf.

Kapitel 2
Gesundheit: Arzneimittel

»Wenn ich aus der Welt von heute in das Mittelalter zurückversetzt würde und nur fünf Kilo Gepäck mitnehmen dürfte, so würde die Hälfte davon auf Arzneimittel entfallen.« (Prof. Dr. med. Karl Überla, Präsident des Bundesgesundheitsamtes, 1982)

Angesichts der Tatsache, daß damals eine Lungenentzündung schon höchste Lebensgefahr bedeutete, kann man sich dieser Reisegepäckempfehlung von Prof. Überla wohl ohne Zögern anschließen. Dies vor allem dann, wenn man als Arzt im Umgang mit Arzneimitteln geschult ist. Die positiven Möglichkeiten der Arzneimittel sind jedoch in Frage gestellt, wenn Unkenntnis oder Leichtsinn zu unsachgemäßer Anwendung führen. Untersuchungen zeigen immer wieder, daß dies sehr häufig vorkommt, ja nahezu den Normalfall darstellt. Selbst vom Arzt verordnete Medikamente gebraucht jeder zweite Patient nicht vorschriftsmäßig. Entsprechend zahlreicher sind Benutzungsfehler bei Arzneimitteln, die der Selbstbehandlung dienen.

Arzneien zählen zu den chemischen Produkten, die eine besonders bewußte und umsichtige Handhabung verlangen, sollen Nachteile oder Schäden ausgeschlossen bleiben. Daß wir dieses Thema gerade in einem »Bad und Küche« gewidmeten Buch aufgreifen, liegt an deren – nicht ungefährlicher (siehe Seite 143) – Beliebtheit als Aufbewahrungsort.

Aufgrund der obengenannten Tatsachen gilt unser Hauptaugenmerk der Selbstbehandlung mit Arzneimitteln. Wir geben einen Überblick über die wichtigsten Produkte mit dem Ziel, es dem Leser zu ermöglichen, aus der Vielzahl der Präparate sachgerechter auszuwählen und Empfehlungen des Apothekers besser einzuordnen. Bei weitergehenden Fragen zur Chemie oder Pharmakologie dieser Stoffe sollten Sie auf die angeführte Spezialliteratur zurückgreifen (zum Beispiel auf die in der Bibliographie unter 44 und 55 erwähnten Bände).

2.1 Selbsthilfe mit Arzneimitteln?

Die Anwendung von Arzneimitteln erfolgt zumeist durch Verordnung und unter Kontrolle eines Arztes (Medikation). Daneben werden Arzneimittel in steigendem Maße ohne Einschaltung des Arztes herangezogen (Selbstmedikation; je nach Art der Erkrankung 15 bis 90%).

Eine sachgerechte Selbstmedikation ist als Ausdruck der Eigenverantwortlichkeit für die Gesundheit sicherlich zu befürworten, birgt aber dann Gefahren, wenn sie
- aus Angst vor dem Arztbesuch (»Arztschwelle«) oder
- in Überschätzung der eigenen Diagnose-, Therapie-, Arzneimittelkenntnisse erfolgt.

Um Schäden zu vermeiden sollte die Selbstmedikation sich deshalb auf die Abhilfe bei »Alltagswehwehchen« beschränken. Mit »Alltagswehwehchen« meinen wir harmlosere, plausible Störungen des Befindens, wie leichte Erkältungen der oberen Luftwege, Schnupfen, plausible Schmerzen (»Kater«, akute Zahnschmerzen), plausible, akute Verdauungsstörungen, Insektenstiche, Reisekrankheiten, kleine Wunden, leichte Verbrennungen, Prellungen, Fußpilz usw.

Allerdings können etwa die gleichen Kopfschmerzen harmlos sein oder auf eine ernsthafte Erkrankung hinweisen. Deshalb ist auch bei ansonsten harmlos scheinenden Störungen ein Arztbesuch zu empfehlen,
- wenn Zweifel bestehen, ob ein Alltagswehwehchen vorliegt oder nicht (also bei mangelnder Erfahrung mit dem Krankheitsbild),
- bei länger andauernden Beschwerden (wichtig!),
- bei Versagen des bisher bei solchen Symptomen verwendeten Arzneimittels (Verdacht auf Fehldiagnose),
- bei höherem Fieber (individuell verschieden, meist 38 bis 38,5 °C).

2.1.1 Der sachgerechte Umgang mit Arzneimitteln

Hier ist vor allem eine zurückhaltende Grundeinstellung zu empfehlen:
- ein medikamentöses Vorgehen sollte stets als letzte Möglichkeit betrachtet werden;
- Arzneimittel sind kein Ersatz für gesundes Leben (Alkoholkater, Darmträgheit durch ballaststoffarme Ernährung usw.);
- der Anwender muß die möglichen Negativeffekte der Selbstmedikation kennen und diese ausschließen können.

Beschaffung von Arzneimitteln

Der Einzelhandel mit Arzneimitteln ist gesetzlich geregelt. Man unterscheidet:

Freiverkäufliche Arzneimittel (Heilwässer, bestimmte Teezubereitungen, Pflaster usw.), deren Verkauf unter gewissen Auflagen auch außerhalb von Apotheken erlaubt ist. Sie stellen jedoch nur einen geringen Teil der Arzneimittel dar.

Apothekenpflichtige Arzneimittel, und zwar entweder *»nicht verschreibungspflichtige Arzneimittel«*, oder *»verschreibungspflichtige Arznei-*

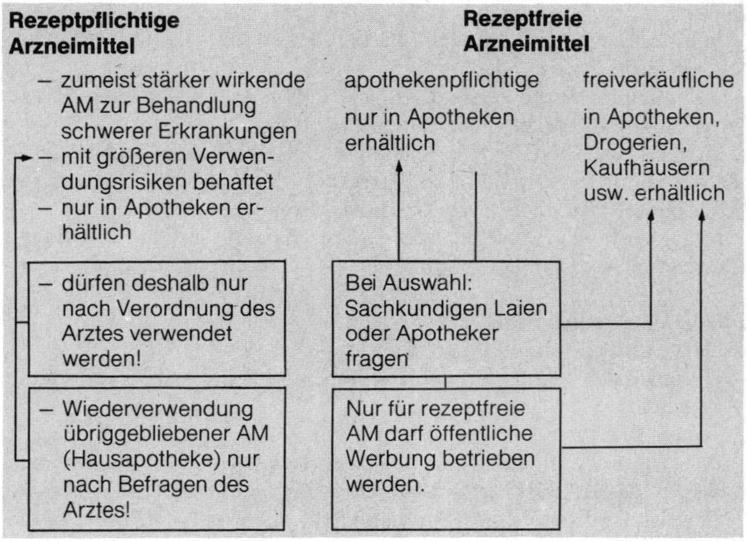

Abb. 9: Bezugskategorien von Arzneimitteln.

mittel«, die der Kunde nur auf ein ärztliches Rezept hin erhalten darf (etwa ⅓ des Umsatzes einer Apotheke). Für verschreibungspflichtige Arzneimittel ist jede Verbraucherwerbung untersagt.

Suchtgefährdende Arzneimittel (z.B. Morphium), für die die Sonderbestimmungen des Betäubungsmittelgesetzes gelten.

Die in dieser Reihenfolge ansteigende Kontrolle dient der Arzneimittelsicherheit, denn die Notwendigkeit eines gezielten Einsatzes bzw. die Gefahr von unerwünschten Wirkungen (insbesondere bei unsachgemäßem Gebrauch) wächst in dieser Reihenfolge. (Zu den Bezugskategorien von Arzneimitteln vergleiche auch Abbildung 9.)

2.1.2 Wissenswertes für die Praxis

Einrichtung und Pflege einer Hausapotheke

Ort

Gut verschließbarer Wandschrank oder Schublade. Kühler, trockener Platz. Nicht: Badezimmer (Feuchtigkeit) oder Küche (Gefahr der Verwechslung mit Lebensmitteln).

Inhalt
Verbandsmaterial: Mullbinden, Verbandspäckchen, Heftpflaster, Watte, Wundschnellverband.

Instrumente: Sicherheitsnadeln, Verbandklammern, Pinzette, Schere, Dreiecktücher, Thermometer, Lederfingerlinge.

Allgemeine Arzneimittel: Schmerz-, Hals- und Kohletabletten, Tabletten gegen Verstopfung und Durchfall, Mittel gegen Insektenstiche, Wundpuder, Wund-Desinfektionsmittel, Brandgel.

Individuelle Arzneimittel: Arzneimittel, die der Arzt zur Behandlung spezifischer Krankheiten bestimmt hat.

Pflege der Hausapotheke
- Entnommenes Material ersetzen;
- Datum des Erwerbs auf die Packung schreiben und Verfallsdatum beachten;
- Tuben, Flaschen usw. gut verschließen;
- Arzneimittel auf Veränderungen überprüfen. Geplatze, rissige, flekkige Dragees oder Tabletten, eingetrocknete Salbe, ausgeflockte Flüssigkeiten beseitigen (Spezialmüllabfuhr oder Apotheke). In diesen Fällen besteht die Gefahr, daß sich Wirkstoffe chemisch verändert haben;
- nicht aufbewahren: benutzte Augen-, Nasen-, Ohrentropfen (Gefahr, daß beim Gebrauch Krankheitserreger in die Lösungen verschleppt wurden und zu Neuansteckungen führen).

Verwendung von Arzneimitteln aus der Hausapotheke
Medikamente sind nur gemäß Gebrauchsanweisung oder (vorrangig) nach Anweisungen des Arztes einzusetzen.

Eine Selbstmedikation darf nur mit nicht verschreibungspflichtigen Arzneimitteln erfolgen. Bei Wiederverwendung aufbewahrter, verschreibungspflichtiger Arzneimittel unbedingt den Arzt fragen!

2.2 Wichtige Klassen von Arzneimittelwirkstoffen und Arzneimitteln

Vorab sei noch geklärt, daß wir von »Wirkstoff« sprechen, wenn wir die wirksamen chemischen Substanzen meinen, von »Mittel«, wenn wir uns auf Präparate beziehen, die im Handel sind.

Aus der großen Zahl von Substanzklassen und Einzelsubstanzen, die zur Therapie angeboten werden, können wir hier nur die wichtigsten vorstellen. Wie schon gesagt, legen wir den Schwerpunkt auf solche Arzneimittel, die auch eine Selbstmedikation zulassen.

Bei der Beschaffung dieser Arzneimittel zur Selbstmedikation findet sich der Laie meist ratlos vor der Fülle miteinander konkurrierender Präparate. Zwar müssen die produzierenden Firmen anhand von gesetzlich vorgeschriebenen wissenschaftlichen Untersuchungen nachweisen, daß ihre Produkte bei sachgemäßer Anwendung keine Schäden hervorrufen. Vergleichende Untersuchungen zur Wirksamkeit der Produkte sind allerdings nicht nur aufwendig, sondern auch wissenschaftlich außerordentlich problematisch, da verschiedene Personen oft sehr unterschiedlich reagieren können. Deshalb fehlen sie zumeist, und so muß man bei der Wahl des geeignetsten Präparats eigenen Erfahrungen oder den Ratschlägen des Apothekers vertrauen.

Die Arzneimittel haben wir nach ihren Einsatzbereichen geordnet. Meist handelt es sich um Stoffgemische. Wir können hier jedoch nur auf den »Wirkstoff«anteil dieser Gemische eingehen, d.h. diejenigen Bestandteile, die den gewünschten Einfluß auf die Körperfunktionen ausüben sollen. Daneben enthalten Arzneimittel aber auch noch »Hilfsstoffe«, wie Zucker (Geschmacksverbesserung), Stärke (als Bindemittel) usw., die die Wirkung möglicherweise beeinflussen, meist aber doch von nachrangiger Bedeutung sind. Auf der Basis von ca. 3000 Wirkstoffen wurde durch deren Kombination untereinander (»Kombinationspräparate«) oder durch voneinander abweichende Zugaben von Hilfsstoffen allein in der Bundesrepublik Deutschland die fast unübersehbare Anzahl von etwa zehntausend industriell hergestellten Fertigarzneimitteln entwickelt (Homöopathika, Phytotherapeutika und andere Naturheilmittel nicht eingeschlossen).

Die folgenden Produktinformationen sind keinesfalls als Anleitung zur Selbstmedikation bei gesundheitlichen Störungen aufzufassen, unter anderem schon deswegen, weil der medizinische Kontext hier nur außerordentlich verkürzt zur Sprache kommen kann. Auch stellt das Nennen von Warenzeichen keine Empfehlung dieser Produkte dar. Das nachstehende Kapitel soll vielmehr die Vielzahl der Produkte und Produktklassen überschaubarer machen und es Ihnen ermöglichen, bei Beratungsgesprächen mit dem Apotheker gezieltere Erkundigungen einzuholen.

2.2.1 Schmerzmittel (Analgetika)

Schmerz tritt zumeist dann auf, wenn Gewebe und Zellen geschädigt werden, ist also keine Krankheit, sondern ein Symptom (Krankheitszeichen). Bei Anwendung eines Schmerzmittels ist daher stets zuerst die Schmerzursache abzuklären. Durch Einnahme von Schmerzmitteln kann diese Ursache verschleiert und die ärztliche Diagnose erschwert werden.

Die schmerzstillenden Arzneimittel teilt man in zwei Gruppen ein:

- stark wirkende Analgetika,
- schwach bis mittelstark wirkende Analgetika.

Stark wirkende Analgetika

Analgetika dieser Gruppe werden nur bei heftigen Schmerzzuständen verabreicht und unterliegen besonders strengen Verschreibungsbestimmungen. Für einige von ihnen gilt das Betäubungsmittelgesetz.

Morphin und seine Derivate: Sie gelten als die wirksamsten Schmerzmittel. Morphin ist eine natürlich vorkommende Substanz, die neben Codein und vielen anderen Inhaltsstoffen aus dem Opium gewonnen wird, dem an der Luft eingetrockneten Milchsaft unreifer Samenkapseln des Schlafmohns. Seine Derivate (z. B. Methadon) übertreffen zum Teil noch die Wirkung des Morphins.

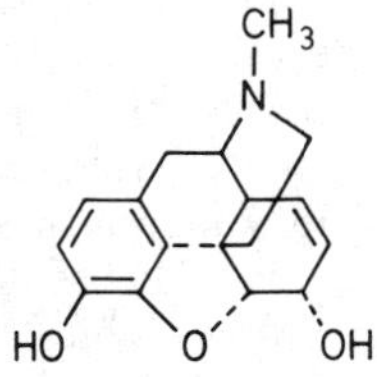

Morphin

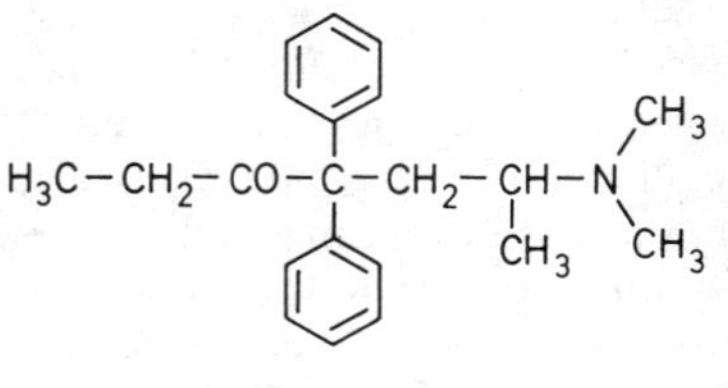

Methadon
(7 mal stärker wirksam als Morphin)

Zu den synthetisch hergestellten Analgetika dieser Gruppe zählen Dolantin®, Fortral®, Temgesic®, Valoron®, Tramal® und andere. Der ausgezeichneten schmerzstillenden Wirkung dieser Mittel stehen allerdings stärkere unerwünschte Begleiterscheinungen gegenüber. Unter anderem reduzieren sie die geistige Aktivität, besitzen einen euphorisierenden Einfluß, der zu Abhängigkeit und Sucht führen kann, und hemmen das Atem- und Hustenzentrum. Sie werden daher nur bei schwersten Schmerzzuständen, etwa bei Krebserkrankungen, eingesetzt.

Schwach bis mittelstark wirkende Analgetika

Die Bezeichnung hat sich eingebürgert, obwohl diese Gruppe Substanzen beinhaltet, die stärker wirken als einige Stoffe aus der soeben besprochenen Gruppe 1. Analgetika der Gruppe 2 helfen bei leichten bis mittleren Schmerzen, wie Kopf- und Zahnschmerzen. Einige von ihnen lassen sich aufgrund ihrer antiphlogistischen (entzündungshemmenden) Eigenschaften vorteilhaft bei fiebrigen Zuständen und bei Entzündungen (erkennbar an Symptomen wie Rötung, Schwellung, Überwärmung, Schmerz) anwenden.

Schmerz stellt ein solch vielschichtiges organisch-psychisches Phänomen dar, daß die Wirksamkeit der unterschiedlichen Schmerzmittel kaum allgemein festzulegen ist. Untersuchungen ergaben

- leicht unterschiedliche Schmerzdämpfung bei verschiedenen Schmerzmitteln;
- unterschiedliche Schnelligkeit des Wirkungseintritts, die zum Teil nicht mit den Werbeversprechungen übereinstimmte. Alle Tabletten entfalten ihre maximale Wirkung erst mehr als eine Stunde nach der Einnahme;
- keine Überlegenheit der Präparate mit Wirkstoffkombinationen gegenüber denen mit nur einem einzigen Wirkstoff.

Als Wirkstoffe enthalten Schmerzmittel der Gruppe 2 vor allem

- Salicylsäure-Derivate,
- Pyrazol-Derivate,
- Essigsäure bzw. Propionsäure-Derivate,
- Anilin-Derivate.

Die Substanzen der ersten drei Gruppen, insbesondere die Essigsäure- und Propionsäure-Derivate, sind zudem entzündungshemmend, die Salicylsäure- und Pyrazol-Derivate darüber hinaus noch fiebersenkend.

Acetylsalicylsäure: Sie ist der wohl bekannteste Wirkstoff dieser Gruppe 2. Sie wirkt schmerzstillend, fiebersenkend und entzündungshemmend. Als häufige Nebenwirkung sind Reizungen des Magens bzw. Mikroblutungen im Magen-Darm-Trakt zu beachten. Nicht angewendet werden darf Acetylsalicylsäure bei Magen-Darm-Geschwüren, in der Spätschwangerschaft und bei Kindern nach einer Mandeloperation. Vorsicht ist auch bei Nierenschäden und bei Asthmatikern (evtl. Auslösung eines Asthmaanfalls) geboten. Acetylsalicylsäure ist im Handel unter anderem als Aspirin®, Alka Seltzer®, Ass® und in Kombinationspräparaten wie Thomapyrin® und Neuralgin® enthalten.

Derivate der Acetylsalicylsäure, wie Salicylamid (Melabon® N) und Ethenzamid (Doppelspalt® N), werden unterschiedlich beurteilt und stellen wahrscheinlich keine Fortentwicklung gegenüber der Acetylsalicylsäure dar.

Pyrazol-Derivate: Die Pyrazol-Derivate Phenazon (Spalt® N) und Propyphenazon (Vivimed®, Saridon neu®, Melabon®) sind Bestandteil von Kombinationspräparaten. Bei Propyphenazon ist Zurückhaltung geboten, da es dem Metamizol ähnelt, einer Substanz, die mit seltenen, aber sehr schweren Nebenwirkungen behaftet ist (z. B. Blutbildveränderungen).

Essigsäure- und Propionsäure-Derivate: Bei diesen Stoffen, wie etwa Indometacin (Amuno®) und Ibuprofen (z. B. Brufen®), ist die entzündungshemmende Komponente so stark ausgebildet, daß sie vor allen Dingen in der Rheumatherapie Einsatz finden.

Paracetamol: Das Anilin-Derivat wird bei fiebrigen Erkrankungen und Gliederschmerzen angewendet. Die entzündungshemmende Wirkung ist nur schwach ausgeprägt. Nebenwirkungen wurden selten beobachtet, es sollte jedoch nicht von Alkoholikern und Leberkranken eingenommen werden. Im Handel ist es u.a. als Ben-u-ron®, Enelfa®, Paracetamol ratio® und Tylenol®. Kombinationspräparate sind: Prontopyrin®, Spalt® N, Thomapyrin®, Neuralgin®, Vivimed®, Saridon neu®, Melabon® N, Gelonida® NA, Dolviran® und andere.

Struktur einiger wichtiger Analgetika:

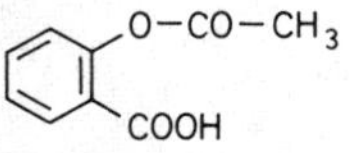

Acetylsalicylsäure
(z.B. Aspirin®)

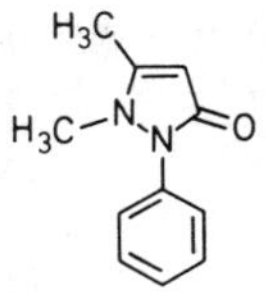

Phenazon
(Antipyrin®)

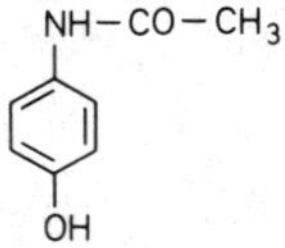

Paracetamol
(ben-u-ron®)

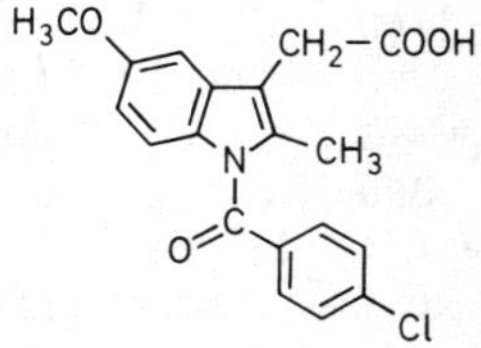

Indometacin
(Amuno®)

Kombinationspräparate

Analgetika werden auch miteinander kombiniert angeboten. Noch vor einigen Jahren war man der Meinung, diese Kombinationspräparate besäßen gegenüber den Monopräparaten den Vorteil der besseren Verträglichkeit, weil in ihnen die Einzelbestandteile niedriger dosierbar seien. Diese Vorstellung läßt sich heute nicht mehr vertreten (45). Deshalb ist die Verwendung von Kombinationspräparaten rückläufig.

Manche schmerzlindernden Kombinationspräparate enthalten oder enthielten auch nichtanalgesierende Wirkstoffe, wie Coffein, Schlafmittel, krampflösende und andere Substanzen. Im allgemeinen werden diese Mischpräparate, die in fast jedem Haushalt vorhanden sind, zu häufig und zuwenig gezielt eingenommen. Bei sinnvoller und mäßiger Dosierung kommen Schädigungen kaum vor, wohl aber bei lang andauerndem Gebrauch und hoher Dosierung (Suchtrisiko!).

2.2.2 Arzneimittel bei grippalen Infekten

Der grippale Infekt (nicht zu verwechseln mit der echten, sehr ernst zu nehmenden Grippe) ist eine durch Viren hervorgerufene Erkrankung der oberen Luftwege mit den Symptomen Heiserkeit, Halskratzen, Husten, Schnupfen, manchmal auch Kopf- und Gliederschmerzen und kurzfristigem Temperaturanstieg. Zumindest dann, wenn das Bronchialsystem oder die Nasennebenhöhlen befallen sind, sollte der Arzt zu Rate gezogen werden.

Die Behandlung des grippalen Infektes erfolgt durch Arzneimittel, die

die Symptome beeinflussen. Bei Fieber und Gliederschmerzen helfen die bei den Analgetika besprochenen Substanzen Acetylsalicylsäure und Paracetamol.

Kombinationspräparate zur Behandlung banaler Infekte gelten als wenig sinnvoll. Das trifft besonders für Präparate zu, die Chinin enthalten: Die fiebersenkende Wirkung ist gering, und eine spezifische Bekämpfung der Erkältungssymptome nicht vorhanden. Ein anderes Beispiel ist das Ephedrin und seine Derivate Norfenefrin (Norphenylephrin) und Phenylephrin, die Unruhe, Schlaflosigkeit und Herzrhythmusstörungen bewirken können. Häufig werden auch Antihistaminika in Form von Kombinationspräparaten verwendet. Ihre Wirkung auf Grippesymptome ist jedoch gering. Bei bestimmten Antihistaminika (siehe Seite 166) müssen Autofahrer mit Müdigkeit rechnen.

Bei der Selbstmedikation grippaler Infekte geht man am besten stufenweise vor (nach Dr. med. Adalbert Keseberg, Universität Bonn):

Symptomatik	Therapie	Entscheidungshilfen
gering	keine	keine
Fieber, Gliederschmerzen	Antipyretika	Beratung
Husten, Schnupfen	Antitussiva, evtl. Rhinologika	Beratung
eitriger Auswurf	Antibiotika	ärztliche Behandlung

2.2.3 Husten und Hustenbehandlung

Husten ist ein Schutzmechanismus, der für die Reinigung der Atmungsorgane von Bronchialsekret und Fremdkörpern wesentliche Bedeutung trägt. Beim akuten Husten unterscheidet man den trockenen Reizhusten und den produktiven Husten, der durch übermäßige Schleimproduktion gekennzeichnet ist. Chronischer Husten kann auf eine ernsthafte Erkrankung hinweisen.

Antitussiva

Trockener Reizhusten wird mit Antitussiva (hustenreizstillenden Medikamenten) behandelt.

Codein: Es ist chemisch dem Morphin verwandt und das am meisten verwendete Antitussivum. Es ist verschreibungspflichtig. Trotz seiner Verwandtschaft mit Morphin besteht bei kurzfristigem Gebrauch kaum Suchtgefahr.

Clobutinol (Silomat®), Pentoxyverin (Germapect®, Tussa-Tablinen®,

Sedotussin®) und Oxeladin sind Wirkstoffe von rezeptfreien Antitussiva.

Expektorantia

Der produktive Husten wird mit Expektorantia (hustenlösenden Substanzen) behandelt. Unter dieser Bezeichnung werden Wirkstoffe zusammengefaßt, die
- die Bronchialsekretion steigern
- und/oder das Sekret verflüssigen
- und/oder den Transport des Sekrets stimulieren.

Synthetische expektorierende Wirkstoffe sind:

Ambroxol (Mucosolvan®, Stas Hustenlöser®) und Bromhexin (Bisolvon®): Sie leiten sich von einem Inhaltsstoff einer indischen Pflanze ab und sind sich chemisch sehr ähnlich. Sie regen die Produktion dünnflüssigen Schleimes an und stimulieren seinen Abtransport.

Acetylcystein (Fluimucetin® und Mucolyticum »Lappe«®): Die Substanz ist ein Aminosäure-Derivat, das eine Spaltung von Proteinketten des Bronchialschleims und damit eine Verflüssigung des zähen Bronchialsekrets herbeiführt.

Ammoniumchlorid und Kaliumiodid: Es handelt sich um anorganische Salze, die direkt, aber auch über eine Reizung der Magenschleimhaut wirken. Dadurch wird die Schleimabsonderung des Bronchialbaums reflektorisch verstärkt.

Pflanzendrogen: Thymian, Süßholzwurzel, Fenchel, Anis, Pfefferminz, Spitzwegerichblätter, Primelwurzel, Königskerzenblüten, Eukalyptusblätter und andere können Schleim lösen und den Auswurf fördern.

Etherische Öle: Sie werden – oral verabreicht – teilweise über die Lunge wieder ausgeschieden, dort wirken sie stimulierend.

Kombinationspräparate

Viele Fachleute lehnen Kombinationspräparate von Expektoriantia und Antitussiva ab, da gerade die gesteigerte Schleimproduktion ein möglichst ungestörtes Abhusten erfordert. Ein getrenntes Verabreichen der beiden Medikamente – z. B. tagsüber ein schleimlösendes Mittel und zur Nacht ein Antitussivum – kann dagegen sinnvoll sein.

Um das Abhusten zu erleichtern, sollte man viel trinken, z. B. Hustentee. Auch Inhalationen (Wasser, isotonische Kochsalzlösung) sind hier hilfreich.

2.2.4 Schnupfenmittel

Während Erwachsene im Durchschnitt 2- bis 3mal pro Jahr an Schnupfen leiden, erkranken ältere Kinder 6- bis 12mal und Kleinkinder bis zu 30mal an Schnupfen (Rhinitis). Nur etwa 10% der Bevölkerung werden so gut wie nie von einem Schnupfen befallen. Der banale Schnupfen ist meist viral bedingt, daher lassen sich nur die Krankheitssymptome behandeln.

Schnupfenpräparate für Erwachsene werden in Form von äußerlich anzuwendenden Tropfen, Sprays, Salben und Hydrogelen oder in Tabletten- und Kapselform zum Einnehmen angeboten.

Imidazolin-Derivate: Lokal einsetzbare Präparate zum Abschwellen der Nasenschleimhäute enthalten oft Imidazolin-Derivate, wie Oxymetazolin, Xylometazolin, Tetryzolin und andere, die weitere Verwandte des Adrenalins sind (Olynth®, Otriven®, Rhinospray®, Nasivin®, Snup®). Wie das Adrenalin auch, bewirken sie eine Kontraktion, also eine Verengung der Gefäße, und führen so das Abschwellen der Schleimhäute herbei. Außerdem vermindern sie die Sekretion und verbessern so schließlich die Luftdurchgängigkeit. Sie sollen nur etwa 5 Tage lang und nicht häufiger als 2- bis 3mal täglich benutzt werden. Bei Patienten mit Herzerkrankungen, zu hohem Blutdruck und Schilddrüsenüberfunktion ist Vorsicht geboten. Denn Imidazolin-Derivate verengen nicht allein die Blutgefäße der Nase, sondern in geringerem Maße auch die anderer Organe. Dadurch beeinflussen sie die erwähnten Krankheiten ungünstig. Bei Säuglingen und Kleinkindern kann eine Überdosierung lebensbedrohend sein; nur die speziell für diese Gruppe hergestellten stark verdünnten Lösungen verabreichen.

Antihistaminika und Ephedrin: Schnupfenmittel in Tabletten- oder Kapselform zum Einnehmen enthalten fast immer Antihistaminika (siehe auch die Seiten 165 und 166) und Ephedrin oder seine Derivate, die eine Schleimhautabschwellung bewirken sollen. Diese Wirkung ist ungesichert; die Nebenwirkungen sind ähnlich wie bei den oben genannten lokalen Präparaten.

Andere Heilmethoden sind das Inhalieren von etherischen Ölen (bei Säuglingen eventuell Gefahr eines Bronchospasmus!) oder Solelösungen bzw. die Anwendung von homöopathischen Mitteln.

2.2.5 Halsschmerzmittel

Die überwiegende Zahl von Mund- und Racheninfektionen wird durch Viren ausgelöst. In diesen Fällen ist eine ursächliche Behandlung der Erkrankung bisher nicht möglich. Die Präparate können nur ein Abklingen der Entzündungserscheinungen bewirken und eine nachfolgende Infektion durch Bakterien oder Pilze verhindern. In letzter Zeit häufen sich die Bedenken, daß die aus Halsschmerzmitteln freigesetzten Antibiotika nicht ausreichen, um die wesentlichen Spätfolgen einer bakteriell verursachten Angina, rheumatische Herz- und Gelenkbeschwerden, auszuschließen.

Bei starken Halsbeschwerden besteht Verdacht auf Seitenstrangangina oder Mandelentzündung, die vom Arzt in der Regel mit Penicillin behandelt wird.

Viele Halsschmerzmittel enthalten Lokalantibiotika, die nach oraler Einnahme im Magen-Darm-Kanal nahezu nicht resorbiert werden: Bacitracin (z. B. in Anginomycin®) bzw. Tyrothricin (in Dorithricin®, Lemocin®, Tyrosirinal®, Tyrosolvetten® und anderen). Bei den Hilfsstoffen dieser Arzneimittelgruppe ist nicht selten der Zuckergehalt von Bedeutung (Karies: Begünstigung des Pilzwachstums in der Mundhöhle). Zuckerfrei sind z. b.: frubienzym®, Imposit®, Lemocin®, Mallebrinetten®, Trachitol®.

2.2.6 Antacida (Mittel gegen Übersäuerung)

Eine zu starke Säureproduktion des Magens kann Beschwerden hervorrufen bzw. bereits vorhandene Symptome verstärken, bei: Sodbrennen, Gastritis, Geschwüre des Magens und Zwölffingerdarms und anderem. Antacida sind basische Substanzen, die diese überschüssige Salzsäure des Magens neutralisieren oder binden. Ihre Wirkung und Verträglichkeit ist von zwei Hauptkriterien abhängig:

- wie schnell und anhaltend sie den pH-Wert des übersäuerten Magens (pH 1 bis pH 2) in den optimalen Bereich zwischen pH 3 und pH 5 bringen (siehe Abbildung 10),
- welchen Einfluß die nach dem Neutralisationsprozeß vorliegenden Produkte längerfristig auf das Magen-Darm-System haben.

Natriumhydrogencarbonat (Bicarbonat, Natron), Calciumcarbonat, Magnesiumcarbonat: Natriumhydrogencarbonat ist ein rasch wirkendes Antacidum. Dabei kann aber der optimale pH-Bereich leicht überschritten werden (siehe Abbildung 10). Außerdem wird überschüssiges Hydrogencarbonat resorbiert, was zu einer Erhöhung des Blut-pH-Wertes führt. Bei der Neutralisation bildet sich zudem lästiges Kohlendioxid-Gas. Dieses früher oft herangezogene Antacidum wird heute kaum noch empfohlen.

Die Nachteile des Natriumhydrogencarbonats treffen auf Calciumcarbonat und Magnesiumcarbonat in geringerem Maße zu. Allerdings aktivieren Calcium-Ionen die Magensäuresekretion, ein Effekt, der in diesem Zusammenhang äußerst unerwünscht ist.

$$NaHCO_3 + HCl \rightarrow NaCl + H_2O + CO_2$$
$$CaCO_3 + 2HCl \rightarrow CaCl_2 + H_2O + CO_2$$

Magnesiumoxid (bzw. Magnesiumhydroxid) und Aluminiumhydroxid: Magnesiumoxid bzw. Magnesiumhydroxid ist eine relativ starke Base, deshalb kann es zu einer »Übertitration« des Magensaftes kommen. Dies bedeutet, daß bei einem Überschuß an Magensaft der pH-Wert des Mageninhalts (pH 3 bis pH 5) über den Normalbereich hinaus ansteigt (Abbildung 10). Störend ist außerdem, daß Magnesium-Ionen abführend wirken.

Aluminiumhydroxid ist als Base dagegen zu schwach, um den Magensaft auf einen Wert von pH 3 bis pH 5 zu bringen (Abbildung 10). Zudem wirken die nach der Neutralisation vorliegenden Aluminium-Ionen stopfend. Da Vor- und Nachteile der genannten Magnesium- und Aluminium-Verbindungen einander in etwa ausgleichen, enthalten manche Antacida entsprechende Mischungen.

Magnesium-Aluminium-Ionengitter: Bei diesen Wirkstoffen sind die basischen Magnesium- und Aluminium-Komponenten in ein Ionengitter eingebaut. Während die zuvor erwähnten Gemische inhomogen reagieren – zunächst wird das Magnesiumoxid bzw. Magnesiumhydroxid als basischerer Bestandteil aufgebraucht, dann erst greift die weniger basi-

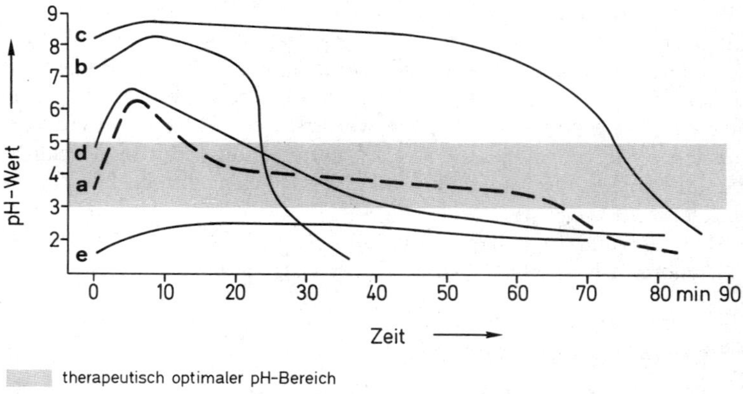

Abb. 10: Verlaufskurven der pH-Werte in künstlichem Magensaft bei Zugabe verschiedener Wirkstoffe. Die Wirkstoffzugabe erfolgt zunächst im Überschuß, dann wird in Abständen künstlicher Magensaft zugesetzt. (3)

a: Magnesiumoxid-Aluminiumoxid-Schichtgitter
b: Natriumhydrogencarbonat
c: Magnesiumoxid
d: Gemisch Aluminiumoxid-Magnesiumoxid
e: Aluminiumhydroxid-Gel

sche Aluminium-Komponente ein –, können diese Bestandteile bei der sukzessiven Auflösung des Gitters nur gemeinsam freigesetzt werden. Dadurch verläuft der Neutralisationsvorgang kontinuierlicher. Als Gitterbildner werden Silicate (Gelusil® und Masigel®), Sulfate (Riopan®) und Carbonate (Talcid®) verwendet.

Magnesium-Aluminiumsilicat (Gelusil®) und Aluminiumphosphat (Phosphalugel®): Manche Präparate enthalten diese Wirkstoffe, die keine direkten Antacida darstellen, sondern lediglich die Magenschleimhaut schützen sollen.

Auf Grund eventueller Nebenwirkungen – Begünstigung von Nierensteinen bei magnesiumhaltigen Präparaten bzw. Schädigung der Knochensubstanz bei aluminiumhaltigen Präparaten usw. – sollten Antacida nicht langfristig genommen werden.

2.2.7 Acida und Verdauungsenzyme

Bei zuwenig oder fehlender Magensäure (Sub- bzw. Anacidität) oder bei fehlender Magensaftsekretion (Achylie) stehen Präparate mit Säure und/oder Pepsin (einem eiweißspaltenden Enzym im Magensaft) zur Verfügung. Bei den angewandten Mengen ist ein vollständiger Säure- und Pepsinersatz allerdings nicht möglich, wahrscheinlich auch nicht nötig.

Handelsprodukte: Enzynorm®, Pepsaletten®, Helo-acid®, Pansan®, Citropepsin®, Pepsaldra® usw.

Andere Präparate enthalten die Verdauungsenzyme der Bauchspeicheldrüse (Pankreas). Im Falle von Bauchspeicheldrüsenentzündungen müssen diese Enzyme hoch dosiert werden. Bei sonstigen Verdauungsstörungen wird die subjektiv oft als wohltuend empfundene Wirkung – wie im Fall der oben aufgeführten Präparate – auf Placebo-Effekte zurückgeführt (44).

Handelsprodukte: Gillazym®, Festal®, Kreon®, Nortase®, Nutrizym®, Panzynorm®, Pankreon®, Pankreatan® und weitere.

2.2.8 Arzneimittel gegen Durchfall (Diarrhöe)

Diarrhöe ist keine Krankheit, sondern das Leitsymptom einer Gruppe von entzündlichen Darmerkrankungen (Enteritiden). Bekannt sind vor allem die Reise- und Sommerdiarrhöen. In den meisten Fällen – vor allem im Kindesalter – ist eine Enteritis viral bedingt. Bei der Behandlung einer Diarrhöe steht der Ausgleich der Wasser- und Elektrolytverluste im Vordergrund. Man sollte stufenweise vorgehen:

a) Trinken von alkoholfreien süßen Getränken, Essen von salzhaltigem Gebäck, Abwarten.

b) Elektroyltlösungen und Präparate, die den Darm ruhigstellen.
c) Therapie mit Antibiotika.

Über die zur Durchfall-Prophylaxe angebotenen Arzneimittel herrscht die Ansicht vor, daß sie nutzlos oder mit Nebenwirkungen behaftet seien.

Elektrolytlösungen: Im Handel sind Präparate für WHO-Trinklösungen mit Glucose, Kochsalz, Natriumhydrogencarbonat, Kaliumchlorid. Sie erfordern die Zubereitung mit sauberem Wasser (Elotrans®, Rehydrat®).

Wirkstoffe zur Ruhigstellung des Darms: Dazu zählen Diphenoxylat (Reasec®) und Loperamid (Imodium®). Bei Fieber über 39 °C oder Blut im Stuhl dürfen die Präparate nicht weiter angewendet werden. Arzt aufsuchen!

Kohle: Die Verwendung von Kohle zur Adsorption von Giftstoffen bei toxischen Enteritiden ist heute in den Hintergrund getreten.

2.2.9 Arzneimittel gegen Verstopfung (Laxantia)

Unter Verstopfung versteht man das überlange Verweilen des Darminhalts im Darm bzw. die verzögerte Entleerung. Darmträgheit ist oft eine Folge falscher Eßgewohnheiten, z.B. mangelnder Zufuhr von Ballaststoffen mit der Nahrung. Man sollte beachten, daß eine Stuhlfrequenz zwischen drei Entleerungen pro Tag und drei Entleerungen pro Woche als normal gilt. Die Meinung, Abführmittel wirkten blutreinigend, ist medizinisch nicht haltbar.

Abführmittel sollten stets nur vorübergehend eingenommen werden. Wer durch Dauereinnahme solcher Mittel seine chronische Verstopfung beseitigen will, gerät in einen Circulus vitiosus, bei dem sich die Verstopfung verschlimmert. Hier ist eine Ernährungsumstellung erforderlich.

Bei den Abführmitteln unterscheidet man:

Gleit-(und Netz-)Mittel

Diese Präparate steigern die Gleitfähigkeit des Darminhalts und führen zu einer schnelleren Stuhlentleerung. Verwendet werden:

Dickflüssiges Paraffinöl (enthalten in Agarol®, Obstinol®, Salus®-Öl, Sanato-Lax-forte®): Paraffinöl verhindert bei längerem Gebrauch die Aufnahme fettlöslicher Substanzen (z.B. der Vitamine A, E, D, K, essentieller Fettsäuren und lipophiler Arzneimittel.

Glycerin (enthalten in Babylax® Rectiolen, Glycilax®).

Docusat-Natrium (d.i. das Natriumsalz des Sulfobernsteinsäuredi-(2-ethylhexyl)-esters, enthalten in Tirgon®, Agaroletten®, Florisan®).

Füllmittel

Sie erhöhen den Füllzustand des Darminhalts und werden nicht verdaut und resorbiert, regen aber die Darmtätigkeit an. Dies erreichen verschiedene Quellstoffe, osmotisch wirkende Füll- oder pharmakodynamisch wirksame Stoffe.

Quellstoffe

Diese Ballaststoffe quellen unter Wasseraufnahme. Um ein Verkleistern des Darms zu verhindern, müssen die Quellmittel mit viel Wasser eingenommen werden.

Leinsamen, Agar-Agar (Agarol®), Indischer Flohsamen (ohne Zusätze in Agiocur®-Granulat und Metamucil®; mit abführenden Zusätzen in Bekunis®-Dragees, Laxiplant®-Granulat, Agiolax®-Granulat), Tragant (in Normacol®-Granulat mit Faulbaumrinde), Karaya-Gummi (Spasmocol-Granulat®), Methylcellulose und Weizenkleie stellen solche Quellstoffe dar.

Osmotisch wirkende Füllmittel

Es handelt sich um schwer resorbierbare Stoffe, die auf osmotischem Weg Wasser im Darm zurückhalten.

Hierzu gehören die salinischen Abführmittel Glaubersalz (chemisch betrachtet ein wasserhaltiges Natriumsulfat), Bittersalz (ein wasserhaltiges Magnesiumsulfat) und Karlsbader Salz (ein Gemisch aus Natriumsulfat, Natriumhydrogencarbonat, Kochsalz und Kaliumsulfat). Sie dürfen nicht über einen längeren Zeitraum eingenommen werden, da sie sonst Störungen des Elektrolyt- und Wasserhaushalts hervorrufen.

Ebenso zählt eine Reihe von Zuckeralkoholen und Zuckern dazu, wie Sorbit (enthalten in Klyxenema, Microklist®, Tirgon®), Lactulose (enthalten in Bifiteral®, Lactulose Neda®, Laevilac®).

Pharmakodynamisch wirksame Stoffe

Die dafür in Frage kommenden pflanzlichen und synthetischen Erzeugnisse steigern zusätzlich den Einstrom von Wasser und Elektrolyten in den Darm.

Pflanzliche Produkte

Ricinusöl ist weitgehend frei von Nebenwirkungen und darf sogar während der Schwangerschaft gegeben werden. Wegen seines unangenehmen Geschmacks ist es eher zur Behandlung der akuten Verstopfung geeignet.

Anthraglykoside (zu finden in Aloe, Faulbaumrinde, Sennesblättern, Rhabarber und anderen) sind (zumeist) an Zucker gebundene Anthrachinon-Derivate. Diese am weitesten verbreiteten Abführmittel sind in etwa zwei Drittel aller Präparate enthalten. Ihre Wirkung tritt zum Teil erst nach 8 bis 10 Stunden ein, denn sie entfaltet sich im Darm nach Abspaltung der Zuckerkomponente.

Synthetische Produkte
Phenolphtalein (in Agarol®, Darmol®, Obstinol®) ist das älteste synthetische Abführmittel. Bisacodyl (in Bisacodyl-ratiopharm®, Dulcolax®, Nedalax®, Stadalax® und weiteren) übernimmt heute eine dominierende Rolle unter den synthetischen Laxantien. Es gilt als das sicherste. Selbst bei jahrelanger Einnahme soll, wie das sonst allgemein geschieht, kein deutlicher Kaliumabfall festzustellen sein. Bisacodylhaltige Dragees dürfen nicht mit Milch oder Antacida eingenommen werden. Natriumpicosulfat (Laxoberal®) ist eine Weiterentwicklung des Bisacodyls. Die vorteilhafte Darreichung in Tropfenform ermöglicht eine individuelle Dosierung.

2.2.10 Vitaminpräparate

Vitamine sind lebensnotwendige, physiologisch wirksame, organische Verbindungen, die der menschliche Organismus selbst entweder nicht oder unter bestimmten äußeren Bedingungen (z.B. Mangel an UV-Licht) nur unzureichend bilden kann. Sie müssen dem Körper daher zugeführt werden.

Im allgemeinen enthält unsere Nahrung ausreichende Mengen von Vitaminen. Trotzdem ergab eine Untersuchung von über 5000 Erwach-

Exkurs: Vitamine

Man unterscheidet fettlösliche (A, D, E, K) und wasserlösliche Vitamine (Vitamine der B-Gruppe, C).

Vitamin-A-Gruppe (Retinol = Vitamin A_1, Dehydroretinol = Vitamin A_2). Funktion): Wachstum und Entwicklung, Erneuerung und Schutz von Haut- und Schleimhautgeweben, Aufbau des Sehpurpurs im Auge. Leichter Mangel: Im Dämmerlicht herabgesetzte Sehschärfe, Erhöhung der Reizschwelle für Lichteindrücke. Schwerer Mangel: Entzündliche Veränderung der Hornhaut des Auges, Nierensteinbildung. Tagesdosis enthalten z.B. in je 45 g Schweineleber, 100 g Feldsalat (Provitamin A).

Vitamin B_1 (Thiamin). Funktion: Unentbehrlich für den Kohlenhydratstoffwechsel. Leichter Mangel: Gewichtsverlust, Muskelschwäche. Schwerer Mangel: Nervenerkrankung, Beriberi. Tagesdosis enthalten z.B. in 200 g Schweinefleisch, 700 g Vollkornbrot, 8 g Hefe.

Vitamin B_2 (Riboflavin). Funktion: Wichtig für den Energiehaushalt der Zellen. Mangelerscheinungen sind selten, da die Darmbakterien Vitamin B_2 produzieren und so einen Teil des Vitamin-B_2-Bedarfs decken. Leichter Mangel: Spröde Fingernägel, Risse in den Mundwinkeln. Tagesdosis enthalten in je 1 l Milch, 75 g Schweineleber, 1 kg dunklem Brot, 900 g Spinat.

Vitamin B_6 mit den Einzelsubstanzen Pyridoxin, Pyridoxal und Pyridoxamin. Funktion: Wesentlich im Aminosäurestoffwechsel. Leichter Mangel führt zu Störungen im Nervensystem und zu Hautveränderungen. Vorkommen: Hefe, Körnerfrüchte, grünes Gemüse, Banane, Innereien, Eigelb, Milch.

Vitamin B_{12} (Cyanocobalamin). Funktion: Erforderlich für das Wachstum, die Tätigkeit der Nervenzellen und für die Blutbildung. Leichter Mangel: Taubheitsgefühl, Gefühl der Pelzigkeit, Zungenbrennen – häufige Symptome bei strengen Vegetariern. Schwerer Mangel: Perniziöse Anämie (gefährliche Blutarmut). Vitamin B_{12} ist vor allem in Leber, Milch, Eiern und Rindfleisch enthalten.

Vitamin-B-Faktoren (z.B. Biotin, Nicotinsäure und Nicotinsäureamid, Pantothensäure, Folsäure). Diese Stoffe gelten als zur Vitamin-B-Gruppe gehörig, ohne selbst als »Vitamine« bezeichnet zu werden. Es handelt sich um Bausteine von Enzymen und Coenzymen. Mangel der Vitamin-B-Faktoren führt zu Hautveränderungen. Vorkommen: Hefe, Leber, Eigelb. Mangel an Folsäure etwa führt zu verschiedenen Formen der Blutarmut. Vorkommen: Leber, Niere, Muskel, Milch, dunkles Blattgemüse.

Vitamin C (Ascorbinsäure). Funktion: Wichtige Substanz im Zellstoffwechsel, verbessert die Aufnahme von Eisen, wesentlich für die Entwicklung des Bindegewebes. Leichter Mangel: Appetitlosigkeit, Infektionsanfälligkeit. Schwerer Mangel: Skorbut. Tagesdosis enthalten in je 800 g Kartoffeln, 90 g Paprika, 200 g Grünkohl.

Vitamin-D-Gruppe (Calciferole). Funktion: Tragen zur Regulierung des Calcium- und Phosphat-Haushalts im Körper bei, nötig für die Knochenbildung. Mangelerscheinung: Rachitis. Tagesdosis enthalten in 5 Eiern oder 1 l Milch.

Vitamin E (*a*-Tocopherol). Funktion: Mögliche Wirkung auf die Entwicklung der Keimdrüsen, beteiligt am Fettstoffwechsel, im

Tierversuch zeigte sich ein Einfluß auf die Muskelzellen. Spezifische Mangelerscheinungen beim Menschen sind selten. Bei stärkerer körperlicher und geistiger Belastung ist der Bedarf jedoch erhöht, bei Sportlern soll es leistungssteigernd wirken. Gerade bezüglich dieses Vitamins gehen die Auffassungen über den Einsatz (z. B. bei der Behandlung von entzündlichen rheumatischen Erkrankungen und zum Schutz von Herz und Gefäßen) stark auseinander.

senen (36) in der Bundesrepublik Deutschland Versorgungsmängel in bezug auf bestimmte Vitamine:

- bei Frauen und Männern zwischen 18 und 24 Jahren Vitamin B_1 (Thiamin) und Folsäure;

	Alter (Jahre)	Vitamin A (IE)[e]	Vitamin B_1 (mg)	Vitamin B_2 (mg)	Vitamin B_{12} (μg)[b]	Vitamin C (mg)	Vitamin D (IE)[e]
Kleinkinder	0– 6	1500	0,3	0,4	0,5	30	400
(Monate)	6–12	1500	0,5	0,7	1,0	35	400
Kinder	1– 3	2000	0,7	0,8	2,5	40	400
	4– 6	2500	0,9	1,1	2,5	50	200
	7– 9	3500	1,2	1,2	5,0	60	100
Jugendliche	10–14	4500	1,2/1,4	1,3/1,5	5,0/5,0	75/75	100
Mädchen/Jungen	15–18	5000	1,1/1,5	1,4/1,8	5,0/5,0	75/75	100
Frauen	ab 18	5000	1,0	1,8	5,0	75[c]	100
Schwangerschaft		6000	1,3	2,0	7,5	100	400
Stillzeit		8000	1,3	2,5	7,5	120	400
Männer	ab 18	5000	1,4[d]	1,8	5,0	75[c]	100

Tab. 4: Wünschenswerte Zufuhr an Vitaminen pro Tag[a]. (Nach 58)

[a] Die Tabelle nennt Annäherungs- und Durchschnittswerte auf der Basis von Empfehlungen des Food and Nutrition Board des National Research Council der USA, der Deutschen Gesellschaft für Ernährung e. V. und von Dr. E. Kofrányi, Max-Planck-Institut für Ernährungsphysiologie, Dortmund.

[b] Nach Empfehlungen der Deutschen Gesellschaft für Ernährung unter der Voraussetzung, daß bei zwei Hauptmahlzeiten nur 50% des Vitamins verarbeitet werden.

[c] Der US Food and Nutrition Board geht bei Erwachsenen von durchschnittlich 45 mg aus.

[d] US Food and Nutrition: ab 51 Jahre 1,2 mg.

[e] IE-Internationale Einheiten (hier: die international festgelegten Mengen eines hochreinen Vitamins).

- bei jungen Frauen Vitamin B_6 und E (modernes Schlankheitsideal?);
- bei Männern zwischen 20 und 50 Jahren Vitamin B_6 (Alkoholkonsum?), Vitamin B_1, Folsäure, Vitamin-A-Gruppe;
- bei Senioren Folsäure, Vitamin B_1, Vitamin-A-Gruppe, Vitamin B_2 (Riboflavin), Vitamin C.

Sinnvoll ist eine zusätzliche Vitaminzufuhr bei Abmagerungskuren und einseitiger oder unzureichender Ernährung, für schwangere und stillende Frauen, nach Operationen, bei chronischen Durchfällen, bei Rauchern, Alkoholikern und manchmal bei Sportlern. Was Vitaminpräparate aber nicht zu leisten vermögen, ist das Ausgleichen von Schäden, die auf falscher Lebensweise beruhen, oder ein Aufhalten des natürlichen Alterungsprozesses von Zellen.

Multivitaminpräparate
Ein Teil der angebotenen Produkte zählt zu den sogenannten »Multivitaminpräparaten«, das sind Kombinationen mehrerer Einzelsubstanzen. Hierbei ist zu beachten, daß
- der Laie die sehr unterschiedliche Zusammensetzung der einzelnen Präparate kaum bewerten kann,
- Vitaminsäfte (ebenso vitaminhaltige Säfte) im allgemeinen weniger lagerstabil sind als Kapseln oder Dragees,
- die Preise sehr verschieden sind und der Markt auch gute preisgünstige Präparate anbietet.

2.2.11 Knoblauchpräparate

Knoblauchpräparate zählen zu den beliebtesten Mitteln bei beginnender Arteriosklerose, Durchblutungsstörungen und mildem Bluthochdruck. Als zentraler Wirkstoff gilt das stark riechende Allicin, das durch das Enzym Alliinase der frischen Knoblauchzwiebel aus dem ursprünglich vorliegenden geruchlosen und unwirksamen Alliin entsteht. Um den Geruch zu überdecken, wird den Handelspräparaten oft Chlorophyll zugesetzt.

Knoblauchtrockenpulver lassen sich durch Entwässerung der Knoblauchzwiebel herstellen und enthalten sämtliche Inhaltsstoffe des Knoblauchs; bei Knoblauchölpräparaten fehlen die wasserlöslichen Bestandteile (z. b. Adenosin).

2.2.12 Lachsölkapseln

Die angebotenen Fischölpräparate enthalten die neuerdings vieldiskutierten ω-3-Fettsäuren in konzentrierter Form. Der pharmakologische

Einsatz dieser Fettsäuren wird durch den Befund begründet, daß bei Eskimos Arteriosklerose und schwere Herzkrankheiten trotz kalorien-, fett- und cholesterinreicher Ernährung ungewöhnlich selten vorkommen. Dies wiederum wird auf den hohen Gehalt ihrer Fischnahrung an hochungesättigten ω-3-Fettsäuren zurückgeführt. Dagegen überwiegen bei uns in allen gebräuchlichen Pflanzenfetten bei weitem die ω-6-Fettsäuren.

ω-3-Fettsäuren leiten sich von der Linolensäure durch Kettenverlängerung und/oder Einführung weiterer Doppelbindungen ab. Die dem Buchstaben ω folgende Zahl bezeichnet die Position der ersten im Fettsäuremolekül auftretenden Doppelbindung (s. Formelbeispiel), gerechnet vom Methylende des Moleküls. Handelsprodukte: Ameu®, Bilatin®, Omega®, Eicosapen®.

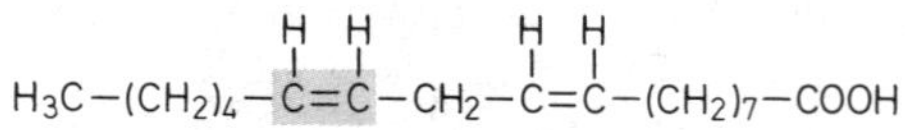

Linolsäure, die Stammverbindung der ω-6-Familie

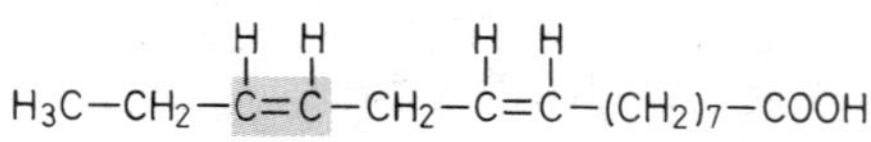

Linolensäure, die Stammverbindung der ω-3-Familie

Aufgrund der Doppelbindung zwischen dem dritten und vierten C-Atom werden Linolensäure und ihre Abkömmliche anders verstoffwechselt, als die Mitglieder der ω-6-Familie.

2.2.13 Eisenpräparate

Als Bestandteil des roten Blutfarbstoffs ist Eisen ein lebensnotwendiges Element. Die Gesamtmenge beträgt beim Erwachsenen etwa 4,5 g, der tägliche Bedarf zwischen 1 und 5 mg. Es sollten dem Darm aber 10 bis 15 mg Eisen pro Tag angeboten werden, da nur ein Bruchteil resorbiert wird – pflanzliches Eisen (z. B. in grünem Gemüse) wesentlich schlechter als tierisches Eisen (vor allem in Fleisch und Leber). Anzeichen eines Eisenmangels sind unter anderem: Erschöpfungszustände, Konzentrationsschwächen, brüchiges Haar. Eisenpräparate gelangen vor allem dann zum Einsatz, wenn ständige Blutverluste zu einem Eisenmangel führen, der sich durch die Nahrung nicht wieder ausgleichen läßt.

Der Markt liefert Eisenpräparate mit
- zweiwertigem Eisen, Fe(II),
- dreiwertigem Eisen, Fe(III),

- zweiwertigem oder dreiwertigem Eisen mit Zusätzen (Vitaminen, Spurenelementen).

Die Resorption des Eisens erfolgt im Dünndarm. In diesem Milieu löst sich Fe(II) wesentlich besser als Fe(III), so daß Präparate mit zweiwertigem Eisen um ein vielfaches besser aus dem Magen-Darm-Trakt aufgenommen werden als solche mit dreiwertigem Eisen. Allerdings ist zu berücksichtigen, daß bei Präparaten mit zweiwertigem Eisen Nebenwirkungen in Form von Reizungen der Magen-Darm-Schleimhaut häufiger auftreten als bei solchen mit dreiwertigem Eisen. Zusätze verbessern die Aufnahme des Eisens nicht. Der gesunde Organismus kann 5 bis 10% des angebotenen Eisens resorbieren, bei vorliegendem Eisenmangel anfangs bis zu 60%, wobei diese Rate meist bald wieder absinkt. Die Behandlung muß deshalb über einen längeren Zeitraum, oft über Monate, fortgeführt werden. Um Über- und Unterdosierungen zu vermeiden, sollte die Einnahme von Eisenpräparaten nur auf Anraten des Arztes erfolgen.

Handelsprodukte: Ferro Sano Ferro Sanol B®, Ferrum Hausmann®, Eryfer®, Ferrlecit®, Lösferron® und viele andere.

2.2.14 Arzneimittel gegen Schlafstörungen

Schlaf ist ein lebensnotwendiger Prozeß, bei dem in fast allen Organen Regenerations- und Aufbauvorgänge ablaufen. Deshalb sollten Schlafmittel nur eingesetzt werden, wenn die Ursachen der Schlafstörungen (z.B. erhöhte psychische Belastung oder auch organische Ursachen) nicht zu beheben sind, und auch dann nur vorübergehend.

Für das Wohlbefinden ist ein normaler Ablauf der verschiedenen Schlafphasen notwendig. Das ideale Schlafmittel, das einen dem natürlichen Schlaf gleichen Zustand hervorruft, fand sich noch nicht. Nach einer gewissen Zeit verlieren alle Schlafmittel an Wirksamkeit, und dies bringt die Gefahr einer Dosiserhöhung und der Abhängigkeit mit sich. Je nach Wirkungsdauer unterscheidet man Einschlafmittel und »Durchschlafmittel«.

Die in Schlafmitteln enthaltenen Wirkstoffe gehören den folgenden Stoffklassen an:

Harnstoff-Derivate: Zu dieser Gruppe zählen die Wirkstoffe Carbromal und Bromisoval, die in leichteren Schlafmitteln in den Handel gelangen und als Einschlafmittel eingesetzt werden. Bei Mißbrauch können sie zur Abhängigkeit und zu einer Bromidvergiftung führen.

Handelsprodukte: Carbromal ist enthalten in Mirfudorm®, Betadorm®, Betadorm® A, Doroma® und Lagunal®. Bromisoval befindet sich in Sekundal®, Sekundal®-D und Valacordin®.

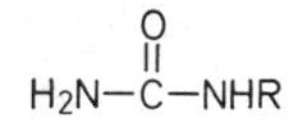

Grundschema der Harnstoff-Derivate

Harnstoff:	R = H
Carbromal:	R = $-CO-CBr(C_2H_5)_2$
Bromisoval:	R = $-CO-CHBr-CH(CH_3)_2$

Barbitursäure-Derivate (Barbiturate): Auch die Barbitursäure selbst geht letztlich auf Harnstoff zurück, indem dieser mit Malonsäure kondensiert ist. Barbiturate können je nach Dosis beruhigend, schlaffördernd oder betäubend, manchmal auch euphorisierend wirken, so daß Suchtgefahr gegeben ist. Deshalb sind Barbiturate dem Betäu-

Exkurs: Molekülvariationen am Beispiel der Barbiturate

Eine der wichtigsten Methoden in der pharmazeutischen Forschung besteht darin, bei pharmakologisch interessanten Molekülen kleinere Bestandteile des Moleküls (im Formelbild – siehe Seite 164, Tabelle 5 – mit R = »Rest« gekennzeichnet) zu variieren, um so die Eigenschaften der Substanz leicht abzuändern und in Hinsicht auf ihre Verwendung als Wirkstoff nach Möglichkeit zu verbessern.

Das Grundmolekül der Barbiturate bildet die Barbitursäure, die selbst unwirksam ist. Im Jahr 1882 wurde mit Barbital das erste als Schlafmittel verwendbare »Leitmolekül« der Barbiturate hergestellt. Es kam als starkes Schlafmittel unter dem Namen Veronal® in den Handel. Seine Wirkungsdauer ist jedoch so lang, daß es bei mehrfacher Verabreichung leicht zu unerwünschten Wirkungskumulationen kommt.

Durch Variation der im Formelbild mit R gekennzeichneten Reste ließen sich bisher etwa 1200 Derivate der Barbitursäure erzeugen. Dabei erkannte man, daß Wirkungsdauer und Zeitraum bis zum Wirkungseintritt abnehmen, je fettlöslicher (»lipophiler«) das Molekül ist (und je besser es dadurch bestimmte »Barrieren« im Körper überwinden, z. B. aus dem wäßrigen Blutsystem in das fettähnliche Milieu des Zentralnervensystems eindringen kann – »Blut-Hirn-Schranke«). Eine solche Lipophilisierung gelingt nach bekannten chemischen Mustern z. B. durch Einführung aromatischer Reste (Phenobarbital) oder Verlängerung und Verzweigung kettenförmiger Reste (Pentobarbital). Durch Ersatz des Wasserstoffs am Stickstoff (R^3) steigt weiterhin die Abbaubarkeit des Moleküls im Körper: Hexobarbital ist ein relativ kurz wirkendes Narkosemittel mit sofortigem Wirkungseintritt.

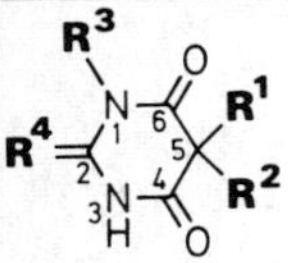	R^1	R^2	R^3	Fett/Wasser-Verteilungskoeffizient	Wirkungsdauer (in h)	Narkoseeintritt (min) (intravenös)
Barbital (Veronal®)	$-C_2H_5$	$-C_2H_5$	$-H$	1	12–24	22
Phenobarbital (Luminal®)	$-C_2H_5$	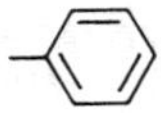	$-H$	3	10–18	12
Pentobarbital (Repocal®)	$-C_2H_5$	$-CH(CH_3)-C_3H_2$	$-H$	39	3–8	0,1
Hexobarbital (Evipan®)	$-CH_3$	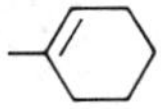	$-CH_3$	250	2–3	sofort

Tab. 5: Zusammenhang zwischen der Struktur einiger Barbiturate und ihren pharmakologischen Eigenschaften.

bungsmittelgesetz unterstellt. Die Struktur einiger Barbiturate und ihre Eigenschaften zeigt Tabelle 5.

Benzodiazepin-Derivate: Benzodiazepine sind vor allem als Tranquillizer (beruhigende Mittel) bekannt geworden (Valium®, Librium®, Tranxilium®). Aus dieser Gruppe kommen aber auch die derzeit am häufigsten verwendeten Schlafmittel. Werden höhere Dosen über einen längeren Zeitraum eingenommen, kann es nach Absetzen zu zentralnervösen Störungen, wie Schlaflosigkeit, Schwindel, Übelkeit und Verwirrung kommen. Das Grundschema dieser Gruppe und die Struktur einiger Vertreter zeigt Tabelle 6.

Wirkstoffe und Handelspräparate: Diazepam (Valium®), Temazepam (Planum®, Remestan®), Flurazepam (Dalmadorm®, Staurodorm®), Lormetazepam (Noctamid®), Nitrazepam (Mogadan®), Flunitrazepam (Rohypnol®), Triazolam (Halcion®).

	R^1	R^2	R^3	R^4	
Diazepam (Valium®)	$-CH_3$	$-H$	$-Cl$	$-H$	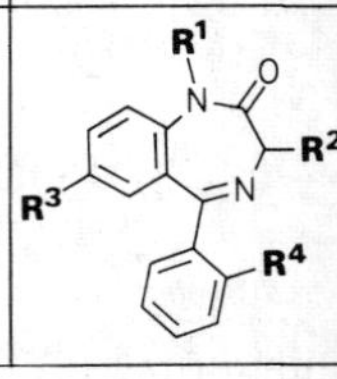
Temazepam	$-CH_3$	$-OH$	$-Cl$	$-H$	
Nitrazepam	$-H$	$-H$	$-NO_2$	$-H$	
Flunitrazepam	$-CH_3$	$-H$	$-NO_2$	$-F$	

Tab. 6: Benzodiazepin-Derivate.

Piperidindion-Derivate: Von diesen Substanzen, die ähnliche pharmakologische und toxikologische Eigenschaften wie die Barbiturate aufweisen, ist nur noch das Methyprylon (Noludar®) im Handel. Der gleichen Substanzklasse gehört das zu trauriger Bekanntheit gelangte Thalidomid (Contergan®) an.

Antihistaminika: Als leichtere Schlafmittel stehen einige Antihistaminika (siehe auch die Seiten 151 und 166) zur Verfügung. Bei ihnen wurde die Nebenwirkung (beruhigend und einschläfernd) zur Hauptwirkung erhoben. Zu dieser Gruppe gehören die Wirkstoffe Diphenhydramin (Halbmond®, Moradorm®) und Doxylamin (z.B. Gittalun®, Hoggar® N).

An Naturheilmitteln gegen Nervosität, innere Unruhe, Ein- und Durchschlafstörungen steht neben einer Vielzahl aus natürlichen Rohstoffen zubereiteter Arzneimittel eine Reihe von Heilpflanzentees zur Verfügung. Sie enthalten Baldrianwurzel, Johanniskraut, Passionsblumenkraut, Hopfenblüten, Orangenblüten, Melissenblätter, Lavendelblüten und auch Weißdornblüten.

2.2.15 Arzneimittel gegen Allergien

Gegen alle Substanzen, die der Körper als fremd erkennt, bildet er Abwehrstoffe. Die Fremdstoffe werden als »Antigene« (sie bestehen meist aus Aminosäuren und Kohlenhydraten), die Abwehrstoffe als »Antikörper« (es handelt sich um bestimmte Serumeiweiße) bezeichnet. Unter »Allergie« versteht man die übersteigerte Abwehrreaktion (Sensibilisierung) gegen Substanzen, die der Organismus bisher ertrug. Dabei wird das Gewebshormon Histamin aus den sogenannten »Gewebsmastzellen« freigesetzt. Dieses kann Heuschnupfen, allergisches Asthma, Nesselfieber und eventuell sogar einen lebensbedrohenden Schock bewirken.

Als auslösende Substanzen kommt eine Vielzahl von Stoffen in Frage. Zu den bekanntesten Antigenen zählen Blütenpollen, Tierhaare, Hausstaub, Hausstaubmilben und Kontaktstoffe in kosmetischen und industriellen Produkten.

Die kausale Therapie besteht in einer Hyposensibilisierung, einer Verringerung der Empfindlichkeit. Durch Einspritzen von genau definierten Antigenlösungen gewöhnt sich der Patient an das jeweilige Allergen (Stoff, der die Abwehrreaktion auslöst).

Bei Hausstaubmilben-Allergie kann ein spezielles Akarizid (chemisches Präparat zur Milbenbekämpfung) hilfreich sein (Acarosan®: Das schaumförmige Reinigungsmittel wirkt als Fraßgift und bindet gleichzeitig den Feinstaub der allergenhaltigen Exkremente).

Als Mittel zur Behandlung allergischer Erkrankungen (Antiallergika) dienen:

Antihistaminika: Sie konkurrieren mit dem Histamin, das aus den Gewebsmastzellen freigesetzt wird, und verdrängen dieses aus den Rezeptoren am Wirkungsort. Antihistaminika (siehe auch die Seiten 151 und 165) gehören zu den nebenwirkungsärmsten Arzneien. Sie lassen sich in ausreichender Dosis und über einen längeren Zeitraum geben.

Die Antihistaminika der ersten Generation weisen einen beruhigenden (sedierenden) Effekt auf, den Alkohol und zentraldämpfende Präparate verstärken. Vertreter der zweiten Generation enthalten Wirkstoffe, wie Astemizol (Hismanal®) und Terfenadin (Teldane®), die nicht sedieren, die Verkehrstüchtigkeit also auch nicht beeinflussen. Wechselwirkungen mit Alkohol und zentraldämpfenden Arzneimitteln, etwa auf der Basis von Diazepam, treten nicht auf.

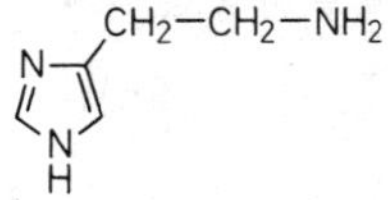

Histamin

Mastzellen-Stabilisatoren: Diese Stoffe stabilisieren die Mastzellenmembran und erschweren so den Austritt des Histamins. Ihre Anwendung muß vor dem Antigenkontakt erfolgen. Vertreter dieser Gruppe sind: Cromoglicinsäure (Lomupren®, Opticrom®, Vividrin®, Duracroman® und andere), Spagluminsäure (Naaxia Augentropfen®).

Eine ebenfalls prophylaktische Wirkung wird dem Ketotifen (Zaditen®) und dem Oxatomid (Tinset®) zugeschrieben.

Glucocorticoide (Glucosteroide): Hier ist Triamcinolon zu nennen, ein mittelstarkes Steroid. Eine kurzzeitige Gabe hat in den meisten Fällen keine ernsthaften Nebenwirkungen zur Folge.

Handelspräparate: Volon® A, Triam-Injekt®.

2.2.16 Appetitzügler

Die einzig wirksame Methode der Gewichtsreduktion besteht darin, die Kalorienzufuhr zu senken. Der Wunsch, das dabei aufkommende Hungergefühl zu dämpfen, führte zur Entwicklung der Appetitzügler. Mit Ausnahme des Mazindols (Teronac®) sind alle Substanzen den Catecholaminen, aromatischen Stoffen, die aus Aminosäuren hervorgehen (z. B. auch die Hormone Noradrenalin und Adrenalin), chemisch verwandt. (Die nachstehenden Formelbilder ermöglichen einen Vergleich der Strukturen des natürlich vorkommenden Noradrenalins mit dem synthetischen Appetitzügler Norpseudoephedrin.) Catecholamine fungieren im Körper vor allem als Steuerhormone für das vegetative Nervensystem. Appetitzügler greifen am Hypothalamus an, einer im Zentralnervensystem lokalisierten Leitstelle für die Steuerung dieses Systems, wo sich auch das Appetitzentrum befindet. Nebenwirkung ist eine zentrale Erregung des Herz-Kreislauf-Systems, es kann zu Abhängigkeit und Mißbrauch kommen.

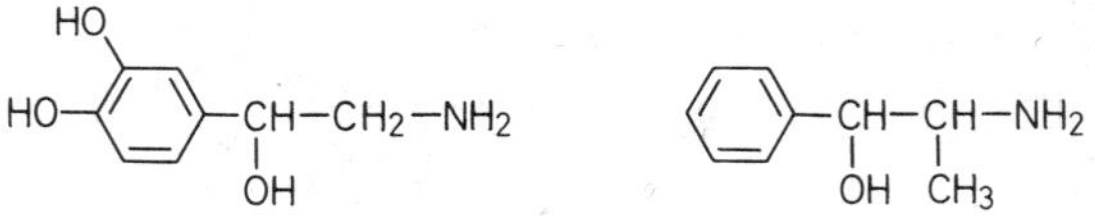

Noradrenalin — Norpseudoephedrin

Wirkstoffe: Amfepramon (Regenon®, Tenuate®), Mefenorex (Rondimen®), Levoprophylhexedrin (Eventin®), Mazindol (Teronac®), D-Norpseudoephedrin (Fugoa N, Recatol®, Mirapront® N), DL-Norephedrin-HCl. Bei diesem einzigen freiverkäuflichen Appetitzügler ist die zentralstimulierende Wirkung gering (Fugoa N, Recatol® N).

Wegen der Nebenwirkungen sollen Appetitzügler nicht länger als 20 bis 30 Tage eingenommen werden, da die appetithemmende Wirkung zudem nachläßt.

2.2.17 Antibakterielle Stoffe (Antibiotika)

Bei hartnäckigen oder gefahrvollen Erkrankungen sieht der Arzt sich oft gezwungen, Antibiotika zu Hilfe zu nehmen, um Risiken vorzubeugen. Ihr gezielter Einsatz erfordert das genaue Einhalten entsprechender Maßnahmen, sie sind keinesfalls zur Selbstmedikation geeignet.

Die üblichen Desinfektionsmittel (z.B. Phenol-Derivate, Quecksilber(II)-chlorid) töten Krankheitserreger zwar ab, wirken aber auch auf den menschlichen Körper überaus toxisch. Antibiotika und die anschließend besprochenen Chemotherapeutika verbinden dagegen eine hohe Toxizität für den Mikroorganismus mit einer verhältnismäßig guten Verträglichkeit für den menschlichen Organismus.

Während der Behandlung mit Antibiotika kommt es immer wieder zum Auftreten resistenter Krankheitserreger – Anlaß für die Forschung, laufend neue antiinfektiöse Wirkstoffe zu entwickeln. Diese Bildung resistenter Mikroorganismen ist der Grund dafür, warum der Umgang mit Antibiotika besondere Disziplin gebietet. Vor allem gilt es darauf zu achten, daß der Patient eine medikamentöse Behandlung nicht vorzeitig abbricht, denn dann besteht die Gefahr, daß die resistentesten Erreger überleben. Deshalb muß selbst nach Abklingen der akuten Beschwerden vorschriftsgemäß weiterbehandelt werden.

Bei Kombinationen von zwei oder mehr Antibiotika können sich deren Wirkungen potenzieren oder auch abschwächen (siehe Seite 176).

Im folgenden sei ein Überblick über die wichtigsten Klassen antibiotischer Stoffe gegeben.

Penicilline: Mit der Entdeckung des Penicillin G durch Alexander Fleming (1928) begann das Zeitalter der Antibiotika.

Allgemeine Formel der Penicilline

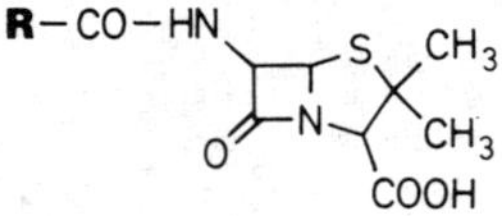

Internationaler Freiname	**R** (= Rest)	Anwendung	
		peroral*	parenteral**
Benzylpenicillin (Penicillin G)	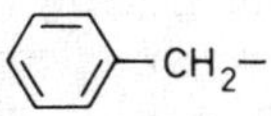	–	×
Penicillin V	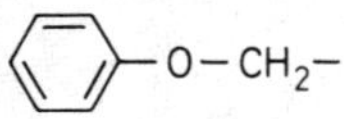	×	–
Phenethicillin	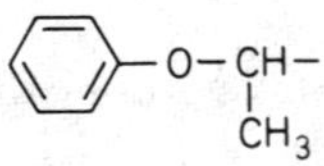	×	–
Propicillin	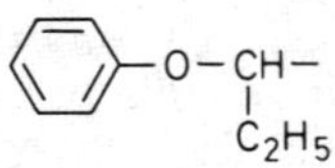	×	–
Oxacillin	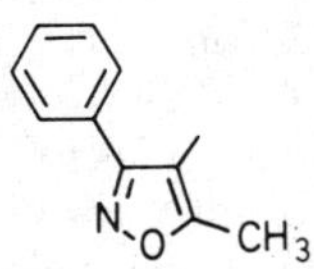	×	×
Ampicillin	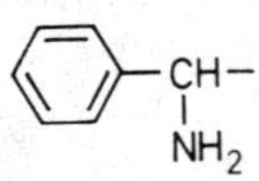	×	×
Carbenicillin	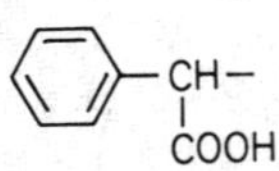	–	×

* peroral = durch den Mund

** parenteral = unter Umgehen des Verdauungswegs

Tab. 7: Penicilline. (Nach 20)

In der Folge wurde eine größere Zahl weiterer natürlicher Penicilline entdeckt. Grundkörper ist die 6-Aminopenicillansäure:

6-Aminopenicillansäure

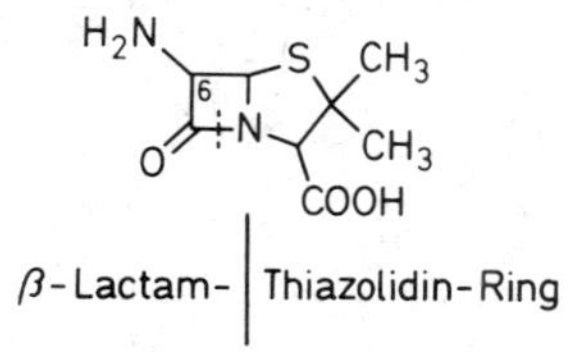

Labilität des β-Lactamrings (– – –) bedingt
- Säure-Instabililität
- β-Lactamase-Empfindlichkeit
- Fähigkeit zur kovalenten Proteinbindung (Allergie).

Die verschiedenen Penicilline (Tabelle 7) unterscheiden sich durch die Substituenten an der 6-ständigen Amino-Gruppe. Als Substituenten fungieren organische Säuren.
Auf der Basis dieser 6-Aminopenicillansäure wurden einige tausend Penicilline hergestellt, von denen nur etwa zehn therapeutische Bedeutung erlangten.
Der Wirkungsschwerpunkt der Penicilline liegt im gramnegativen Bereich. Die Risiken der Penicilline bestehen vor allem in allergischen Nebenwirkungen. Penicilline verursachen etwa 50% aller medikamentös bedingten Allergien (das sind 0,5 bis 10% der Behandelten). Die Allergien zeigen in der Regel allerdings milde Verlaufsformen.

Tetracycline: Tetracycline sind Breitbandspektrum-Antibiotika mit guter Verträglichkeit, die aus verschiedenen Arten der Bakteriengattung Streptomyces fermentativ oder halbsynthetisch hergestellt werden. Zu beachten ist, daß die Resorption von Tetracyclinen bei gleichzeitiger Aufnahme von Milch oder bestimmten Medikamenten (z.B. solche gegen Magenübersäuerung) durch Bildung unlöslicher Calcium-, Magnesium- oder Aluminium-Komplexe beeinträchtigt wird. Bei den Nebenwirkungen stehen gastrointestinale Störungen (Störungen der Darmflora und Schleimhautreizung) im Vordergrund (5 bis 20% der Fälle).
Allgemeine Formel der Tetracycline:

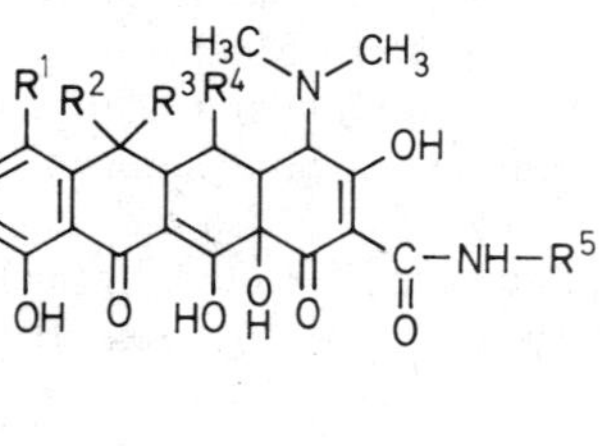

Neben diesen beiden großen Gruppen gibt es noch verschiedene andere wichtige, antibakteriell wirkende Antibiotika-Gruppen, wie Cephalosporine, Aminoglykosid-Antibiotika (z. b. Streptomycin), Gyrasehemmer und andere.

2.2.18 Chemotherapeutika

Chemotherapeutika unterscheiden sich von den Antibiotika lediglich in bezug auf ihre Herstellung (Antibiotika sind Stoffwechselprodukte von Mikroorganismen, Chemotherapeutika erhält man durch chemische Synthese), nicht aber in Struktur und Wirkung.

Sulfonamide: Mit der Entdeckung der antibakteriellen Eigenschaft der Sulfonamide durch Gerhard Johannes Paul Domagk gelang 1932 der entscheidende Durchbruch in der Chemotherapie bakterieller Infektionen.

Den Grundkörper aller Sulfonamide bildet das Sulfanilamid. In der Vergangenheit wurden einige tausend Sulfanilamid-Derivate synthetisiert, von denen eine Reihe Eingang in die therapeutische Praxis gefunden haben.

Die Wirksamkeit der Sulfonamide beruht darauf, daß der bakterielle Stoffwechsel zwischen ihnen und dem wichtigsten Wachstumsfaktor *p*-Aminobenzoesäure nicht unterscheiden kann (siehe Tabelle 8). Diese Verwechslung führt zu schweren Stoffwechselstörungen des Bakteriums.

2.2.19 Wissenswertes für die Praxis

Hinweise zur Einnahme von Medikamenten

Unabängig von dem jeweiligen Arzneimittel ist es hilfreich, die folgenden allgemeinen Hinweise für die Einnahme eines Medikamentes zu beachten.

Arzneimittel in aufrechter Haltung, Tabletten und Kapseln zudem immer mit einem Glas Flüssigkeit einnehmen. Medikamente, die buchstäblich im Halse stecken bleiben, können zu Verletzungen und sogar zu Geschwüren in der Speiseröhre führen.

Wasser ist am günstigsten, Fruchtsäfte sind wegen ihres Säuregehalts weniger zu empfehlen. Ebenso ist Milch zuweilen ungeeignet, weil sie die Wirkung einiger Arzneimittel beeinträchtigen kann (z. B. durch ihren Gehalt an Calcium-Ionen, die mit einigen Wirkstoffen unlösliche Verbindungen bilden). Nicht mit Milch eingenommen werden dürfen: die leicht abführende Substanz Bisacodyl (enthalten in Dulcolax®), Eisen(II)-Salze, Etidronsäure (Diphos®), Methotrexat (Methotrexat, Le-

	Internationaler Freiname	Handelsname®	R
Kurzzeit-Sulfonamide	Sulfisomidin	Aristamid	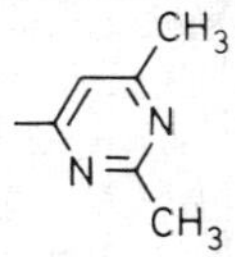
Mittelzeit-Sulfonamide	Sulfamethoxazol	Bactrim, Eusaprim (+ Trimethoprim)	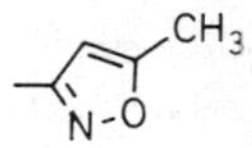
Langzeit-Sulfonamide	Sulfamethoxydiazin	Durenat	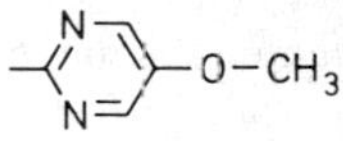

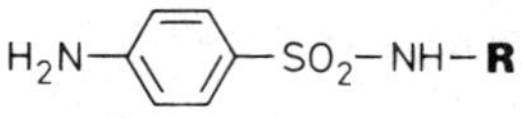

Sulfanilamid **R** = H

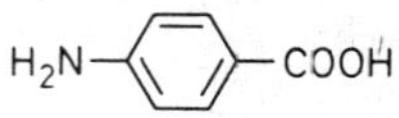

p-Aminobenzoesäure

Das einfachste »Sulfonamid« (diese Bezeichnung ist chemisch nicht ganz korrekt) ist das Sulfanilamid. In ihm ist die Carboxy-Gruppe der *p*-Aminobenzoesäure durch die ähnlich saure Sulfonamid-Gruppe ersetzt.
Die therapeutisch wertvollsten Substanzen erhält man durch Substitution eines Amid-Wasserstoffs durch einen zumeist heterocyclischen Rest (R).

Tab. 8: Chemie der Sulfonamide. (Nach 20)

derle), Natriumfluorid (Fluoretten®), Sotalol (Sotalex®), Tetracycline außer Doxycyclin (Vibramycin®) und Monocyclin (Klinomycin®).

Es ist bekannt, daß Arzneimittel nicht mit alkoholischen Getränken eingenommen werden sollten, da Alkohol die Arzneimittelwirkung in unerwünschter Weise zu beeinflussen vermag. In erhöhtem Maß gilt dies für Hypnotika, Sedativa, Psychopharmaka und Antihistaminika, deren Wirkungen und Nebenwirkungen sich durch Alkohol potenzieren können.

Der Zeitpunkt der Einnahme des Arzneimittels wird entweder vom Arzt festgelegt (diese Anweisung hat Priorität), oder ist dem Beipackzettel zu entnehmen. Im allgemeinen gilt: Für einen raschen Wirkungseintritt sorgt die Einnahme vor dem Essen auf nüchternen Magen, denn so gelangt das Medikament am schnellsten in den Blutkreislauf. Leider reizen viele Wirkstoffe die Magenschleimhaut so stark, daß man entsprechende Arzneimittel besser während oder nach der Mahlzeit einnimmt. Dadurch verzögert sich aber der Wirkungseintritt.

Arzneiformen und ihre Anwendung
Um Wirkstoffe anwenden oder ihre Eigenschaften optimieren zu können, müssen sie in bestimmte Arzneiformen (Darreichungsformen) gebracht werden. Nicht nur der Wirkstoff selbst, sondern auch die Arzneiform bestimmt Art und Intensität seines Einflusses auf den Körper. So wäre z.B. das Verabreichen von Penicillin G in Tablettenform wirkungslos, da die Magensäure dieses Penicillin zerstört.

Tabelle 9 zeigt die wichtigsten Arzneiformen und deren Anwendung.

Arzneimittelrisiken
Gefahren bei der Anwendung von Arzneimitteln lassen sich durch bestimmungsgemäßen Gebrauch zwar einschränken, aber nicht ganz aus-

Bezeichnung	Beschreibung	Anwendung, Eigenschaften, Hilfsstoffe
Tablette	Meist aus Granulat hergestellter Preßling	Anwendung: Peroral. Heute die meist verwendete Arzneiform
Dragée	Von Schutzschicht umhüllte, gewölbte Tablette	Anwendung: Peroral. Hüllen bestehen aus Zucker, Lacken, Wachsen. Zweck der Dragierung: Abdeckung schlechten Geschmacks, zeitlich unterschiedliche Freisetzung des Wirkstoffs (Depotwirkung, bequeme Einnahme)
Kapsel	Wirkstoff in Gelatinebehälter. Hartkapsel: 2 Hälften, für Pulver, Granulate. Weichkapsel: einteilig, Inhalt pastös-flüssig	Anwendung: Peroral. Genauere Dosierung (±1%) möglich als bei Tabletten. Optimaler Schutz vor Licht, Luft, Feuchtigkeit
Zäpfchen (Suppositorium)	Feste, walzenförmige Arzneizubereitung, die bei Körpertemperatur schmilzt	Anwendung: Rektal, vaginal. Rascher Wirkungseintritt unter Umgehung des Verdauungstraktes. Oft an Kinder verabreicht. Grundmasse: Fettähnlich, Gelatine-Glycerin-Wasser-Gemisch

Bezeichnung	Beschreibung	Anwendung, Eigenschaften, Hilfsstoffe
Salbe	Arzneizubereitungen streichfähiger Konsistenz. Wasserhaltige Salben werden als Cremes bezeichnet	Anwendung: Äußerlich auf Haut und Schleimhäute
Lösung	Klare, flüssige Arzneiform, die den Wirkstoff in gelöster Form enthält. Je nach Konzentration spricht man von *Tropfen* oder *Saft*. Auch Ampullen und Aerosole enthalten Lösungen	Anwendung: Peroral, intravenös, intramuskulär, äußerlich (Nasentropfen). Lösemittel: vor allem Wasser und Alkohol. Zur Verbesserung der Haltbarkeit Konservierungsmittel
Aerosol	Treibgashaltiges Ventilgefäß mit Wirkstofflösung oder -suspension. Zuweilen Dosieraerosole, die auf Druck nur bestimmte Wirkstoffmenge freigeben.	Anwendung: Inhalation. Hilfsstoffe: Lösemittel, Treibgas
Ampulle	Lösung oder Suspension in zugeschmolzenem Galsgefäß	Anwendung: Injektion (es gibt auch Trinkampullen, die besonders gekennzeichnet sind). Hilfsstoffe: Lösemittel, Salze zur Einstellung der Isotonie. Schnellster Wirkungseintritt. Umgehung der Magen-Darm-Absorptionsschranke

Weitere Arzneiformen: Suspension (homogen scheinendes Gemisch, fest-flüssig), Emulsion (homogen scheinendes Gemisch, flüssig-flüssig, wie Milch oder Mayonnaise), Pastillen, Pflaster, Pillen, Puder, Tinkturen, Sirupe, Einreibungen.

Tab. 9: Die wichtigsten Arzneiformen. (67)

schließen. Dies gilt besonders für die medikamentöse Therapie von Erkrankungen mit stark wirkenden Arzneimitteln. Deshalb muß der Arzt immer Nutzen und Risiko der Behandlung und das Risiko durch die Erkrankung gegeneinander abwägen. Im Falle einer Selbstmedikation ist aufgrund dieser Arzneimittelrisiken zurückhaltender und vorschriftsmäßiger Gebrauch von Arzneimitteln oberstes Gebot. Insgesamt sind fünf Risikogruppen zu beachten:

- Nebenwirkungen,
- Gewöhnung, Sucht,
- Wechselwirkungen mit anderen Stoffen,
- Resistenzbildung,
- Gegenanzeigen (Kontraindikationen).

Nebenwirkungen (unerwünschte Wirkungen)

Bei repräsentativen Langzeitbeobachtungen ließen sich für fast alle Arzneimittel Nebenwirkungen feststellen. Die Wahrscheinlichkeit solcher Nebenwirkungen ist um so größer, je wirksamer das Mittel ist. Hierzu der Pharmakologe Gustav Kuschinsky: »Wenn behauptet wird, daß eine Substanz keine Nebenwirkungen zeigt, so besteht der dringende Verdacht, daß sie auch keine Hauptwirkungen hat.« Dosis, Dauer der Einnahme und individuelle Faktoren spielen dabei eine bedeutende Rolle. Die weitaus meisten Nebenwirkungen sind leichter Natur (Müdigkeit bei Mitteln gegen Bluthochdruck, Hautrötung, Lichtempfindlichkeit usw.) und verschwinden nach Absetzen des Arzneimittels oder müssen sogar in Kauf genommen werden. Sehr häufig treten, wie bei vielen anderen Stoffen, auch bei Medikamenten allergische Reaktionen auf (Beispiel: Penicillin, siehe Seite 168). In wenigen Fällen kommt es jedoch zu ernsthaften Schädigungen bis hin zu tödlichen Zwischenfällen – zumeist dann, wenn sehr schwere Erkrankungen den Einsatz stärkster Mittel in hohen Dosen verlangen.

Gewöhnung, Sucht

Diese Seite der Arzneimittelrisiken steht in engem Zusammenhang mit der Drogenproblematik. Folgende Arzneiklassen können zu einer psychischen, aber auch physischen Abhängigkeit führen:

– starke Schmerzmittel (insbesondere Morphin, immer noch eine der stärksten schmerzstillenden Substanzen),

Rauschmittel	Wirkungen		Gefahren	
	kurzfristig	langfristig	kurzfristig	langfristig
Haschisch	Denken und Sinneswahrnehmungen verändern sich	Konzentrationsschwäche, Antriebslosigkeit, Angstzustände, Depressionen, Persönlichkeitsabbau	Angst- und Panikzustände	seelische Abhängigkeit, Auslösung von Psychosen "flash-back" (Echo-Rausch)
LSD	starke Halluzinationen	Angstzustände, Verfolgungswahn, Persönlichkeitsabbau, Geisteskrankheiten können ausgelöst werden	starke Angstzustände (Horrortrips), Kurzschlußhandlungen	seelische Abhängigkeit „flash-back"

Rauschmittel	Wirkungen		Gefahren	
	kurzfristig	langfristig	kurzfristig	langfristig
Cocain	stark aufputschend, Selbstüberschätzung, Sinnestäuschungen	schwere Depressionen, Verfolgungswahn, Aggressionen, Schlaflosigkeit, körperlicher Verfall	Kurzschlußhandlungen	starke seelische Abhängigkeit
Heroin	Schmerz- und Angstgefühle werden blokkiert, sehr starke seelische und körperliche Abhängigkeit	Persönlichkeitsverlust, völliger körperlicher Verfall, Gelbsucht durch unsaubere Spritzen, Zwang zur Beschaffungskriminalität	tödliche Überdosis	sehr starke seelische und körperliche Abhängigkeit
Beruhigungsmittel (Barbiturate, Tranquilizer)	dämpfend, teilweise angstlösend, schlaffördernd	Nachlassen des Reaktions- und Konzentrationsvermögens. Je nach Zusammensetzung des Mittels Leberschäden, Schädigungen im Blutbild, Kreislaufstörungen, Beeinträchtigung der gesamten Persönlichkeit. Depressionen und Wahnvorstellungen sind möglich	Vergiftungen, bei Barbituraten und gleichzeitigem Alkoholkonsum Verstärkung der Wirkung, tödlicher Ausgang möglich	starke seelische und teilweise auch körperliche Abhängigkeit, chronische Vergiftung
Schmerzmittel	Schmerzstillung, angenehmes Körpergefühl	seelische Abstumpfung, Leber- und Nierenschäden	Vergiftung	seelische und teilweise auch körperliche Abhängigkeit

Rauschmittel	Wirkungen		Gefahren	
	kurzfristig	langfristig	kurzfristig	langfristig
Weckmittel (Aufputschmittel)	überwach, aufgedreht, vermeintlich gesteigerte Leistungsfähigkeit, gesteigertes Selbstwertgefühl	Gereiztheit bis Aggressivität, Schlaflosigkeit, Depressionen, Herabsetzung der Kritikfähigkeit, Verfolgungswahn	Vergiftung	starke seelische Abhängigkeit, Kollaps, Herzversagen
Schnüffelstoffe	Rausch mit vermeintlich gesteigerten Sinneswahrnehmungen, Bewußtseinstrübung	Schwindel, Schlaflosigkeit, Kopfschmerzen, schwere Leber-, Gehirn-, Nervenschäden	Angst- und Panikreaktionen, Bewußtlosigkeit, Erstickungstod	seelische Abhängigkeit, Knochenmarkschäden
Alkohol	Abnahme der Kritikfähigkeit, Einschränkung des Reaktionsvermögens, Verlust der Kontrolle über Sprache und Bewegung	schwere Schädigungen der Leber, des Herzens und der Bauchspeicheldrüse, Gehirnschäden (z.B. Nachlassen des Gedächtnisses), verminderte Leistungsfähigkeit, Depressionen	tödliche Lähmung	starke körperliche und seelische Abhängigkeit

Tab. 10: Rauschmittel – ihre Wirkungen und Gefahren. (Nach 10)

- Schlafmittel (insbesondere Barbiturate),
- Aufputschmittel, Weckmittel, Stimulanzien.
- Beruhigungsmittel (führen eher zu psychischer Abhängigkeit).

Tabelle 10 gibt die Wirkungen und Gefahren der wichtigsten Drogen wieder.

Wechselwirkungen mit anderen Stoffen

Wer mehrere Arzneimittel gleichzeitig einnimmt, läuft Gefahr, daß sich diese gegenseitig beeinflussen (z.B. chemisch miteinander reagieren)

Exkurs: Beispiele für Wechselwirkungen

Wirkungsverstärkungen: Blutgerinnungsmittel (nach Herzinfarkt) und harmlose Kopfschmerztabletten (Gefahr lebensgefährlicher Blutungen). Therapeutisch genutzt: Kombinationen bestimmter Sulfonamide (Wirkungsverstärkung bei bakteriellen Erkrankungen).
Wirkungsabschwächung: Aktivkohle und viele Wirkstoffe (physikalische Adsorption); Tetracycline und Speisen mit hohem Calcium-Gehalt, z. b. Käse! (Bildung unwirksamer Komplexe).
Andere Wechselwirkungen: Viele zunächst unerklärliche Nebenwirkungen werden heute als Wechselwirkungen mehrerer Wirkstoffe gedeutet.

und sich dadurch überraschende, möglicherweise sogar gefährliche Wirkungen einstellen. Solche Effekte können sich sogar bei Kombination von Medikamenten mit bestimmten Nahrungsmitteln ergeben.

Gegenanzeigen (Kontraindikationen)
Als Gegenanzeigen werden in den Packungsbeilagen der Arzneimittel solche Krankheiten aufgeführt, bei deren Vorliegen sich die Anwendung des Mittels verbietet. Ein Mittel, das schleimhautreizende Wirkung hat, sollte z. B. verständlicherweise nicht bei Patienten mit Magenschleimhautentzündung angewendet werden. Es ist also stets ratsam, sich solche Hinweise genau durchzulesen und Unklarheiten mit dem Arzt zu besprechen.

Kapitel 3
Chemie in der Küche: Würzstoffe, Hilfsstoffe, Konservierung

»Iß und stirb. Chemie in unserer Nahrung«, lautet der unmißverständliche Titel eines Buches. Mit akribischer Genauigkeit fügten die Autoren eine Unzahl von Veröffentlichungen zu einem Lagebericht zusammen, der die Prognose des Titels zu rechtfertigen scheint. Dieser Bericht ist nur einer aus einer ganzen Serie ähnlicher Negativdarstellungen. Im Gegensatz dazu erachtet eine Vielzahl anderer Wissenschaftler das gesundheitliche Risiko, das durch chemische Zusatzstoffe und Schadstoffe in der Nahrung entsteht, als »relativ gering«. Trotzdem scheint die Konstellation Chemie-Nahrung im öffentlichen Bewußtsein den Status einer unheiligen Allianz eingenommen zu haben.

So aktuell und wichtig eine Diskussion dieses Zusammenhangs von Chemie und Ernährung auch sein mag, entsprechend der Konzeption des vorliegenden Bandes kann der Aspekt der Belastung von Lebensmitteln durch Chemikalien hier nicht zur Sprache kommen. Wir wollen uns vielmehr mit chemischen Produkten befassen, die industriell hergestellt und ausdrücklich zur Verwendung in der Küche angeboten werden. Die Abgrenzung, was hier als »chemisches Produkt« gilt, fiel nicht leicht. Es gibt zwar nur eine Handvoll echter petrochemischer Erzeugnisse für die Küche, aber fast jedes unserer Lebensmittel kam mit Chemie in Berührung und wurde industriell bearbeitet, verändert, verbessert. Zur Eingrenzung des Themenkreises entschlossen wir uns daher, vorwiegend solche Produkte bzw. Produktgruppen zu behandeln,

- die petrochemisch hergestellt werden (z. B. Süßstoffe),
- die aus natürlichen Produkten isoliert (z. B. Haushaltszucker aus Zuckerrüben) oder daraus durch chemische Prozesse hergestellt werden (z. B. Traubenzucker aus Stärke) und die
- nicht nur industriell Verwendung finden, sondern auch für den Gebrauch in der Küche bestimmt sind. Die ebenfalls aufgenommene »Lebensmittelzutatenliste« und der Abschnitt über die Konservierung entsprechen diesen Auswahlkriterien in vielen Fällen zwar nicht mehr. Doch helfen sie dem Verbraucher, die zum Teil verschlüsselten Angaben auf den Etiketten verpackter Lebensmittel zu entziffern und sich kritisch mit den künstlichen und natürlichen Zutaten in Lebensmitteln auseinanderzusetzen.

3.1. Würzstoffe

Ob uns eine Speise schmeckt, hängt wesentlich von den Geruchs- und Geschmacksstoffen ab, die sie enthält. Entgegen der üblichen Meinung sagt uns der Geruch einer Speise sogar mehr über sie aus als ihr Geschmack. Denn die Nase kann Hunderte von verschiedenen Düften unterscheiden, die Zunge hingegen nur die vier Geschmacksqualitäten »süß«, »sauer«, »salzig« und »bitter«.

3.1.1 Produkte zum Säuern

Das Säuern von Speisen geschieht aus Geschmacksgründen und zur Haltbarmachung von Lebensmitteln (letzteres siehe im Kapitel über Lebensmittelkonservierung, Seite 206ff.). Als Wirkstoffe verwendet man Essigsäure, Weinsäure, Citronensäure, Milchsäure und Adipinsäure. In den Haushalt gelangen vor allem Essigessenz, die verschiedenen Gärungsessige und vielleicht Citronensäure. Die übrigen Genußsäuren finden nur in der Lebensmittelproduktion Anwendung.

Essig
Essig wird schon seit mindestens 5000 Jahren als Gewürz eingesetzt. Seine sauer schmeckende wirksame Substanz ist die Essigsäure, die bei

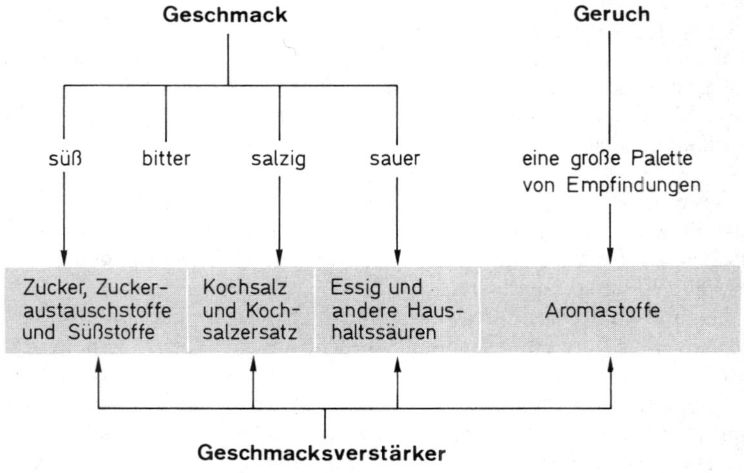

Abb. 11: Das Schema zeigt den Zusammenhang von Geschmacks- und Geruchsstoffen.

der Vergärung (»Essigsäuregärung«) von alkoholhaltigen Lösungen entsteht (Gärungsessig):

$$CH_3CH_2OH + O_2 \rightarrow \text{Essigbakterien } CH_3COOH + H_2O$$
$$\text{Alkohol + Sauerstoff} \rightarrow \text{Essigsäure + Wasser.}$$

Essigsäure wird heute aber auch auf synthetischem Wege gewonnen (vergleiche »Essigessenz«). Die Essigsäure im Gärungsessig ist mit jener im Essig synthetischer Herkunft identisch.

Gärungsessig
Je nach den Rohstoffen, aus denen die Herstellung erfolgte, unterscheidet man verschiedene Essigarten:

Weinessig wird ausschließlich aus Wein hergestellt und hat eine Säurestärke von 6%. Er gilt als besondere Spezialität für die feine Küche. Wer auf unvermischten Weinessig Wert legt, sollte das Etikett genau durchlesen, auf dem ein Verschnittanteil deklariert werden muß (siehe Wein-Branntwein-Essig).

Für *Branntweinessig* bildet Agraralkohol die Grundlage, der seinerseits aus Zuckerrüben, Korn und Kartoffeln erzeugt wurde. Meist kommt er als »Tafelessig« in einer Säurestärke von 5% in den Handel.

Wein-Branntwein-Essig ist wohl die am meisten verwendete Essigsorte. Als Gemisch aus Weinessig und Branntweinessig (Spritessig) sind deren Anteile auf dem Etikett auszuweisen. Seine Säurestärke beträgt 5%.

Obstessig wird bei uns überwiegend aus Apfelwein gewonnen und besitzt eine Säurestärke von 5%. Zur Zubereitung frischer Salate gilt er als besonders schmackhaft.

Kräuteressig ist keine Essigart im obigen Sinn, sondern ein besonders zubereiteter 5%iger Essig, der nach Zusatz von Kräutern (Estragon, Dill, Melisse usw.) oder Kräuterauszügen und längerer Lagerzeit zum Verkauf gelangt.

Essigessenz
Die Bezeichnung bezieht sich auf synthetisch produzierte Essigsäure, die mit Wasser verdünnt ist. In 100 g Essigessenz sind zwischen 15,2 g und 25 g Essigsäure enthalten.

Unverdünnte Essigsäure wirkt ätzend, aber auch eine auf 25% verdünnte Essigsäure ist gesundheitlich nicht unbedenklich. Deshalb und zur besseren Dosierung sollte man Essigessenz weiter bis auf 5% verdünnen (Meßeinheiten in den Haushaltsflaschen beachten). Das auf Genußstärke, d. h. bis 5% verdünnte Produkt heißt »Essig aus Essigsäure«.

Essigessenz ist reinsauer, in ihr finden sich im Gegensatz zu den Gärungsessigen also keine zusätzlichen Aromastoffe. Infolge dieser Geschmacksneutralität hebt Essigessenz beim Beimischen von Kräutern diesen Kräutergeschmack besonders hervor (aromatisierte Essenzen und Kräuter-Essigessenzen). Manche Essenzen sind mit Zuckercouleur (siehe »Lebensmittelfarbstoffe«, Seite 200) braun angefärbt.

Weitere Genußsäuren

Weinsäure ist eine farblose, kristalline Substanz, die aus Weinstein (dem sauren Kaliumsalz der Weinsäure) gewonnen wird. Weinstein fällt bei der Weinherstellung an. Weinsäure findet in der Obstverarbeitungsindustrie, der Getränke-, Süßwaren- und Backhilfsmittelindustrie (siehe »Backpulver«, Seite 199) Verwendung.

Citronensäure tritt in größeren Mengen in Zitronen auf, mit geringerem Anteil aber auch in vielen anderen Früchten. Sie gelangt als farbloses, kristallines Pulver oder – mit einem Molekül Kristallwasser (so nennt man am Aufbau von Kristallen beteiligtes Wasser) – als farblose, verwitterte Kristalle in den Handel. Großtechnisch wird sie vor allem durch Vergärung zuckerhaltiger Lösungen mit Hilfe der Pilzart *Aspergillus niger* gewonnen. (Siehe auch »Lebensmittelzutatenliste«, Seite 201.)

Milchsäure zeigt sich in zwei unterschiedlichen Formen, die man als »rechtsdrehende« und »linksdrehende« Milchsäure bezeichnet: Bei gleicher Summenformel, $CH_3{-}CH(OH){-}COOH$, unterscheiden sich die Moleküle voneinander wie Bild und Spiegelbild. Milchsäure entsteht beim Vergären von Kohlenhydraten mit Hilfe von Milchsäurebakterien, z.B. beim Sauerwerden der Milch und bei der Säuerung pflanzlicher Produkte (Sauerkraut, saure Bohnen, Sauerteig). Je nach Bakterienstamm entwickelt sich hierbei rechtsdrehende oder linksdrehende Milchsäure oder ein Gemisch aus beiden. Großtechnisch wird Milchsäure durch Vergären von Kartoffelmehl oder anderen stärkereichen Produkten hergestellt. Sie kommt als farblose, stark wasseranziehende, viskose Lösung auf den Markt.

Gärungsessige	Essigessenz
durch Aromastoffe fruchtiger Geschmack	reiner Essigsäuregeschmack der den Geschmack der Speise nicht verdeckt
kein Chemieprodukt	»Naturgleiches« Produkt, d.h. es gibt keinen Unterschied zur natürlichen Essigsäure
teurer	billiger (bezogen auf Gehalt an Essigsäure)
kann verderben (Essigälchen, Weitergärung)	keine Verderbnisgefahr, da aufgrund des synthetischen Charakters keine unkontrollierte Gärung möglich

Tab. 11: Argumente in der Diskussion Gärungsessige – Essigessenz

3.1.2 Produkte zum Salzen

Kochsalz (Speisesalz)
In bezug auf die Gebrauchsmenge übertrifft Kochsalz alle anderen zur Geschmacksanhebung unserer Nahrung benutzten Zusatzstoffe. Es wirkt nicht nur durch seinen Eigengeschmack, sondern verstärkt zudem den Geschmack der übrigen Zutaten (vergleiche unter »Geschmacksverstärker«, Seite 192). Darüber hinaus ist Salz ein wichtiger Bestandteil des menschlichen Organismus. Mit den Ausscheidungen gehen dem Körper etwa 5 g Kochsalz pro Tag verloren, die durch die Nahrung ergänzt werden müssen. Da die Industrie viele Lebensmittel mit Salz behandelt, liegt die durchschnittliche Salzaufnahme beträchtlich höher als 5 g. Da dies, insbesondere bei einer Veranlagung zu Bluthochdruck, mit Risiken verbunden ist, sollte man mit Salz zurückhaltend umgehen.

In der Küche dient Kochsalz auch als Konservierungsmittel (siehe Tabelle Seite 209). Trockenes Salz und konzentrierte Salzlösungen entziehen eingelegtem Fleisch oder Gemüse einen Teil des Zellwassers durch Osmose. Die entwässerten Lebensmittel sind danach haltbarer. Der mit »Osmose« bezeichnete Vorgang beruht darauf, daß die Poren der Zellwände nur für Wassermoleküle, nicht aber für die wesentlich größeren Moleküle der in Wasser gelösten Substanzen durchlässig sind. Nach Einlegen der frischen Lebensmittel in eine Salzlösung kann der notwendige Konzentrationsausgleich nur so erfolgen, daß die Zellen Wasser verlieren, bis die Zellsäfte auf die Konzentration der Salzlösung eingedickt sind.

Beim Kochen von Gemüse wird dem Kochwasser eine Prise Salz zugesetzt. Die Konzentration der Zellsäfte des Gemüses ist nämlich höher als die des verwendeten Leitungswassers, ohne Salzzusatz würde daher Wasser in die Pflanzenzellen eindringen und das Gemüse auslaugen.

Das zum Verkauf angebotene Kochsalz ist mehr oder weniger reines Natriumchlorid ($NaCl$), das Wasser, bis zu 2,5% Fremdsalze (darunter Magnesium- und Calciumchlorid) sowie verschiedene Spurenelemente enthalten kann. Magnesiumchlorid sorgt für das Feuchtwerden von Kochsalz, denn völlig reines Natriumchlorid ist nicht hygroskopisch (wasseranziehend).

Die Zugabe einer geringen Menge von Calciumcarbonat oder Magnesiumcarbonat (0,25 bis 2%) bzw. 20 ppm* Kaliumhexacyanoferrat(II) verhindert das Verklumpendes Salzes. Um seine Streufähigkeit zu erhalten, dürfen bis zu 10 g wasserbindende Mittel (kolloide Kiselsäure usw.) pro kg Salz ohne Deklarationspflicht zugesetzt werden.

Ausgangsprodukte für tafelfertiges Speisesalz bilden Steinsalz, Siedesalz und Meersalz.

* ppm (»Parts per million«) bedeutet: ein Teilchen pro einer Million Teilchen.

Steinsalz: Hierbei handelt es sich um in Salzlagerstätten vorkommendes Salz, das bergmännisch abgebaut und für Speisezwecke aufbereitet wird.

Siedesalz: Es läßt sich durch Eindampfen von Salzlösungen (Solen) gewinnen.

Meersalz: In Salinen verdampftes Meerwasser liefert Meersalz, das jedoch keine speziellen Würzeigenschaften besitzt. Von der häufig behaupteten positiven Wirkung seiner Spurenelemente auf unsere Gesundheit sind Ernährungswissenschaftler nicht überzeugt. Denn die Zusammensetzung von Meersalz entspreche dem Bedarf des menschlichen Organismus an Spurenelementen kaum. Eine mögliche Störung des Gleichgewichts im Mineralstoffhaushalt des Körpers durch ständige undosierte Zufuhr von Spurenelementen schließen sie nicht aus.

Abgesehen von den Vorbehalten in bezug auf Meersalz ähneln die einzelnen Markterzeugnisse einander in ihren Gebrauchseigenschaften so sehr, daß sich eine differenzierte Gegenüberstellung erübrigt.

Kochsalzpräparate

Sie entstehen durch Beigabe weiterer Substanzen, wie Iod, Fluor oder Gewürzen, zu Kochsalz.

Iodiertes Speisesalz wird regional zur prophylaktischen Bekämpfung des Kropfes eingesetzt.

Fluoridiertes Kochsalz enthält neben 10 mg pro kg Kaliumiodid zusätzlich 200 mg pro kg Natriumfluorid, um der Karies vorzubeugen. (Diese Maßnahme ergriff man z. B. in der Schweiz.)

»Gewürzsalze« bedeuten eine Mischung von 50 bis 70% Kochsalz mit Gewürzkräutern.

Kochsalzersatz

Der schädliche Einfluß von Kochsalz auf einige Krankheitsbilder, insbesondere den Bluthochdruck, beruht nicht auf dem Chlorid-Ionen-Anteil dieser Verbindung, sondern allein auf ihrem Natrium-Ionen-Anteil. Bei diesen Krankheiten kommt es also nicht nur auf eine kochsalzarme Ernährung, sondern auf eine insgesamt natriumarme Ernährung an. Für entsprechende Diäten werden verschiedene natriumfreie Salzgemische als Kochsalzersatz angeboten. Der Geschmack der Gemische läßt sich allenfalls als kochsalzähnlich bezeichnen. Es handelt sich um Kalium-, Calcium-, Magnesium- und Cholin-Salze der Adipin-, Bernstein-, Glutamin-, Kohlen-, Milch-, Salz-, Wein-, Schwefel- und Citronensäure.

Regeneriersalz im Haushalt

In Ionenaustauschern, wie sie in Geschirrspülern eingebaut sind, werden die Härtebildner des Wassers (Calcium- und Magnesium-Ionen) gegen Natrium-Ionen ausgetauscht. Wenn die Kapazität dieser Ionenaustauscher erschöpft ist, müssen die Calcium- und Magnesium-Ionen mit konzentrierten Natriumchlorid-Lösungen wieder ausgeschwemmt und gegen Natrium-Ionen ausgetauscht werden. Im Gegensatz zu Speisesalz darf Regeneriersalz deshalb keine Calcium- und Magnesium-Ionen enthalten.

3.1.3 Produkte zum Süßen

Der süße Geschmack, den viele Naturprodukte aufweisen, beruht zumeist auf Inhaltsstoffen, die zur chemischen Stoffklasse der »Zucker« gehören. Zucker sind eine Untergruppe der »Kohlenhydrate«, zu denen auch Stärke und Cellulose zählen. Die wichtigsten Zucker sind:
- Glucose (Traubenzucker),
- Fructose (Fruchtzucker),
- Saccharose (Rohrzucker, Rübenzucker),
- Maltose (Malzzucker),
- Lactose (Milchzucker).

Außer den Zuckern ist inzwischen eine große Zahl weiterer Verbindungen bekannt, die die Geschmacksqualität »süß« vermitteln, ohne das Bauprinzip der Zucker zu besitzen. Nur wenige von ihnen werden im Handel zum Süßen von Speisen und Getränken angeboten:

– Sorbit – Xylit – Mannit	Polyalkohole, die, wie die oben erwähnten Zucker, auch in der Natur vorkommen
– Saccharin – Cyclamat – Aspartam	synthetische Verbindungen.

Eine Übersicht über die Zuordnung der verschiedenen Süßmittel gibt Abbildung 12.

Zucker

Saccharose: Im engeren, allgemeinsprachlichen Sinn bezeichnet »Zukker« das aus Glucose und Fructose zusammengesetzte Disaccharid »Saccharose«. Dieses aus zwei Zuckermolekülen aufgebaute Kohlenhydrat ist in vielen Früchten (Erdbeeren, Ananas), aber auch in Wurzelgemüsen (Karotten, rote Rüben) enthalten. Mit einem Anteil von 99,7% bildet Saccharose den Hauptinhaltsstoff unseres Haushaltszuckers, der das wichtigste Süßmittel darstellt. Die übrigen Zucker

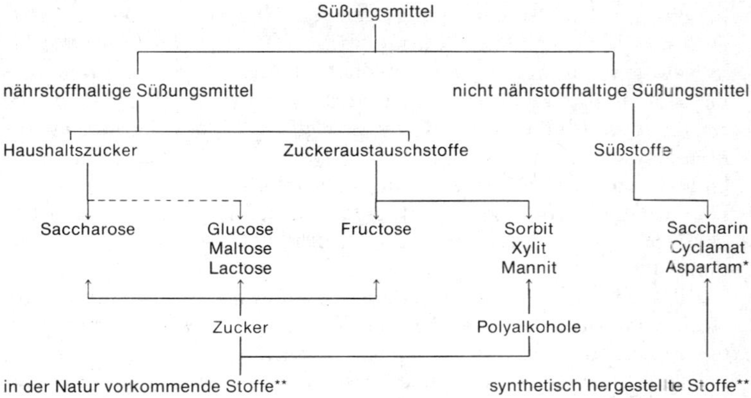

Abb. 12: Produktklassen und ihre chemische Zuordnung.
* Vergleiche aber die Werte für Aspartam, siehe Tabelle 12, Seite 191.
** Das Attribut »natürlich« wird in der Werbung oft mißbraucht. »Natürlich« und »synthetisch« sagen nichts über die Verträglichkeit eines Stoffes aus.

(Glucose, Fructose, Maltose und Lactose) werden lediglich zu Sonderzwecken eingesetzt.

Zur Energieversorgung benötigt unser Körper normalerweise keine zusätzliche Zuckerzufuhr, denn der natürliche Zucker- und Stärkegehalt in Lebensmitteln reicht völlig aus.

Nach einer weitverbreiteten Auffassung begünstigt eine übermäßige Aufnahme von isoliertem Zucker (als »übermäßig« gilt ein Pro-Kopf-Verbrauch von mehr als 60 g Zucker täglich; in Deutschland etwa liegt er dagegen bei 100 g täglich) verschiedene Krankheiten, wie Übergewicht, Arteriosklerose, Diabetes, Verdauungsstörungen. Wissenschaftlich belegen läßt sich diese Vermutung bisher nicht. Die amerikanische Gesundheitsbehörde »Food and Drug Administration« (FDA) kam in einer Studie zu dem Ergebnis, »daß – abgesehen von Karies – der in den USA übliche hohe Zuckerkonsum keinen eigenständigen Risikofaktor für die Entstehung von Krankheiten darstellt«. (4)

Trotzdem ist bei der Verwendung von Haushaltszucker als »leerem Kalorienträger« Zurückhaltung geboten. Im Ernährungsbericht 1984 wird die steigende Nachfrage nach Zucker und zuckerhaltigen Produkten als negative Tendenz eingestuft.

Haushaltszucker (Saccharose) wird vor allem aus Zuckerrohr und Zuckerrüben gewonnen. Bei deren Verarbeitung fällt zunächst Rohzucker an, der klebrig-feucht und von bräunlicher Farbe ist. Sein Gehalt an Saponinen macht ihn, trotz mancher gegenteiliger Behauptungen, für den Verzehr weniger geeignet. (Saponine, von lateinisch »sapo« = Seife, sind stickstofffreie, wasserlösliche Pflanzenstoffe, die in wäßriger Lösung – so auch in Zuckersäften – Schäume bilden. In die Blutbahn gebracht, wirken Saponine hämolytisch, d.h., sie zerstören die roten Blutkörperchen, sind also giftig. Mit der Nahrung aufgenommen, werden sie aus dem Magen-Darm-Trakt jedoch nicht resorbiert, da sie dort unlösliche Niederschläge bilden.)

Durch mehrere Reinigungsverfahren von den meisten Zusätzen befreit, gelangt die Saccharose schließlich in verschiedenen Formen in den Handel.

Bei den gereinigten Produkten unterscheidet man die »Grundsorte« (Reinigung durch Auswaschen mit Wasser oder Wasserdampf) und die »Raffinaden« (deren Reinheitsgrad höher ist, da der Rohzucker vollständig aufgelöst und neu kristallisiert wird). Erhältlich sind grob-, mittel- und feinkörnige Kristallraffinaden sowie Würfel-, Puder- und gemahlene Raffinaden.

Instant-Zucker ist ein feinporöses, besonders leicht lösliches Granulat.

Kandis wird aus sehr reinen Zuckerlösungen in großen Kristallen gewonnen. Bräunlich gefärbter Kandis enthält einen geringen Zusatz Karamel.

Gelierzucker ist keine reine Saccharose, sondern ein Gemisch von Kristallzucker, Trockenpektin und Weinsäure oder Citronensäure.

Glucose (Traubenzucker): Sie stellt in der Natur eine Schlüsselsubstanz dar, denn aus ihr sind die wichtigsten Reservestoffe (Stärke, Glykogen) und Gerüststoffe (Cellulose) aufgebaut. Ebenso spielt Glucose beim Abbau der Nahrungsstoffe im menschlichen Körper eine zentrale Rolle. Nicht nur Stärke, sondern auch viele sonstige Nahrungsstoffe werden in Glucose umgewandelt und unter anderem mit Hilfe des Enzyms Insulin weiter abgebaut. Entscheidend ist hierbei, daß der Blutzuckerspiegel, d.h. die Traubenzuckerkonzentration im Blut, den Bereich von 0,08 bis 0,14% nicht wesentlich über- oder unterschreitet.

Glucose wird großtechnisch durch Spaltung von Stärke gewonnen. Die Zwischenprodukte der Spaltung, Dextrine, sind als Inhaltsstoffe billiger Büroleime bekannt.

Reinste Glucose wird in Pulverform als »Dextrose« angeboten. Die festen Traubenzucker-Täfelchen enthalten außer Glucose (70 bis 80%) noch 6 bis 8% Dextrine und Wasser.

Glucose dient vor allem als schnellster Energiespender (Sport).

Fructose (siehe unter »Zuckeraustauschstoffe«).

Maltose (Malzzucker): Malzzucker findet sich reichlich im Malzextrakt. In der Küche wird sie aufgrund ihrer hygroskopischen Eigenschaften beim Brotbacken in Form eines Glucosesirups mit hohen Maltoseanteilen eingesetzt. Dem Teig beigegeben, hält sich der Brotlaib länger feucht.

Lactose (Milchzucker): Milchzucker wird aus entrahmter Milch gewonnen. Zu ihren Verwendungsbereichen zählen die Bereitung von Milchprodukten, die Fabrikation von Konfekt und die Arzneimittelindustrie. Milchzucker ist in Drogerien und Apotheken erhältlich.

Zuckeraustauschstoffe

Zusammen mit den Süßstoffen (siehe Seite 189) bilden sie eine für die Diätetik bedeutsame Alternative zum Haushaltszucker. Als Zuckeraustauschstoffe sind (in der Bundesrepublik Deutschland) Fructose (ein Zucker), Mannit, Sorbit und Xylit zugelassen. (Mannit, Sorbit und Xylit gehören der chemischen Klasse der Polyalkohole an – das sind mehrwertige Alkohole, die zwei und mehr Hydroxylgruppen, also OH-Gruppen, im Molekül enthalten.) Es handelt sich um Stoffe, die auch in der Natur vorkommen und die, im Unterschied zu den Süßstoffen, in ihrer Süßkraft, ihrem Volumen und ihrem Nährwert dem Haushaltszucker in etwa gleichkommen. Der Abbau im Körper verläuft jedoch teilweise anders als jener der Saccharose. Bei bestimmten Erkrankungen erweist sich dies als vorteilhaft; für eine Reduktionsdiät sind Zuckeraustauschstoffe dagegen nicht geeignet, da ihr Energiegehalt etwa dem des Haushaltszuckers entspricht und der Körper ihn vollständig ausnutzt.

Die Zuckeralkohole Sorbit, Xylit und Mannit dürfen zu diätetischen Zwecken ausschließlich für Diabetiker Verwendung finden. Mannit wird in der Diabetesdiät jedoch selten gebraucht, daher erläutern wir es im weiteren nicht näher. Die Einsatzmöglichkeiten für Xylit blieben, mit Ausnahme seiner Zugabe in Mundwässern, Zahnpasten und bei der Kaugummiherstellung (Kariesprophylaxe), aufgrund der hohen Produktionskosten bisher beschränkt. Der Schwerpunkt liegt also bei Erzeugnissen, die Sorbit und Fructose enthalten.

Fructose: Sie ist in der Natur weit verbreitet. In freier Form kommt sie neben Glucose und Saccharose in süßen Früchten vor, besonders reichlich in Äpfeln und Birnen. Die technische Gewinnung erfolgt durch Spaltung von Saccharose.

Der Süßungsgrad von Fructose hängt sehr von der Konzentration und der Temperatur ab. Eine 10prozentige Fructose-Lösung besitzt bei Raumtemperatur die 1,2fache, bei 4 °C die 1,4fache, bei 60 °C nur noch die 0,8fache Süßkraft der Saccharose.

Für die diätetische Wirkung der Fructose sind ihre Absorption aus dem Darm und ihr Abbau im Körper entscheidend. (Siehe dazu den Exkurs »Vergleich der Absorptionsgeschwindigkeit der Zucker und Zuckeraustauschstoffe sowie deren Abbau«, Seite 188.)

Sorbit: Bei D-Sorbit handelt es sich um einen sechswertigen Polyalkohol, der in vielen Früchten, besonders reichlich in der Eberesche vor-

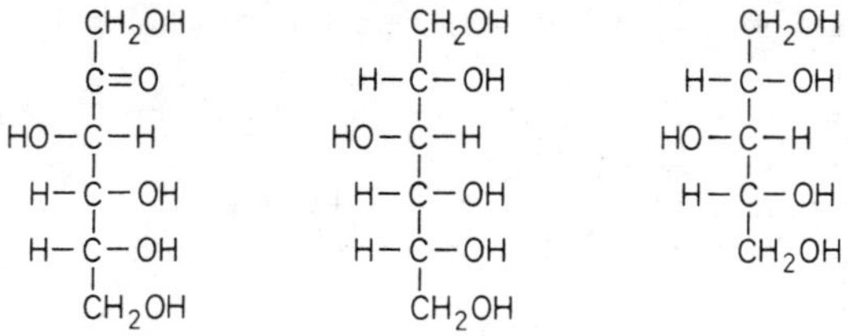

D-(−)-Fructose D-Sorbit Xylit

kommt. Die großtechnische Gewinnung erfolgt heute durch Hydrierung von Glucose, die ihrerseits aus Maisstärke gewonnen wird. Sorbit ist ein weißes, kristallines, wasseranziehendes Pulver, das infolge seines Wärmebedarfs im Mund einen kühlenden Effekt verursacht. Bei der oben beschriebenen Herstellung von Sorbit wird die für Zukker charakteristische reaktive Carbonylgruppe (das heißt die C–O-Doppelbindung) der Glucose zur reaktionsträgeren Alkoholgruppe reduziert. Deshalb ist Sorbit stabiler als Glucose: Es ist hitzebeständig, also koch- und backfest, und wird von Säuren und Basen weniger

Exkurs: Absorptionsgeschwindigkeit von Zuckern und Zuckeraustauschstoffen sowie deren Abbau

Glucose wird mit Abstand am schnellsten absorbiert, es folgen *Saccharose* und *Maltose.* Die Aufnahme von Fructose und Sorbit geht deutlich langsamer vor sich, die von Sorbit noch verzögerter als die der Fructose. Diese beiden Substanzen seien nun beispielhaft verglichen.

Der Abbau von *Fructose* findet vorwiegend in der Leber statt, er geschieht dreimal so schnell wie bei Glucose. Dadurch bleibt der Fructose-Spiegel im Blut immer relativ niedrig.

Der Fructose-Abbau kann auf zwei verschiedenen Wegen vor sich gehen, einem insulinunabhängigen Weg und einem, bei dem die Fructose in Glucose umgewandelt wird. Auf den Stoffwechsel eines Diabetikers wirkt sich selbst dieser zweite, im weiteren mit Insulin verbundene Fall günstig aus. Denn die langsame Absorption und die verzögerte Umwandlung in der Leber läßt die Glucose stets nur in geringerer Dosis in das Blut gelangen, Belastungsspitzen werden also vermieden.

Für den Diabetiker beträgt die erlaubte Tagesmenge an Fructose 30 bis 60 g, auf 5 bis 6 Einzeldosen verteilt, die jeweils 10 bis 15 g nicht überschreiten sollten.

Von den Zuckeraustauschstoffen Fructose, Xylit und Sorbit wird Fructose am besten vertragen. Eine abführende Wirkung tritt frühestens nach Einzeldosen von 80 g auf.

Sorbit nimmt der Darm langsamer auf als Glucose und als Fructose. (Dies ist bei der Diabetesdiät äußerst erwünscht.) Andererseits erhöht sich dadurch jedoch der osmotische Druck des Darminhalts, der nun Wasser aus dem Körperinneren anzieht. Die Zunahme von Volumen regt die Darmbewegung an und wirkt so abführend. Darüber hinaus sorgen Darmbakterien für die Bildung flüchtiger Fettsäuren aus Sorbit, die denselben Effekt auslösen. Der Tagesverbrauch an Sorbit sollte daher unter 60 g bleiben, die Einzeldosen unter 10 bis 15 g.

Im Körper wird Sorbit zu Fructose dehydriert, die sich weitgehend insulinunabhängig abbauen läßt – ein Vorzug im Hinblick auf die Diabetesdiät.

leicht angegriffen. Außerdem geht es keine Maillard-Reaktion ein, die zu vielleicht unerwünschten Bräunungsreaktionen führen kann. Hochkonzentrierte Sorbit-Lösungen sind bakteriostatisch, hemmen also Wachstum und Vermehrung von Bakterien – ein Vorteil, den z. B. die Konfitürenherstellung nützt.

Seine Süßkraft ist nur etwa halb so groß wie die der Saccharose. Deshalb wird den Handelsprodukten, die Sorbit als Hauptbestandteil enthalten, zumeist noch 0,11% Saccharin zugesetzt. Diese Mischung besitzt dann die gleiche Süßkraft wie Saccharose.

Xylit: Der fünfwertige Alkohol Xylit leitet sich von der Xylose (Holzzucker) ab, durch deren Reduktion seine leicht in Wasser löslichen Kristalle entstehen. Der menschliche Organismus kann Xylit gänzlich verwerten.

Wie schon erwähnt, ergab sich für Xylit noch keine weitere wesentliche Anwendung als bei der Kaugummierzeugung sowie als Zusatz zu Mundwässern und Zahnpasten, um dem Entstehen von Karies vorzubeugen. Denn als Hauptursache für Karies gilt die Säurebildung aus Zuckern im Mundbereich. Xylit – und auch Sorbit – besitzt jedoch eine andere chemische Struktur als die Zucker und trägt nicht zur Säurebildung bei.

Süßstoffe

Unter Süßstoffen versteht man synthetische, süß schmeckende Stoffe, die keine chemische Ähnlichkeit mit den Zuckern aufweisen und zum Süßen von Speisen oder Getränken benutzt werden. Süßstoffe besitzen im Gegensatz zu den Zuckern und den Zuckeraustauschstoffen keinen Nährwert, sind also auch für eine Reduktionsdiät geeignet.

Als Süßstoffe gelangen vor allem Saccharin, Cyclamate und Aspartam, in geringerem Ausmaß auch Acesulfam, Maltit und Isomalt, zur Verwendung. Sie kommen in der Natur nicht vor. Ihre Süßkraft beträgt ein Vielfaches des Süßvermögens der Saccharose.

Weil der menschliche Körper Süßstoffe nicht oder anders abbaut als Saccharose, lassen sie sich aus diätetischen Gründen an deren Stelle einsetzen.

Süßstoffe bzw. Süßstoffmischungen sind als Tabletten oder als Lösungen erhältlich. Während Lösungen sich vornehmlich zum Süßen von Speisen und kalten Getränken eignen, enthalten die Tabletten Natriumhydrogencarbonat (»Natron«), das in heißen Getränken aufsprudelt. Dadurch löst und verteilt sich der Süßstoff leichter in der Flüssigkeit.

Saccharin (o-Benzoesäuresulfimid): Die farblose, auch in der Siedehitze beständige Substanz löst sich in kaltem Wasser nur schwer. Meist wird daher das leichter lösliche Natriumsalz verwendet.

Saccharin bzw. dessen Natrium-Verbindung kommen als Pulver oder kleine Tabletten in den Handel. Diese Handelsformen enthalten außerdem noch Natron, das ein schnelleres Auflösen der Tabletten unter Sprudeln ermöglicht. Zuckerkranke, die keinen Zucker zu sich nehmen dürfen, greifen auf Saccharin als Süßstoff zurück. Es verläßt den Körper unverändert, besitzt also keinen Nährwert.

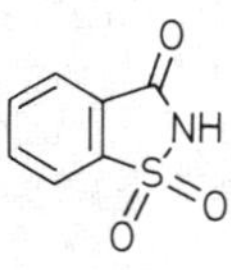

Saccharin

Cyclamate: Die Cyclohexylsulfaminsäure und ihre Salze, »Cyclamate« genannt, weisen ebenfalls einen süßen Geschmack auf. Als Süßstoffe werden im allgemeinen jedoch nur Calcium- und Natriumcyclamat benutzt.

Natrium- und Calciumcyclamat lösen sich mit neutraler Reaktion leicht in Wasser und lassen sich auf 260 °C erhitzen, ohne zu zerfallen. Die wäßrigen Lösungen sind bei einem pH-Wert von 2 bis 10 ebenso hitzestabil, also koch- und backfest.

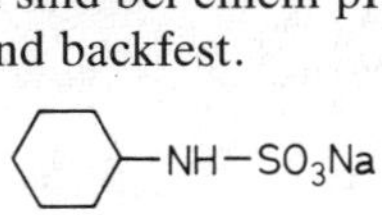

Natriumcyclamat

Aspartam: Es ist ein Kondensationsprodukt der Aminosäuren Asparaginsäure und Phenylalanin. Sein Geschmack ist auffallend zuckerähnlich. Das Produkt ist weder koch- noch backbeständig, da bei diesen Temperaturen eine Hydrolyse (Spaltung durch Wasser) eintritt.

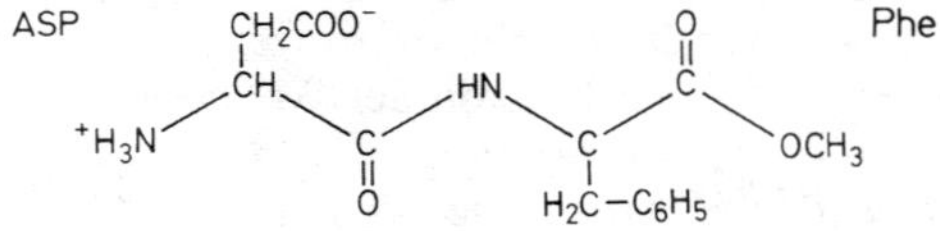

L-Aspartyl-L-Phenylalanin-Methylester, (Aspartam)

Amerikanische Versuche mit Ratten führten Ende der sechziger Jahre zu dem Verdacht, Saccharin und Cyclamate wirkten kanzerogen. So wurden z. B. nach dem Verfüttern hoher Dosen Cyclamaten (5% Süßstoff im Futter) Blasentumore festgestellt. Daraufhin untersagte man in den USA im Jahr 1969 den Verkauf von Cyclamaten. Die zahlreichen

Stoffname	Süßkraft (im Vergleich zu Saccharose = 1)	Joulegehalt (kJ/g)	Höchstmenge/Tag (g)	Diätetik* 1	2	3	4	Sonstiges
Haushaltszucker (Saccharose)	1	16,75		–	–	–	–	
D-Glucose	0,5–0,6	16,75		–	–	–	–	
Fructose	0,8–1,5	16,75	30–60 (Diabetes)	–	+	–	–	abführende Wirkung frühestens nach Einzeldosen ab 80 g
Sorbit	ca. 0,5		30–60	–	+	–	+	abführende Wirkung eher als bei Fructose
Saccharin	ca. 450	0	**	+	+	+	+	
Cyclamat	ca. 35–40	0	**	+	+	+	+	
Aspartam	ca. 200	16,75	ca. 3	+	+	+	+	weder koch- noch backbeständig

* 1 Eignung für eine Gewichtsdiät
2 Eignung für eine Diabetesdiät
3 Eignung für eine Fettstoffwechseldiät (zu hohe Blutfettwerte)
4 Eignung für eine Kariesprophylaxe

** Die WHO legte Tageshöchstdosen fest, nach denen sich für die Cyclamat-Saccharin-Mischungen die folgenden Tageshöchstmengen berechnen lassen:
Mischtabletten – 21 Stück pro Tag,
Süßstofflösungen – 7 ml pro Tag.
Diese Mengen beziehen sich auf eine Person von 70 kg Gewicht. Pro 10 kg Gewichtsdifferenz müssen 3 Stück bzw. 1 ml zugezählt oder abgezogen werden.

Tab. 12: Die wichtigsten Eigenschaften der Zucker, Zuckeraustauschstoffe und Stüßstoffe

Langzeitprüfungen, die sich anschlossen, konnten die Vermutung, Cyclamate seien krebsfördernd, jedoch nicht bestätigen.

Trotz der entlastenden Befunde ist es nicht ratsam, Speisen und Getränke im Übermaß mit Süßstoffen zu versetzen – ebensowenig wie mit Zucker. Vor allem sollte man die von der Weltgesundheitsorganisation (WHO) festgelegten Tageshöchstmengen (siehe Tabelle 12) nicht überschreiten. Wer gegenüber diesen Dosen dennoch Bedenken hat, wird den Verzehr von Süßmitteln aller Art selbst einschränken.

3.1.4 Produkte zur Geschmacksverbesserung

Geschmacksverstärker

Eine Reihe von selbst geschmacklosen Substanzen dient dazu, den Geschmack anderer Aromastoffe zu verstärken, indem sie die im Mund befindlichen Geschmacksrezeptoren anregen. Die bekannteste und in der Küche am meisten verwendete unter ihnen ist das Mononatriumglutamat. Es verbessert den Geschmack fleischhaltiger Speisen deutlich, ohne ein nennenswertes Eigenaroma aufzuweisen. Aber auch dem Kochsalz wird eine aromaverstärkende Wirkung auf Fleisch und Brot, der Saccharose eine solche auf Fruchtsäfte nachgesagt.

Mononatriumglutamat (Kurzbezeichnung »Glutamat«): Das Mononatriumsalz der Glutaminsäure ist kristallin, farblos und hebt den Geschmack nahezu aller nichtsüßen Speisen. Häufig bildet es den Zusatz fertiger Gewürzmischungen, läßt sich den Gerichten aber auch ohne Gewürzkomponenten beigeben, wie es in der chinesischen Küche geschieht.

Glutamat wird unter anderem aus Weizenkleber und Zuckerrübenmelasse gewonnen oder synthetisch hergestellt. Übermäßiger Genuß davon kann das sogenannte »China-Restaurant-Syndrom« in Form von Herzbeschwerden, Rötungen oder Nervosität zur Folge haben.

$$HOOC-CH(NH_2)-CH_2-CH_2-COONa$$

Mononatriumglutamat

Gewisse Stoffe aus der Reihe der Purin-5'-ribonucleotide vermögen die Wirkung des Glutamats synergistisch zu erhöhen. Bei letzteren handelt es sich um chemische Verbindungen, die sich dem Fleischextrakt entziehen lassen. Als Mischung mit Glutamat stellen sie den Hauptanteil der auf dem Markt befindlichen Geschmacksverstärker.

Aromastoffe

Wie bereits ausgeführt (Seite 179), haben Geruchsstoffe für das Empfinden des »Geschmacks« einer Speise größere Bedeutung als die vier eigentlichen Geschmacksqualitäten. In der Lebensmittelindustrie wird daher eine Vielzahl von natürlichen, naturidentischen und künstlichen Substanzen zur Aromatisierung verwendet.

Man unterscheidet »natürliche«, »naturidentische« und »künstliche« Aromen. Natürliche Aromen werden ausschließlich aus Pflanzen und Pflanzenteilen gewonnen. Naturidentische Aromen sind zwar künstlich erzeugt, besitzen aber eine mit der von natürlichen Aromen identische chemische Struktur; von vielen Geschmacksstoffen natürlicher Aromen kennt man die chemische Struktur und ist in der Lage, sie nachzubilden. Die synthetisch hergestellten künstlichen Aromen weisen einen ähnlichen Geschmack oder Geruch wie die Naturaromen auf, stimmen in ihrem chemischen Aufbau jedoch nicht mit diesen überein.

Im Haushalt benutzt man Aromastoffe nur in bescheidenem Maß. In Speiseöl gelöst, gelangen sie als Backöle, in Alkohol gelöst als Aromen zum Verkauf, Aromen sind meist in Kleinstpackungen abgefüllt.

Bei *Backölen* werden die Geschmacksrichtungen »Bittermandel« (ein naturidentischer Aromastoff) und »Zitrone« (aufgrund des Anteils an Zitronenöl, dem aus der Schale gewonnenen ätherischen Öl der Zitrone) angeboten, bei *Aromen* »Rum«, »Arrak« und »Vanille«.

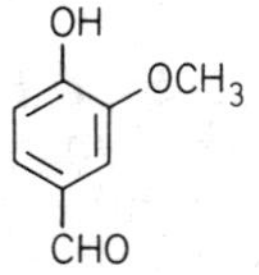

Vanillin

Eine Sonderstellung unter den Aromastoffen nimmt das Vanillin (4-Hydroxy-3-methoxy-benzaldehyd) ein. Als natürliche Substanz läßt es sich vor allem aus den schotenähnlichen Kapselfrüchten verschiedener Vanillearten isolieren. In kleinsten Mengen dient es zur Abrundung anderer Aromarichtungen, ohne diesen Lebensmitteln einen merklichen Vanillegeschmack zu verleihen. Im Haushalt wird es vor allem in Form von »Vanillin-Zucker« verwendet, der 0,1 g (heute zumeist synthetisch hergestelltes) Vanillin auf 8 g Zucker enthält. Es ist ein verbreitetes Würzmittel für Süßspeisen und Gebäck und zeichnet sich durch gute Hitzestabilität aus.

3.1.5 Wissenswertes für die Praxis

Wie »schmeckt« es?

Für das richtige Würzen von Speisen ist es wichtig zu wissen, daß das Empfinden der in ihnen enthaltenen Geschmacks- und Geruchsstoffe von vielen Faktoren abhängt, die berücksichtigt werden müssen. Manche Geschmacksqualitäten heben einander auf, z. B. »süß« und »salzig«, andere steigern sich gegenseitig, z. B. »salzig« und »bitter«. Desgleichen beeinflußt die Temperatur die Stärke einer Geschmacksempfindung. Ein süßes Getränk schmeckt heiß weniger süß als kalt, bei tieferen Temperaturen treten die saueren Komponenten eines Weißweins mehr hervor, bei höheren die süßen. Außerdem kann dieselbe Substanz bei unterschiedlicher Konzentration verschiedene Bewertungen hervorrufen: Eine 0,01molare Kochsalzlösung schmeckt nicht mehr salzig, sondern süß.

Schließlich ist eine Reihe von geschmacksintensivierenden Stoffen bekannt, die den Eigengeschmack mancher Gerichte deutlich unterstreichen, selbst jedoch keinen Geschmackswert besitzen (siehe vorher: »Produkte zur Geschmacksverbesserung«).

Aufbewahren von Essig

Essig sollte nur in Glas- und Plastikgefäßen, nicht aber in Metallgefäßen, emailliertem Eisengeschirr (Oxidation des Metalls) oder glasierten Tongefäßen aufbewahrt werden.

Tips für den Umgang mit Salz

Wie schon erwähnt, ist es gesünder, sehr sparsam zu salzen (vergleiche Seite 182). Überdies besagt eine sinnesphysiologische Gesetzmäßigkeit, daß zur Erhöhung der Würzkraft des Salzes in einem Gericht um so mehr Salz hinzugefügt werden muß, je mehr Salz bereits vorhanden ist. Bei einer ohnehin schon salzigen Speise bringt die weitere Zugabe von Salz kaum noch eine Veränderung, kann daher auch nicht mehr viel verderben (»Versalzen«).

Man sollte stets am Ende des Kochprozesses salzen, sonst wird die Salzmenge zu groß für die endgültige Menge der nach dem Eindampfen verbleibenden Flüssigkeit.

Unsere Zunge empfindet den Salzgeschmack bei kalten Speisen stärker als bei warmen Speisen.

Hat man eine Speise versalzen, hilft meist nur eine Volumenvergrößerung. In einigen Fällen läßt sich der Salzgeschmack durch etwas Zucker neutralisieren.

Zur Auswahl eines geeigneten Süßmittels

Haushaltszucker (Saccharose)

Küchentechnische Eigenschaften: Haushaltszucker hat Masse und Körper, wirkt bindend und konservierend. Seine Süßkraft ist höher als die mancher anderer Stoffe, wird z. B. von den Süßstoffen jedoch um ein Vielfaches übertroffen (siehe Tabelle 12, Seite 191). Sein Einsatzbereich umfaßt alle Zubereitungsarten.

Gesundheitliche Aspekte: Problematisch ist Saccharose im Hinblick auf Karies (Zucker zersetzt sich im Mundraum bakteriell), Diabetes (Saccharose verursacht einen raschen Anstieg des Blutzuckerspiegels und regt die Insulinsekretion an), Übergewicht (Energiegehalt; vergleiche Tabelle 12, Seite 191) und Fettstoffwechselstörungen (in der Leber in Fett umgewandelt, das mit dem Blut transportiert wird, steigert sie den Anteil an Triglyceriden im Blut). Deshalb sollte man Haushaltszukker so zurückhaltend wie möglich verwenden, andererseits aber nur aus diätetischen Gründen zu Zuckeraustauschstoffen oder Süßstoffen greifen.

Glucose, Maltose, Lactose
Küchentechnische Eigenschaften: Diese Zucker sind in der Küche von geringer Bedeutung (vergleiche Seite 185).

Gesundheitliche Aspekte: Glucose gilt, wie erwähnt, als schneller Energiespender. Maltose ist gut verdaulich und dient als Kräftigungsmittel. Lactose, häufig auch in der Kinder- und Krankenkost eingesetzt, wirkt leicht abführend.

Zuckeraustauschstoffe
Küchentechnische Eigenschaften: Alle Zuckeraustauschstoffe eignen sich zum Backen und zur Marmeladeherstellung, denn wie der Haushaltszucker haben sie Masse und Körper, ebenso binden und konservieren sie. In bezug auf die Gebrauchsfähigkeit stehen sie der Saccharose daher näher als den Süßstoffen.

Gesundheitliche Aspekte: Bei empfindlichen Personen können die Zuckeralkohole schon in geringen Mengen (zwei Stück Kuchen genügen hierfür) abführend wirken. Als Süßmittel bei Diabetes liegt ihr Vorteil darin, daß Zuckeraustauschstoffe langsam absorbiert werden, daher stets in kleinen Dosen in den Stoffwechselkreislauf gelangen und die Insulinsekretion nicht nennenswert anregen. Ihre Verwertung geschieht weitgehend insulinunabhängig. Drei Faktoren begrenzen allerdings die Anwendungsmenge der Zuckeraustauschstoffe bei Diabetes: ihre laxierende Wirkung, die Tatsache, daß bei höheren Dosen eine teilweise Umwandlung in Glucose erfolgt, und ihr vom Körper vollständig genutzter hoher Energiegehalt (vergleiche Tabelle 12, Seite 191). Da 80% der Diabetiker unter Übergewicht leiden, ist es ratsam, den Wunsch nach einem Süßmittel möglichst durch die joulefreien Süßstoffe zu erfüllen. Dies käme auch der Kariesprophylaxe entgegen, da z. B. Fructose als Zucker die Säurebildung im selben Maß fördert wie Saccharose. Nur Sorbit und vor allem Xylit widerstehen dem Abbau durch Bakterien.

Süßstoffe

Küchentechnische Eigenschaften: Süßstoffe lassen sich zum Süßen von Speisen verwenden, sind aber zum Backen und zur Marmeladeherstellung ungeeignet, da sie – im Gegensatz zu den Zuckern und Zuckeraustauschstoffen – weder über Masse und Körper verfügen, noch bindend oder konservierend wirken. Saccharin und Cyclamate sind hitzestabil und können zum Kochen benutzt werden. Aspartam dagegen zersetzt sich unter diesen Bedingungen (vergleiche auch Seite 190).

Gesundheitliche Aspekte: Bei bestimmten Fettstoffwechselstörungen stellen Süßstoffe das Mittel der Wahl dar. Denn schnell absorbierbare Zucker, aber auch die Zuckeraustauschstoffe Fructose und Sorbit sorgen für erhöhte Blutfettwerte. Auch bei Gewichtsproblemen scheint sich ihr Einsatz anzubieten: Abgesehen von Aspartam ist ihr Energiegehalt null (vergleiche Tabelle 12, Seite 191), darüber hinaus lassen sie den Blutzuckerspiegel nicht so stark absinken sie Saccharose, es entsteht also weniger schnell ein Hungergefühl. Jüngere Untersuchungen zeigen jedoch, daß diese Maßnahme allein – statistisch gesehen – für eine Gewichtsreduktion keineswegs ausreicht (57). Die Rückkehr zum Normalgewicht verlangt eine Änderung des gesamten Eßverhaltens – eher eine psychologische Schwierigkeit – und eine insgesamt geringere Energiezufuhr. Der Einsatz von Süßstoffen kann hier nur als »technische« Teilmaßnahme gelten. (Auf das in der Vergangenheit diskutierte Krebsrisiko und die Empfehlungen der Weltgesundheitsorganisation wurde – auf Seite 192 – bereits hingewiesen.) Zur Entstehung von Karies tragen Süßstoffe nicht bei, da sie für die Mikroorganismen im Mund unverwertbar sind.

Zuckerersatz: Handelsprodukte

Als Zuckerersatz sind in der Bundesrepublik Deutschland über 30 Markenprodukte im Handel. Sie lassen sich drei Produktklassen zuordnen:

- Produkte, die lediglich *einen* der folgenden Stoffe enthalten: Fructose, Sorbit, Natrium-Cyclamat, Saccharin-Natrium oder Aspartam.
- Mischungen aus zehn Teilen Cyclamat mit einem Teil Saccharin. Diese beiden Komponenten ergänzen sich vorteilhaft: Das zehnmal intensiver süß schmeckende Saccharin hilft teureres Cyclamat einsparen; zudem ist die empfohlene Höchstdosis bei Cyclamat eher erreicht als bei Saccharin. Reines Saccharin weist andererseits einen Beigeschmack auf, der bei diesem Gemisch nicht mehr festzustellen ist.
- Mischungen aus 99,89% Sorbit und 0,11% Saccharin. Sorbit ist nur etwa halb so süß wie Haushaltszucker. Durch den Zusatz von Saccharin wird es auf die Süße von Haushaltszucker gebracht und kann nach Menge und Masse wie dieser verwendet werden.

3.2 Bindemittel und Backtriebmittel

3.2.1 Verdickungs- und Geliermittel (Bindemittel)

Verdickungs- und Geliermittel verändern die Viskosität und Konsistenz von Flüssigkeiten und ermöglichen in höheren Konzentrationen sogar deren Formgebung. Ihre Wirkung beruht darauf, daß sie in der Lage sind, ein Netzwerk (Gel) zu bilden, das die Flüssigkeit festhält. Bei Alterung kann dieses Gel koagulieren (gerinnen), wobei die gebundene Flüssigkeit zum Teil wieder austritt. (Zu »Verdickungs- und Geliermitteln« siehe auch »3.3 Lebensmittelzutaten«, Seite 201.)

Zu den im Haushalt meistverwendeten Bindemitteln zählen
- Stärke,
- Gelatine,
- Agar-Agar,
- Pektin-Produkte.

Stärke: Das wichtigste pflanzliche Kohlenhydrat Stärke ist in reinem Zustand ein weißes, geruchloses und geschmacksneutrales Pulver. Mit Hilfe von Enzymen kann sie über Dextrine und Maltose in Glucose gespalten werden.

Die Stärkekörner verschiedener Pflanzenarten gleichen einander weder in Struktur noch im Quellverhalten. Sie sind in kaltem Wasser unlöslich, quellen beim Erwärmen, platzen und gehen kolloidal in Lösung. Beim Abkühlen verdicken sich die Lösungen oder erstarren gelartig und härten beim Lagern nach.

Neben der zu Speisezwecken, für Suppen, Soßen und Pudding, bevorzugten Maisstärke ist auch Reisstärke im Handel. Sie wird ebenfalls in der Küche, darüber hinaus aber vor allem für kosmetische Anwendungen und zur Textilappretur genutzt.

Bei »Kaltquellstärke« handelt es sich um eine durch Behandlung mit heißem Wasserdampf vorverkleisterte Stärke. Sie dient als Grundlage für sogenannten »Instant-Pudding«.

Stärken, die man zur Verbesserung ihrer Quellfähigkeit und Löslichkeit durch Oxidation oder Phosphateinbau chemisch geringfügig verändert hat, gelten als »modifizierte Stärken«.

Gelatine: Das farblose, durchsichtige Hydrolyseprodukt des tierischen Eiweißstoffes Collagen besteht vorwiegend aus den Aminosäuren Glycin, Prolin und Hydroxyprolin. Sie wird aus Knochen und Häuten von Schlachttieren durch Auskochen, vorsichtiges Eindampfen und anschließende Trocknung gewonnen und für Aspik, Sülzen, Gelees usw. verwendet. Gelatine ist gemahlen oder als Blattgelatine erhältlich, löst sich in heißem Wasser und erstarrt in der Kälte zu einer elastischen Gallerte. Bei Temperaturen über 30 °C gelieren Gelatinespeisen nicht, und bereits feste Gelatinespeisen verflüssigen sich wieder.

Agar-Agar: Agar-Agar, in alten Fachbüchern auch »Pflanzengelatine« genannt, ist wie die Stärke ein Kohlenhydrat, und zwar ein neutrales Polysaccharid aus Galaktose und Anhydrogalaktose. Das Auskochen und Trocknen von Meerespflanzen (bestimmten Rotalgen) liefert dieses in kaltem Wasser unlösliche, erst beim Kochen kolloid lösliche Produkt. Es beginnt bereits bei 45 °C zu gelieren. Damit zubereitete Speisen (meist Süßspeisen und Backwaren) sind sturzfähig und weisen eine stark glänzende Oberfläche auf.

Pektine: Chemisch handelt es sich um Ester der Polygalakturonsäure, die aus Obst, regional vor allem aus Äpfeln, isoliert werden.

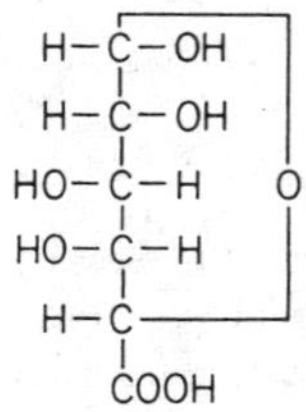

Galacturonsäure

Im Handel befinden sich Pektin-Extrakte mit einem Pektin-Anteil von 3 bis 6%. Pektine bilden beim Kochen Gele, insbesondere in Gegenwart von Säuren (Zugeben einer Zitronenscheibe beim Einkochen von Äpfeln!) und Zucker.

Zur Marmeladebereitung wird Zucker mit Pektin-Zusatz angeboten (»Gelierzucker«, siehe Seite 186). Mischungen etwa von Pektin, Weinsäure und Traubenzucker ergeben ebenfalls eine Gelierhilfe.

3.2.2 Backtriebmittel

Backtriebmittel dienen der Lockerung des Teiges. Die poröse Beschaffenheit des Gebäcks erleichtert das Kauen, und die Vergrößerung der Oberfläche erhöht die Verdaulichkeit der Getreideerzeugnisse.

Bei der Herstellung des Gebäcks entwickeln Backtriebmittel Kohlendioxid-Gas, das wegen der zähen Beschaffenheit des Teiges nicht entweichen kann, sondern den Teig auftreibt. Man unterscheidet

- biologische Backtriebmittel, wie Hefe und Sauerteig, deren Mikroorganismen einen Teil des im Teig vorhandenen Zuckers unter Kohlendioxid-Entwicklung vergären,
- chemische Backtriebmittel, wie Backpulver und Hirschhornsalz, bei-

de Salze der Kohlensäure, aus denen das zur Teiglockerung erforderliche Kohlendioxid hervorgeht.

Backpulver: Es besteht aus

- Natriumhydrogencarbonat (»Natriumbicarbonat«, »Natron«, $NaHCO_3$), einer weißen, kristallinen Substanz,
- einer Säure, z. B. Kaliumhydrogentartrat (Weinstein), dem sauren Kaliumsalz der Weinsäure (siehe Seite 181) oder sauren Salzen der Phosphorsäure,
- einem Trennmittel (Stärke oder Getreidemehle feinster Mahlung).

Natriumhydrogencarbonat für sich würde beim Erhitzen zwar Kohlendioxid abgeben, aber einen alkalischen Rückstand hinterlassen, der Geschmack und Aussehen beeinträchtigt. Die zugesetzte Säure bewirkt zweierlei: zum einen, daß sich schon bei der Teigzubereitung unter Feuchtigkeitseinwirkung durch die Reaktion

$$NaHCO_3 + H^+ \longrightarrow Na^+ + CO_2 + H_2O$$

Kohlendioxid bildet – je nach Wahl der Säure kann sich die Triebkraft hauptsächlich bei der Teigzubereitung oder erst beim Erhitzen entwickeln. Zum anderen setzt sich der alkalische Rückstand, der beim Zerfall des Natriumhydrogencarbonats in der Hitze entsteht, zu einem geschmacksneutralen Salz um.

Das Trennmittel schließlich muß eine Art Schutzschicht zwischen den beiden übrigen Bestandteilen bilden, damit diese nicht schon vor der Zugabe zu dem Teig miteinander reagieren. Das ist auch der Grund, warum die Lagerung von Backpulver kühl und trocken erfolgen sollte.

Backpulver ist für alle Gebäckarten anwendbar.

Hirschhornsalz: Sein Name rührt noch aus der Zeit her, als es durch Trockendestillation von Horn gewonnen wurde. Es stellt ein Gemisch mit dem Hauptbestandteil Ammoniumhydrogencarbonat dar. Dieses Salz besitzt die günstige Eigenschaft, unter Einwirkung von Hitze in die gasförmigen Produkte Kohlendioxid und Ammoniak und in Wasserdampf zu zerfallen:

$$NH_4HCO_3 \longrightarrow NH_3 + CO_2 + H_2O.$$

Der stechende Geruch von Ammoniak beschränkt die Verwendung von Hirschhornsalz auf scharf auszubackendes Flachgebäck. Hierbei wird das Ammoniak weitgehend ausgetrieben.

3.2.3 Wissenswertes für die Praxis

Wissenswertes in Kürze

Mit *Stärke* eingedickte Speisen verflüssigen sich wieder, wenn sie mit dem in rohem Eigelb, in der Walnuß oder im menschlichen Speichel enthaltenen Enzym Amylase in Berührung kommen, denn sie spaltet Stärke in Zucker. (Bei nachträglicher Zugabe von Ei oder Walnüssen nochmals aufkochen, denn das Enzym wird bei einer Temperatur von mehr als 80 °C zerstört.)

*Gelatine*lösungen nicht an zu kalte Speisen geben, weil die Gelatine dann sofort zu Klümpchen erstarrt.

Zur industriellen Herstellung von Konfitüren, Marmeladen und Gelees dürfen als Eindickungsmittel nur *Pektine* zur Verwendung gelangen.

3.3 Lebensmittelzutaten

Seit Dezember 1983 muß auf den Etiketten fast aller verpackten Lebensmittel aufgeführt sein, welche Zutaten sie enthalten. Die Aufzählung der Zutaten erfolgt in absteigender Reihenfolge ihres Gewichtsanteiles. Wenn auf dem Etikett eines Glases mit Birnengelee eine Reihenfolge der Zutaten (etwa: Zucker, Birnensaft) angegeben ist, läßt sich daraus ablesen, daß bei der Herstellung des Produktes mehr Zucker als Birnensaft verwendet wurde.

Anstelle der gebräuchlichen Bezeichnungen der Zusatzstoffe können allerdings auch die in der Europäischen Gemeinschaft einheitlich festgelegten amtlichen Kürzel für diese Stoffe angegeben werden, die bereits erwähnten E-Nummern (siehe S. 208).

Die folgende Liste enthält die wichtigsten Zusatzstoffe, geordnet nach steigenden E-Nummern. Mit ihrer Hilfe können Sie die Zusammensetzung von Lebensmitteln entschlüsseln, deren Etiketten solche E-Nummern aufweisen. Für den Fall hausgebräuchlicher Zusatzstoffe, auf die wir in diesem Kapitel schon teilweise eingingen, verweisen wir auf die entsprechende Seitenzahl; andere bemerkenswerte Zusatzstoffe können wir hier nur in Kurzform charakterisieren.

Lebensmittelfarbstoffe

Die natürlichen Farben von Lebensmitteln verändern sich häufig im Verlauf der Verarbeitung. Das Färben von Lebensmitteln bzw. deren Oberflächen dient dem Ziel, den natürlichen Farbton wiederherzustellen oder zu intensivieren, um ein appetitanregenderes und verkaufsförderndes Aussehen zu erreichen. Ebenso finden Farbstoffe in der Kosmetik vielfache Anwendung (siehe auch erstes Kapitel). Die natürlichen Farbstoffe dieser Liste werden meist aus Pflanzen gewonnen. Die meisten der aufgeführten künstlichen Farbstoffe gehören zur Gruppe der Azofarbstoffe (sie zählen zur wichtigsten Gruppe der Teerfarbstoffe). Für diese Stoffe wurden toxikologische Studien zu den gesundheitlichen Risiken und zur Verträglichkeit durchgeführt, die bei weitergehendem Interesse den Berichten der DFG-Kommission (12) zu entnehmen sind.

E-Nr.	Name	Bemerkungen
E 100	Kurkumin	farbgebender Inhaltsstoff der Gelbwurzel (Kukurma), Bestandteil des Curry
E 101	Lactoflavin	als Vitamin B_2 in vielen Lebensmitteln, gelb
E 102	Tartrazin	orangegelb, möglicherweise allergieauslösend
E 104	Chinolingelb	künstlicher Farbstoff, gelb
E 106	Riboflavin-5-phosphat-Natrium	natürlicher Pflanzenbestandteil, gelb
E 110	Gelborange S	künstlicher Farbstoff, orange, durch Rattenversuch Verdacht des Einflusses auf Tumorbildung
E 120	Echtes Carmin, Cochenille	Farbstoff der spanischen Schildlaus, rot; heute synthetisch hergestellt
E 122 bis E 133		künstliche Farbstoffe, rot oder blau; teils unbedenklich, teils umstritten (z.B. E 123 Amaranth, E 127 Erythrosin)
E 140	Chlorophylle a und b	natürliche Farbstoffe grüner Pflanzenteile: »Blattgrün«
E 141	kupferhaltige Komplexe der Chlorophylle	Verwendung beschränkt (Kuprismus möglich)
E 142	Brillantsäuregrün BS	künstlicher Farbstoff, grün
E 150	Zuckercouleur	wird durch Erhitzen von Zucker gewonnen, braun; toxisches Reaktionsprodukt (bei Herstellung) Methylimidazol wird diskutiert
E 151	Brillantschwarz BN	künstlicher Farbstoff, schwarz

E-Nr.	Name	Bemerkungen	
E 153	Carbo medicinalis vegetabile	Pflanzenkohle, wie sie auch in der Medizin verwendet wird, schwarz	
E 160 a bis f	Carotinoide	Farbstoffe vieler Pflanzen (Karotte, rote Paprika usw.), meist in natürlicher Form verwendet, einige werden aber auch synthetisiert, orangerot	
E 161 a bis g	Xanthophylle	natürliche Farbstoffe aus Blättern, Samen, Früchten höherer Pflanzen, gelb bis braun	
E 162	Betenrot, Betanin	natürlicher Farbstoff aus der Wurzel der roten Rübe, rot	
E 163	Anthocyane	natürliche Blüten- und Beerenfarbstoffe, rot, blau, violett	
E 170	Calciumcarbonat	grauweiß	
E 171	Titandioxid	weiß	anorganische Pigmente, die vor allem zur Oberflächenfärbung verwendet werden (E 171 bis E 175)
E 172	Eisenoxide/-hydroxide	gelb/rot	
E 173	Aluminium	silbergrau	
E 174	Silber	silber	
E 175	Gold	gold	
E 180	Rubinpigment BK	künstlicher Farbstoff, rot (z.B. in Käserinde)	

Konservierungsstoffe und konservierende Lebensmittel

Chemische Konservierungsstoffe dürfen nur zugesetzt werden, wenn sich mit anderen Konservierungsmethoden keine hinreichende Haltbarmachung erzielen läßt. Hier finden sich vor allem die ausführlich erläuterten Konservierungsstoffe (Seite 208ff.) nun in der Reihenfolge ihrer E-Nummern aufgelistet.

E-Nr.	Name	Bemerkungen
E 200 bis E 203	Sorbinsäure und ihre Salze	siehe Seite 210
E 210 bis E 213	Benzoesäure und ihre Salze	siehe Seite 210

E-Nr.	Name	Bemerkungen
E 214 bis E 219	PHB-Ester (Ethyl-, Propyl- und Methylester) und ihre Salze	siehe Seite 212
E 220 bis E 227	Schwefeldioxid und Salze der schwefligen Säure	siehe Seite 212
E 230	Biphenyl	pilztötende Substanzen, die zur Oberflächenbehandlung von Zitrusfrüchten und Bananen eingesetzt werden
E 231	Orthophenylphenol	
E 232	Natriumorthophenylphenolat	
E 233	Thiabendazol	
E 236 bis E 238	Ameisensäure und ihre Salze (Formiate)	siehe Seite 212
E 250	Natriumnitrit	Nitrat und Nitrit siehe Tabelle 2
E 251	Natriumnitrat	
E 252	Kaliumnitrat	
E 260 bis E 263	Essigsäure und ihre Salze	unverdünnte Essigsäure wirkt ätzend, noch bis zu 25% verdünnt gesundheitlich bedenklich
E 270	Milchsäure	
E 280 bis E 283	Propionsäure und ihre Salze	siehe Seite 212
E 290	Kohlendioxid	Treibgas mit bakterizider Wirkung

Antioxidationsmittel

Fetthaltige Lebensmittel, Obst, Gemüse und weitere Nahrungsmittel, aber auch Kosmetika verderben unter anderem dadurch, daß der Zutritt von Sauerstoff sie oxidativ verändert. Antioxidationsmittel natürlichen und, in begrenztem Ausmaß, synthetischen Ursprungs sollen diesen Prozeß verhindern.

E-Nr.	Name	Bemerkungen
E 300 bis E 302	L-Ascorbinsäure und ihre Salze	auch als Vitamin C bekannt
E 304	L-Ascorbylpalmitat	Abkömmling von Vitamin C

E-Nr.	Name	Bemerkungen
E 306	tocopherolhaltige Extrakte natürlichen Ursprungs	Tocopherol ist auch als Vitamin E bekannt, Gewinnung aus Speiseölen und ihren Nebenerzeugnissen
E 307 bis E 309	synthetische Tocopherole	
E 310 bis E 312	Gallate	Ester der in der Natur vorkommenden Gallussäure
E 320	Butylhydroxyanisol (BHA)	Gegen E 320 und E 321 wurden toxikologische Bedenken wach, da sie Störungen im Leberstoffwechsel von Ratten hervorriefen (54)
E 321	Butylhydroxytoluol (BHT)	
E 322	Lecithine	fettähnliche Stoffe, die aus pflanzlichen Ölen und aus Eigelb gewonnen werden, stabilisieren auch Wasser-in-Öl-Emulsionen

Säuerungsmittel bzw. Säureregulatoren
Neben der Genußwirkung stellt die Säuerung eines Lebensmittels eine Konservierungsmaßnahme dar.

E-Nr.	Name	Bemerkungen
E 325	Natriumlactat	Salze der Milchsäure (E 270)
E 326	Kaliumlactat	
E 327	Calciumlactat	
E 330 bis E 333	Citronensäure und ihre Salze	eine der verbreitetsten Pflanzensäuren, im Zitronensaft 5 bis 7%
E 334 bis E 337	L-(+)-Weinsäure und ihre Salze	typische Fruchtsäure
E 338 bis E 341	Orthophosphorsäure und ihre Salze	zugelassen für coffeinhaltige Erfrischungsgetränke, in hohen Dosen kann Phosphorsäure die Calcium-Aufnahme des Körpers behindern

Verdickungs- und Geliermittel

Zum Andicken von Suppen, Soßen, Desserts, Gelees, Marmeladen werden im Haushalt verschiedene Bindemittel verwendet, die beim Abkühlen eine mehr oder weniger durchsichtige gallertige Masse bilden.

Der Verwendungszweck entsprechend bieten sich verschiedene Produkte an, doch müssen nicht für alle E-Nummern angegeben werden. Zu den bekanntesten zählen Stärke, Gelatine, Agar-Agar und Pektine (Näheres dazu siehe Seite 197).

Für einige Verdickungs- und Geliermittel bestehen E-Nummern, sie sind im folgenden vermerkt.

E-Nr.	Name	Bemerkungen
E 400 bis E 404	Alginsäure und ihre Salze	Gewinnung unter anderem aus Braunalgen, kann vom Körper nicht verwertet werden und die Aufnahme von Spurenelementen behindern
E 405	Propylenglykol-Alginat	
E 406	Agar-Agar	siehe Seite 198
E 407	Carrageen	Polysaccharid, aus Rotalgen gewonnen, erhöhte Dosen führten im Tierversuch zu Darmgeschwüren
E 410	Johannisbrotkernmehl	aus dem Samen des Johannisbrotbaums
E 412	Guarkernmehl	aus dem Samen der indischen Traubenbohne
E 413	Tragant	getrocknete Gummiabsonderungen von Pflanzen
E 414	Gummi arabicum	
E 440	Pektine	siehe Seite 198

Unterschiedliche Zusatzstoffe: Zuckeraustauschstoffe, Emulgatoren und andere

Die Zusatzstoffliste enthält noch eine Reihe weiterer Stoffe, von denen hier nur noch die wichtigsten aufgeführt seien.

E-Nr.	Name	Bemerkungen
E 420	Sorbit	siehe Seite 187
E 421	Mannit	siehe Seite 184
E 422	Glycerin	Emulgator; Spaltprodukt der natürlichen Fette
E 440 a	Pektin	siehe Seite 198

E-Nr.	Name	Bemerkungen
E 440b	amidierte Pektine	mit Ammoniak aus Pflanzen herausgelöste Pektine
E 450 a bis c	Phosphate	Emulgatoren, in sehr hohen Dosen behindern sie eventuell die Aufnahme von Calcium-Ionen aus der Nahrung
E 460 E 461 E 466	Cellulose und Derivate	Verdickungsmittel, passieren Magen und Darm unverändert
E 470	Salze der Speisefettsäuren	Derivate der natürlichen Speisefettsäuren, die als Emulgatoren eingesetzt werden
E 471 bis E 475	Glyceride der Speisefettsäuren und deren Ester	

Zusatzstoffe, für die keine E-Nummern angegeben werden müssen
Hierzu gehören unter anderem
- Aromastoffe (siehe Seite 192), bei denen anzugeben ist, ob es sich um natürliche, naturidentische (d. h. Stoffe, die natürlich vorkommenden chemisch gleich sind, aber synthetisch hergestellt werden) oder künstliche Aromastoffe handelt,
- Backmittel/Backtriebmittel; dienen der Lockerung des Teiges (siehe Seite 197),
- Geschmacksverstärker (siehe Seite 192),
- Mehlbehandlungsmittel: verbessern Aussehen und Backeigenschaften,
- Trennmittel: verhindern das Zusammenklumpen von pulverförmigen Lebensmitteln,
- Überzugsmittel: z. B. Wachse; sie schützen vor dem Austrocknen,
- verschiedene Zucker: z. B. Glucose und Saccharose (siehe Seite 184).

3.4 Konservierung

Ohne besondere Maßnahmen sind der Haltbarkeit unserer Nahrungsmittel enge Grenzen gesetzt. Durch den Einfluß von substanzeigenen Enzymen, die als Biokatalysatoren chemische Reaktionen auslösen oder

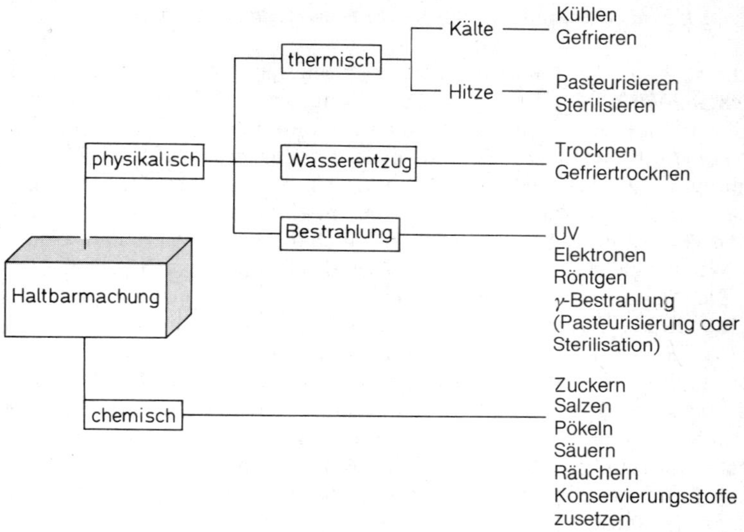

Abb. 13: Möglichkeiten zur Konservierung von Lebensmitteln.

beschleunigen, von anderen Katalysatoren, z.B. Spuren von Metallen (als Rückstände aus der Verarbeitung), vor allem aber von allgegenwärtigen Mikroorganismen verändern sich Aussehen und Geschmack sehr bald bis hin zum völligen Verderb.

Es bietet sich eine ganze Palette von Möglichkeiten, diese Prozesse zu verlangsamen oder aufzuhalten. Im Rahmen des vorliegenden Buches interessiert dabei vor allem die chemische Konservierung, also das Haltbarmachen durch den Zusatz von Stoffen, die die Entwicklung von Mikroorganismen verhindern, hemmen oder die Mikroben abtöten. Chemische Konservierung im engeren Sinne wird aber fast ausschließlich bei der gewerblichen Herstellung von Nahrungsmitteln angewendet, während im Haushalt die »physikalischen Verfahren« des Erhitzens, Abkühlens und Trocknens und allenfalls die »klassischen Verfahren« des chemischen Konservierens mit Zucker, Salz usw. von Bedeutung sind. Obwohl Sie im Haushalt also kaum jemals mit chemischen Konservierungsmitteln im engeren Sinne, jenen bereits in geringster Menge wirksamen Chemikalien, aktiv umgehen, sind einige Grundkenntnisse zu diesem Thema doch von Interesse. Denn die richtige Handhabung von Lebensmitteln hängt nicht zuletzt von deren Konservierung ab. Einen Überblick über die verschiedenen Möglichkeiten gibt Abbildung 13.

3.4.1 Chemische und physikalische Konservierungsverfahren

Die wichtigsten chemischen Konservierungsmethoden sind die »klassischen« Verfahren: Salzen, Pökeln, Räuchern, Säuern, Zuckern und Einspriten (ebenso wie die physikalischen Methoden sollen sie hier nur tabellarisch behandelt werden) sowie der Zusatz von Konservierungsmitteln. Alle Verfahren schaffen Lebensbedingungen, unter denen Schadorganismen nicht gedeihen können: Zuckern, Salzen oder Eindikken lösen osmotische Vorgänge aus, durch die z. B. Bakterien in solchen Lösungen gleichsam austrocknen. (Vergleiche dazu auch Seite 182.)

Der Zusatz von Konservierungsstoffen ist kennzeichnungspflichtig (Tabelle 13; die darin genannte EG- oder E-Nummer bezeichnet in der Europäischen Gemeinschaft einheitlich bestimmte Zusatzstoffe). Bis zu bestimmten Höchstmengen sind in gewissen Lebensmitteln zugelassen: Sorbinsäure, Benzoesäure, PHB-Ester, Ameisensäure, Propionsäure und Schwefeldioxid bzw. Salze der schwefligen Säure. Allerdings bestehen keine international einheitlichen Zulassungsbeschränkungen, so daß sich in importierter Ware auch verbotene Stoffe finden. Ebenso kann das fertige Produkt noch Reste der bei industriellen Konservierungsverfahren verwendeten, nicht zulassungs- oder kennzeichnungspflichtigen »technischen Hilfsstoffe« beinhalten.

Welches der Konservierungsmittel jeweils zum Einsatz gelangt, rich-

Zur Konservierung verwendete Stoffgruppe	Bezeichnung	E-Nr.
Sorbinsäure und ihre Salze (Na, K, Ca)	Sorbinsäure	200–203
Benzoesäure und ihre Salze (Na, K, Ca)	Benzoesäure	210–213
p-Hydroxybenzoesäureester (Methyl-, Ethyl-, Propylparaben) und ihre Na-Salze	PHB-Ester	214–219
Ameisensäure und ihre Salze (Na, Ca)	Ameisensäure	236–238
Propionsäure und ihre Salze (Na, K, Ca)	Propionsäure	280–283
Schwefeldioxid und Salze der schwefligen Säure		

Tab. 13: Konservierungsmittel und ihre Kennzeichnung (siehe auch Seite 202 ff.). Auf Speisekarten müssen die in den Speisen enthaltenen Konservierungsstoffe deklariert werden. Für die hierbei verwendeten Kenn-Nummern bestehen keine allgemeinverbindlichen Festlegungen.

Konservierungsmittel im engeren Sinn: Zusatz geringer Mengen chemischer Substanzen, die mikrobizid wirken	Bei einigen Konservierungsmitteln kann deren Eigengeschmack durchdringen. Vitamin B_1 wird durch SO_2 zerstört, Pektinstoffe durch Ameisensäure abgebaut
Salzen: Durch Einlegen von Nahrungsmitteln in 15–25%ige Kochsalzlösung oder Einreiben mit Kochsalz	Wirkung durch Wasserentzug (Osmose). Damit verknüpft sind Geruchs- und Geschmacksabwandlungen und Denaturierung der Proteine
Pökeln: Behandeln von Fleisch mit Kochsalz und Salzen der Salpetersäure und/oder salpetrigen Säure (Nitrate, Nitrite) sowie Pökelhilfsstoffe (z. B. Zucker, Ascorbinsäure)	Nitratzusatz dient lediglich der Verschönerung des Fleisches (Rotfärbung). Zuviel Nitrit kann gesundheitsgefährdend sein. Pökelfleisch wird nur mild gesalzen und besitzt daher nur eine begrenzte Haltbarkeit. Deshalb oft Kombination mit Räuchern
Räuchern: Mehrtägige bis -wöchige Aufbewahrung in Rauch, der durch Verschwelen von Holz erzeugt wird	Rauchinhaltsstoffe (Phenol, dessen Derivat Kresol, Ameisensäure und andere) wirken mikrobizid. Stücke dürfen nicht zu groß sein, da Substanzen nur auf der Oberfläche wirken
Säuern: Durch biologische Säuerung (z. B. bei Sauerkraut) oder Zusatz von Genußsäuren (Essig-, Wein-, Citronen- oder Milchsäure)	Ansäuern erschwert das Wachstum der meisten schädlichen Mikroorganismen. Keine vollkommene Sterilisation! Biologische Säuerung erfolgt durch Tätigkeit von säurebildenden Mikroorganismen, die außerdem besondere Duft- und Geschmacksstoffe liefern. Diese Produkte gelten als besonders bekömmlich
Zuckern: Zusatz von größeren Mengen (40–65%) Saccharose usw. zu wasserreichen Lebensmitteln	Zucker wirkt infolge seiner wasserbindenden Eigenschaften konservierend
Einspriten: Zusatz von Alkohol	Alkohol ist in Konzentrationen über 14% ein starkes Mikrobizid
Einlegen (von Eiern) in Kalkwasser (Handelsprodukt: Garantol®) oder in Wasserglas	Haltbarmachung erfolgt durch Abdichten der Schale (z. B. Bildung von Calciumcarbonat). Nachteil: Schale wird brüchig, Geschmack laugig

Tab. 14: Die chemischen Konservierungsverfahren im Vergleich.

tet sich nach der Art des Lebensmittels und wird im folgenden näher erläutert. Einen Vergleich der chemischen mit den anderen Konservierungsmethoden ermöglichen die Tabellen 14 und 15, auf die Verluste bei einigen Konservierungsverfahren weist Tabelle 16 (siehe »Wissenswertes für die Praxis«) hin.

Sorbinsäure und ihre Salze
Im sauren Milieu bis pH 6 wirksame Konservierungsmittel für Brot, Backwaren und andere Lebensmittel. Die Salze der Sorbinsäure wirken über die im Sauren daraus freigesetzte Sorbinsäure. Zum Konservieren alkalischer Produkte eignet Sorbinsäure sich nicht.

In den Grenzen der vorgeschriebenen Höchstmengen ist Sorbinsäure unbedenklich. Der Organismus wandelt sie in eine natürliche Fettsäure um, die weiter abgebaut wird. Sorbinsäure hat keinen Einfluß auf Farbe, Vitamin- und Enzymgehalt sowie Geruch und Geschmack von Lebensmitteln. Aufgrund dieser positiven Eigenschaften ist sie einer der am häufigsten eingesetzten Konservierungsstoffe. Die zugelassene Tageshöchstdosis (ADI*) beträgt 25 mg pro kg Körpergewicht.

$$H_3C-CH=CH-CH=CH-COOH$$

Benzoesäure und ihre Salze
Natürlich kommt sie unter anderem in Karotten und Preiselbeeren vor. Ihr säuerlicher Geschmack wird bei höherer Konzentration kratzig und scharf.

Kühlen (Temperaturbereich + 5 bis – 3 °C) *Gefrieren* (Temperaturen unterhalb 0 °C) Erreichbare Temperaturen (Verdampferfächer) Zeichen — Temperatur — Haltbarkeit * — – 6 °C und tiefer — 24 Stunden ** — –12 °C und tiefer — 2–3 Tage *** — –18 °C und tiefer — mehrere Monate	Schonendste Weise der langfristigen Haltbarmachung. Bei Kauf tiefgefrorener Nahrungsmittel auf lückenloses Einhalten der Kühlkette achten Beim Einfrieren: Möglichst schnelles Abkühlen auf ca. – 28 °C, Lagerung unterhalb – 18 °C In der Verpackung enthaltene Luft soweit wie möglich entfernen

* ADI = Acceptable daily intake; unter dem ADI-Wert eines Stoffes versteht man die höchste Tagesdosis, die auch bei lebenslanger Aufnahme keine Gesundheitsschäden hervorruft. Die Angabe erfolgt in mg des Stoffes pro kg Körpergewicht pro Tag.

Erhitzen	
1. Erhitzen auf Temperaturen unterhalb 100 °C (Pasteurisieren) ergibt »Halbkonserven«	1. Schonende Behandlung, aber kein völliges Abtöten der Mikroorganismen. Ohne weitere Konservierung einige Monate haltbar.
2. Erhitzen auf 100–130 °C (Sterilisieren) ergibt »Vollkonserven«	2. Ergibt Produkte, die ohne Kühlung ca. 4 Jahre haltbar sind (Vergleich Dose – Glas)*
Wasserentzug	
1. *Trocknen* durch Luft, Feuergase, wasserentziehende Stoffe	1. Stärkere Veränderung der Produkte als beim Gefrieren (Verlust von Aromastoffen und Vitaminen, Schrumpfung)
2. *Vakuumtrocknung*, eventuell mit nachfolgender Instantisierung vakuumgetrockneter Pulver durch Oberflächenvergrößerung	2. Schonender als einfache Trocknung
3. *Gefriertrocknung:* Eindicken bei tiefen Temperaturen, Entfernung des ausgefrorenen Wassers im Vakuum. Anschließend Lagerung im Vakuum oder in sauerstofffreier Atmosphäre	3. Schonendstes aller Trockenverfahren

* *Dosenkonserve – Glaskonserve*

1. Bläuliche *Marmorierungen* auf der Doseninnenwand sind lediglich ein Schönheitsfehler (Zinnsulfid, das sich mit schwefelhaltigen Füllgütern gebildet hat)
2. Saure Füllgüter können bei Dosenkonserven zu flächiger (Angriff auf das Zinn der Doseninnenseite) oder strichförmiger (Angriff auf das Eisen) *Metallkorrosion* führen. Gleichzeitig entsteht Wasserstoff, der zu einer Aufwölbung (chemische Bombage) führt. Erst bei stark metallischem Geschmack drohen Gesundheitsrisiken. Vorbeugung: Keine eingebeulten Dosen kaufen; Doseninhalt nach dem Öffnen sofort umfüllen.
3. Gefährlich sind mikrobielle Zersetzungen, die zu Gasentwicklung bei Dosen (biologische Bombagen) führen. Chemische und biologische Bombagen sind streng zu unterscheiden von Scheinbombagen aufgrund schlecht passender Deckel oder zu hohen Luftgehaltes. Bei letzteren läßt sich der Dosendeckel zurückdrücken und geht nach Nachlassen des Drucks wieder in die alte Lage zurück.
4. Vor- und Nachteile der Glaskonserve
   Vorteile: Neutralität zum Füllgut, Inhalt ist sichtbar, wiederverschließbar.
   Nachteile: Hohes Gewicht, Zerbrechlichkeit.

Tab. 15: Die physikalischen Konservierungsverfahren im Vergleich.

Wie bei der Sorbinsäure wirkt nur die freie Benzoesäure bakterizid. Deshalb zeigt sie ihre größte Wirksamkeit im sauren Bereich, während sie in neutralen oder alkalischen Lösungen nahezu unwirksam ist. Ihre Einsatzbereiche sind, oft in Kombination mit Sorbinsäure, z. B. Mayonnaisen, Fleischsalate, Kaltmarinaden. ADI: 5 mg.

PHB-Ester

Die bakterizide Wirkung der etwa in Pflanzenpigmenten und auch im Käse vorhandenen PHB-Ester (Abkürzung für para-Hydroxybenzolsäure-Ester) ist vom pH-Wert unabhängiger als die der anderen Konservierungsmittel. Die Ursache dafür liegt darin, daß PHB-Ester kaum dissoziieren (in einfachere Bestandteile zerfallen). Zur Unterdrückung von Schimmelpilzen sind sie wesentlich effektiver als Benzoesäure, finden sich aber heute kaum noch in den Zutatenlisten – vielleicht wegen ihres Arzneimittelgeschmacks. ADI: 10 mg.

In Kosmetika werden PHB-Ester jedoch vielfach verwendet und können bei Hautkontakt allergische Reaktionen auslösen.

Ameisensäure

Sie ist ein im Sauren wirkendes Konservierungsmittel, das wegen seiner lokalen Wirkung auf die Schleimhäute des Magens sowie des Verdachts auf Leber- und Nierenschädigungen unterschiedlich beurteilt wird.

$$H{-}COOH$$

Propionsäure und ihre Salze

Diese ebenfalls im sauren Bereich wirksamen Konservierungsstoffe sind in der Natur in pflanzlichem Gewebe, etherischen Ölen und im Schweiß enthalten. Sie müssen allerdings in so hohen Dosen angewendet werden, daß sie sich durch Geruch und Geschmack bemerkbar machen. Deshalb erhält die Sorbinsäure heute oft den Vorzug (z. B. in Backwaren).

$$H_3C{-}CH_2{-}COOH$$

Schwefeldioxid und Salze der schwefligen Säure

Lebensmitteltechnologisch bieten Schwefeldioxid und die Salze der schwefligen Säure (Sulfite) den anderen hier aufgeführten Konservierungsmitteln gegenüber erhebliche Vorteile, da sie nicht nur antimikrobiell, sondern auch antioxidativ und enzymhemmend wirken. In der Weinwirtschaft sind sie deshalb bisher unentbehrlich. Aus toxikologischer Sicht sind sie jedoch heftig umstritten, vor allem deshalb, weil sie das Vitamin B_1 im Organismus zerstören. Allerdings ist ihre Wirkung nicht kumulativ, da sie im Organismus zu Sulfat (Salz der Schwefelsäure; bei Störungen der Magensäuerung jedoch schlecht verträglich) oxidieren und als solches ausgeschieden werden.

Folgende Deklarationen sind vorgeschrieben:
Bei mehr als 50 mg SO_2 pro l oder kg: »geschwefelt« (bei Trauben- oder Orangensaft schon ab 10 mg pro l).
Bei mehr als 500 mg SO_2 pro l bzw. kg: »stark geschwefelt«.

3.4.2 Wissenswertes für die Praxis

Tabelle 16 gibt einen Überblick über Nährstoff- und Vitaminverluste bei den gebräuchlichsten Konservierungsmethoden.

Methode	Nährstoffgehalt und Mineralstoffe	Vitamine A-Gruppe	Vitamine B-Gruppe	Vitamine C
Konservierungsmittel	keine		B_1 wird durch SO_2 zerstört	
Säuern	starke chemische Veränderungen bei Kohlenhydraten und Proteinen			
Salzen	Denaturierung der Proteine, wasserlösliche Mineralstoffe gehen in Salzlake		gehen in Salzlake	
Pökeln	Nährstoffverlust durch in Salzlake gehende Fleischanteile		werden zerstört	
Einfrieren	Saccharose invertiert zu Glucose u. Fructose	wenig bis mäßig	kaum Verluste	bei – 18 °C kaum Verluste
Trocknen	Eiweiße u. Kohlenhydrate Dunkelfärbung (Maillard-Reaktion), oxidative Zersetzung der Fette	70%	50–80%	erheblich
Dosenkonserven	keine wesentlichen Einbußen	5–30%	10–40%	10–45%

Tab. 16: Verluste bei einigen Konservierungsmethoden.

Kapitel 4
Wasser und Getränke

4.1 Trinkwasser (Leitungswasser)

Von den 200 Litern Wasser, die hierzulande jeder Mensch täglich verbraucht, verwendet er nur einen Bruchteil (2%) zu Ernährungszwecken. Trotzdem muß alles Wasser, das aus den Leitungen fließt, Trinkwasserqualität haben, d.h., es muß strenge Anforderungen bezüglich Keimfreiheit, Reinheit und Appetitlichkeit (Farbe, Geruch, Geschmack, Trübung) erfüllen. Um dies zu gewährleisten, entfällt an die Wasserwerke die Aufgabe, das Oberflächenwasser (d.i. auf der Erdoberfläche in Flüssen, natürlichen Seen und Stauseen vorhandenes Wasser) und selbst das Grundwasser (als zusammenhängende Wasserschicht füllt es die Hohlräume im Erdboden aus) aufzubereiten. Erst dann können sie es in das Leitungsnetz einspeisen.

4.1.1 Trinkwasseraufbereitung

Die Aufbereitung des Wassers umfaßt verschiedene Methoden, um Krankheitserreger, Schwebestoffe, gewisse chemische Verbindungen und einen erhöhten Eisen- oder Mangangehalt zu entfernen bzw. zu verringern. Von besonderer Bedeutung ist dabei die Entkeimung, einen weiteren wichtigen Faktor für die Gebrauchsqualität des Leitungswassers stellt die Wasserhärte dar. Beides sei näher ausgeführt.

Entkeimung
Sie soll sicherstellen, daß nur hygienisch einwandfreies Wasser in das Leitungsnetz gelangt. Die Entkeimung erfolgt mit Hilfe von Spezialfiltern (Entkeimungsfiltern), durch Chloren oder Ozonisierung.

Unter den chemischen Verfahren nimmt die Wasserbehandlung mit Chlor und chlorliefernden Substanzen (Hypochlorit, Chlorkalk, Chlordioxid) den Vorrang ein. Zur sicheren Abtötung der Mikroorganismen wird in den Wasserwerken hochgechlort und das überschüssige Chlor dann bis auf einen Rest wieder entfernt, der für eine fortdauernde Keimfreihaltung verbleiben muß. Nachteilig ist allerdings der unangenehme Geschmack, bei aufbereitetem Flußwasser das Auftreten von Chlorphenolen (»Apothekergeschmack«) und anderes mehr.

Doppelt so schnell und 20mal stärker als Chlor wirkt Ozon (die Verbindung von drei Sauerstoffatomen zum sehr instabilen Molekül O_3) auf

Bakterien und Viren. Im Gegensatz zur Chlorung werden Geruchs- und Geschmacksqualitäten des Wassers nicht beeinträchtigt. Dieses Verfahren ist gesundheitlich günstiger, weil sich keine Fremdchemikalien im Wasser befinden, aber auch teurer, und es ergibt keinen Langzeitschutz, denn das Ozon zerfällt innerhalb von Minuten. Bei Abgabe in das Wasserversorgungsnetz gelangt es daher nicht zum Verbraucher, und eine Sicherheitschlorung muß die Nachverkeimung verhüten.

Die Entkeimung bietet jedoch nur begrenzten Schutz, so daß an der Verbrauchsstelle bei unsachgemäßem Umgang mit Wasser (z.B. bei Verwendung nichtsteriler Ionenaustauscher oder Filter) eine Neuinfektion eintreten kann. Dies gilt insbesondere für entnommenes Wasser, das längerem Gebrauch dient (etwa Schwimmbadfüllungen; zu deren Entkeimung siehe Seite 221).

Wasserhärte

Unter der »Gesamthärte« des Wassers versteht man dessen Gehalt an Calcium- und Magnesium-Ionen. In natürlichen Wässern überwiegt der Calcium-Anteil. Die Gesamthärte des Wassers wird nach internationalen Absprachen in Millimol pro Liter (mmol/l) angegeben, was die veraltete Maßeinheit »Grad deutsche Härte« (°d, früher auch °dH) ersetzt. 1°d entspricht 0,18 mmol/l oder – auf die wichtigsten Härtebildner bezogen – 10 mg Calciumoxid bzw. 7,14 mg Magnesiumoxid pro Liter Wasser. Für den Verbraucher genügt es zumeist, den Härtebereich des Wassers zu kennen. Diesen erfährt man auf Anfrage beim zuständigen Wasserwerk.

Zu große, aber auch zu geringe Wasserhärte kann Ursache von unliebsamen Erscheinungen sein oder zumindest erheblich dazu beitragen:
- Korrosionserscheinungen im Rohrleitungsnetz,
- Kalkablagerungen im Rohrleitungsnetz oder in Geräten, besonders im Heißwasserbereich,
- Probleme beim Waschen und Kochen.

Zur Lösung dieser Probleme empfiehlt der Handel drei unterschiedliche apparative Maßnahmen, die zum Teil in Kombination miteinander angeboten werden:

Härtebereich	mmol/l	Grad deutsche Härte (°d)
1: weich	bis 1,3	bis 7
2: mittelhart	1,3–2,5	7–14
3: hart	2,5–3,8	14–21
4: sehr hart	über 3,8	über 21

Tab. 17: Härtebereiche.

- Zur Entfernung der Härtebildner durch Ionenaustauscher (siehe Seite 220),
- Maskierung (Unschädlichmachung) der Härtebildner und Schutz der Rohrleitungen durch Zugabe von Chemikalien mittels Dosiergeräten (siehe Seite 220),
- Abhaltung von Lochfraß verursachenden Schmutzteilchen durch Filter (siehe Seite 221).

Korrosion der Leitungsrohre

Harte, sauerstoffhaltige Wässer bilden an den Innenwandungen der Leitungsrohre eine Schicht von Calcium- und Magnesium-Verbindungen mit wechselnden Mengen Eisen und Kieselsäure aus, die als Rostschutzschicht für den Erhalt der Rohrleitungen unbedingt erforderlich ist. Begünstigt wird die Entwicklung der Schutzschicht, wenn ein Kalk-Kohlensäure-Gleichgewicht vorliegt, bei dem das Wasser einerseits keinen Kalk abscheidet, andererseits aber auch nicht aggressiv reagiert. Schmutzpartikel, die sich an den Rohrwandungen festsetzen, beeinträchtigen oder stören das Entstehen dieser Schicht. Es kann dann zu »Lochfraß« (d.i. auf bestimmte Stellen beschränkte starke Korrosion) an den Rohrleitungen kommen. (Als Gegenmaßnahme werden Filtergeräte – siehe Seite 221 – empfohlen.)

Allgemein läßt sich sagen, daß die Korrosionsgefahr um so mehr zunimmt,

- je größer der Gehalt an freier Kohlensäure ist (wichtigster Faktor),
- je stärker ein bestimmter Härtegrad (etwa 2 °d) unterschritten wird, weil die Schutzschicht sich dann nicht ausbilden kann.
- je geringer der Sauerstoff-Gehalt ist (häufig verursachen bakterielle Prozesse infolge organischer Verunreinigungen eine Sauerstoff-Zehrung),
- je geringer die Fließgeschwindigkeit des Wassers ist.

Kalkablagerungen

Nach dem Verhalten des Wassers beim Kochen unterteilt man die Gesamthärte in die für den Verbraucher wichtigere Carbonathärte (auch »temporäre Härte« genannt) und die Nichtcarbonathärte (auch »permanente Härte« genannt). Beim Kochen reagieren nur die Hydrogencarbonate des Calciums und Magnesiums zu schwerlöslichen Carbonaten (Salzen der Kohlensäure), die als »Kesselstein« ausgeschieden werden.

$$Ca\,(HCO_3)_2 \longrightarrow CaCO_3 + H_2O + CO_2$$

Nach dem Kochen ist also lediglich der Calcium- und Magnesium-Anteil verblieben, der nicht als Carbonat (genauer: Hydrogencarbonat) vorgelegen hat.

Sowohl die im Leitungswasser enthaltenen Calcium- als auch die Ma-

Exkurs: Wasserleitungen

Wasserleitungen bestehen heute aus mineralischen Materialien, Kunststoff oder Metall, früher wurden sie nur aus Metall (Blei, Eisen, verzinktes Eisen) gefertigt. Die Herstellung der großen Überland-Leitungsrohre erfolgt mit Asbestzement (wie Eternit). Für die Anschlüsse in Haushalten findet überwiegend Kupfer Verwendung.

Kein Material ist jedoch ausschließlich befriedigend, denn aggressives Wasser greift Metallrohre an, Blei tritt bei stehendem Wasser in dieses über, Kupferlegierungen sind anfällig für Lochfraß (Seite 216), und die Verbindung der Kunststoffrohre geschieht durch einen lösemittelhaltigen Kleber.

gnesium-Ionen können Steinablagerungen ergeben. Da Calcium in natürlichen Wässern in großem Überschuß vorhanden ist, spricht man meist nur von »Kalkablagerungen«.

Kalkablagerungen bilden sich also normalerweise im Heißwasserbereich, wenn Wasser über 60 °C erhitzt wird. Warmwasserleitungen, Duschen, insbesondere aber Heißwassergeräte, wie Kaffeemaschinen und Wasserkessel (»Kesselstein«), können verkalken und sich sogar zersetzen. Im Kaltwasserbereich kommt es dagegen nur bei sehr harten Wässern und in Sonderfällen zu Kalkabscheidungen.

Diese Bildung von Kalkablagerungen läßt sich, wie erwähnt, durch Ionenaustauscher (siehe Seite 220) und/oder Dosiergeräte (ebenda) verhindern.

Einfluß der Wasserhärte auf Koch- und Waschvorgänge

Bekanntlich leidet das Aroma von Kaffee, Tee und Kakao bei zu hoher Wasserhärte. Beim schwarzen Tee fallen die Gerbstoffe zum Teil als Kalksalze aus. Weiterhin ist störend, daß Hülsenfrüchte beim Kochen in hartem Wasser nicht weich werden, weil die Pektin-Stoffe der Zellwände mit Calcium unlösliche Verbindungen bilden. Verdaulichkeit und Ausnutzung der Nahrungsstoffe bleiben hierdurch aber unbeeinflußt, da die Hülsen zerkaut werden oder beim Kochen zerplatzen.

Sehr nachteilig wirkt sich hartes Wasser auch beim Waschen aus, sofern dies mit Seifen (im chemischen Sinn: »Alkalisalze von höheren Fettsäuren«) geschieht. Diese schließen sich mit den Härtebildnern des Wassers zu wasserunlöslichen Kalk- und Magnesiumseifen zusammen, die zur Verstopfung der Hautporen bzw. zu Ablagerungen auf Stofffasern und zum Brüchigwerden der Wäsche führen können. Durch den

Einsatz von Detergentien, die Erdalkali-Ionen gegenüber indifferent sind, ist dieses Problem heute von minderer Bedeutung.

4.1.2 Ernährungsphysiologische Eigenschaften und Inhaltsstoffe

Trinkwasser aus der Leitung weist keine »Nährstoffe« auf. Dennoch besitzen einige Inhaltsstoffe eine Bedeutung für den menschlichen Organismus – teils ist sie positiv (wie bei Fluor in gewissen Mengen), teils nicht (z. B. Nitrat, Sulfat).

Wasser reichert sich auf natürlichem Weg mit bestimmten Substanzen an, darüber hinaus kommen durch Umwelteinflüsse (Regen, Düngung usw.) oder die Aufbereitung weitere Stoffe hinzu. Tabelle 18 gibt über die verschiedenen Wasserinhaltsstoffe Aufschluß.

4.1.3 Wissenswertes für die Praxis

Trinkwasserqualität und Garantie

Um die Bezeichnung »Trinkwasser« zu erhalten, muß Wasser klar, farb- und geruchlos sein, einen neutralen Geschmack und eine Temperatur von 5 bis 12 °C aufweisen. In bezug auf seine Inhaltsstoffe darf es Höchstmengen – vor allem an bedenklichen oder schädlichen Substanzen – nicht überschreiten, Krankheitserreger sind auszuschließen. Die bakteriologischen Richtlinien lassen bei üblichem Trinkwasser aus der Leitung bis zu 100 Keime pro ml zu, bei Vorratstanks öffentlicher Beförderungsmittel oder ähnlichem sind bis zu 1000 Keime pro ml erlaubt.

Eine Garantie für die vorschriftsgemäße Reinheit des Trinkwassers geben die Wasserwerke nur bis zur Wasseruhr des Abnehmers. Denn verschiedene Installationsmöglichkeiten und Geräte (z. B. Hausaufbereitungsanlagen) können dann die Beschaffenheit des Wassers beeinflussen. Doch hat jeder Eigentümer dafür Sorge zu tragen, daß die Wasserqualität in seinem Haushalt der Trinkwasserverordnung (TWVO) entspricht.

Einrichtungen zur Verbesserung der Wasserqualität im Haus

Hierzu werden zum Teil sehr aufwendige Apparaturen, einzeln oder in Kombination miteinander, angeboten. Deren Anschaffung sollte jedoch eine Wasseranalyse vorausgehen, die darüber Auskunft gibt, ob eine Installierung nötig und welche Art von Anlage sinnvoll ist. Eine Beeinflussung der Härtebildner des Wassers ist nach Ansicht des Deutschen Vereins des Gas- und Wasserfachs für die Härtebereiche 1 und 2 unnötig, für den Härtebereich 3 unrentabel und erst für den Härtebereich 4

Inhaltsstoff	Gutwert bis	Richtwert um	Grenzwerte TWVO	EG	WHO	MW	QW, TW
Aluminium (Al)	–	–	0,2	0,2	–	–	–
Ammonium (NH_4)	0,5	0,1	0,5	0,5	0,05	–	–
Antimon (Sb)	–	–	0,01	0,01	–	0,01	0,01
Arsen (As)	–	–	0,01 a	0,05	0,05	0,05	0,01 a
Barium (Ba)	–	–	1	–	–	1	–
Blei (Pb)	0,01	0,02	0,04	0,05	0,1*	0,05	0,04
Bor (B)	–	–	1	–	–	5,5	1
Chlorid (Cl)	20	40	250	–	200	–	–
Chlorverbindungen organische; gesamt	–	–	0,01	–	–	–	0,01
Chrom (Cr)	0,01	–	0,05	0,05	0,05	0,05	0,05
Cadmium (Cd)	0,001	–	0,005	0,005	0,01	0,005	0,005
Calcium (Ca)	70	170	400	–	–	–	–
Cyanid (CN)	0,01	–	0,05	0,05	0,05	–	0,05
Eisen (Fe)	0,05	0,1	0,2	0,2	0,1	–	–
Fluorid (F)	–	–	1,5	0,7–1,7	–	–	1,5
Kalium (K)	–	–	12	12	–	–	–
Kohlenwasserstoffe, polycycl., aromat. (berechnet als Kohlenstoff)	0,0000	–	0,0002	0,0002	0,0002	–	0,0002
Kupfer (Cu)	–	0,05	*	–	0,05*	–	–
Magnesium (Mg)	25	50	50	–	–	–	–
Mangan (Mn)	0,01	0,03	0,05	0,5	0,05	–	–
Mineralöle	–	–	0,01	–	–	–	–
Natrium (Na)	20	50	150	175	–	–	–
Nickel (Ni)	–	–	0,05	0,05	–	0,05	0,05
Nitrat (NO_3)	20	30	50	50	100	–	50
Nitrit (NO_2)	0,005	0,01	0,1	0,1	–	–	0,1
Pestizide, polychlorierte und polybromierte Bi- und Terphenyle, einzeln	–	–	0,0001	0,0001	–	–	–
gesamt	–	–	0,0005	0,0005	–	–	–
Phenole	0,0000	–	0,0005	0,0005	0,0001	–	–
Phosphat (PO_4)	0,01	0,03	6,7	–	–	–	–
pH-Wert	7,1–7,5	8	6,5–9,5	6,5–8,5	–	–	–
Quecksilber (Hg)	0,0000	–	0,001	0,001	–	0,001	0,001
Schwefelwasserstoff (H_2S)	**	**	–	–	0,05	–	–
Selen (Se)	0,00	0,008	0,01	0,01	0,01	0,,01	0,01
Silber (Ag)	–	–	0,01	0,01	–	–	–
Sulfat (SO_4)	25	50	240	250	250	–	240
Tenside	**	**	0,2	–	0,2	–	–
Tetrachlorkohlenstoff (CCl_4)	**	–	0,003	–	–	–	0,003
Zink (Zn)	0,5	2	*	–	5	–	–

* In stehendem Leitungswasser darf der Gehalt höher liegen (Blei, Kupfer 3, Zink 5).
** Sollte nicht nachweisbar sein. a: gültig ab 1996

Tab. 18: Wasserinhaltsstoffe (alle Angaben in mg pro 1). Die Gutwerte und Richtwerte gelten nur für Trinkwasser, nicht für Mineralwasser. Mit Gutwert ist ein Gehalt von problemloser Größe gemeint. Entspricht ein Inhaltsstoff dem Richtwert, bestehen keine Bedenken, das Wasser zu verwenden. Werden Grenzwerte (TWVO = Trinkwasserverordnung; EG = Europäische Gemeinschaft; WHO = Weltgesundheitsorganisation) erreicht, sollte die Ursache gesucht und eine Senkung angestrebt werden. Die Überschreitung eines Grenzwerts bedeutet nicht, daß diese gesundheitsschädlich ist. Für Mineralwasser (MW), Quellwasser (QW) und Tafelwasser (TW) finden sich die Grenzwerte in den beiden rechten Spalten. (Entnommen aus 68, Quellennachweis siehe dort).

sowohl notwendig als auch rentabel. Im letzteren Fall bedarf es, vor allem bei einer fest installierten Anlage, der Möglichkeit einer kontinuierlichen Messung und Aufzeichnung, welche Veränderungen die Wasserinhaltsstoffe zeigen. Darüber hinaus darf der Keimgehalt des Wassers durch die Anlage bzw. das Gerät nicht steigen, vor Verunreinigungen müssen entsprechende Maßnahmen schützen.

Ionenaustauscher
Der Enthärtung des Wassers dienen schmale zylindrische Behälter, gefüllt mit Kügelchen aus Ionenaustauscherharzen. Im aktiven Zustand sind diese Kunstharzkügelchen mit Natrium-Ionen beladen. Fließt Wasser durch diese Säulen, werden seine Härtebildner (die Calcium- und Magnesium-Ionen) an diesen Kügelchen gegen Natrium-Ionen ausgetauscht, die ihrerseits keine Ablagerungen verursachen. Wenn der Vorrat an Natrium-Ionen aufgebraucht ist, müssen die Ionenaustauscher mit besonders reinem Kochsalz (»Regeneriersalz«) regeneriert werden, d.h., konzentrierte Kochsalzlösungen waschen die Calcium- und Magnesium-Ionen wieder aus und ersetzen sie durch Natrium-Ionen – der Enthärtungsvorgang kann von neuem beginnen.

Ionenaustauscher enthärten Wasser vollständig. Da zu weiches Wasser aber die Gefahr von Korrosionsschäden mit sich bringt, wird das vollenthärtete Wasser automatisch mit normalem Wasser verschnitten, um einen optimalen Härtegrad zu erreichen. Die Hersteller solcher Geräte empfehlen außerdem, eine Dosieranlage zum Schutz der Rohrleitungen nachzuschalten.

Bei der Verwendung von Ionenaustauschern ist zu beachten, daß
- sie zur Verkeimung neigen. Deswegen sind diese Geräte zum Teil mit Einrichtungen versehen, die aus dem Regeneriersalz auf elektrolytischem Wege geringe Mengen Chlor entwickeln, das für eine Desinfektion des Austauscherharzes sorgt;
- sich durch den erhöhten Gehalt an Natrium-Ionen vielleicht Probleme für Menschen ergeben, die eine kochsalzarme Diät einhalten müssen.

Dosiergeräte
Sie sollen Kalkablagerungen und Korrosion verhindern. Dazu entziehen sie dem Wasser aber nicht den Kalk (so wie die Ionenaustauscher), »enthärten« es also nicht wirklich, sondern sie setzen dem Wasser eine dosierte Menge Phosphate und/oder Silicate zu. Diese verbinden sich mit den Calcium-Ionen zu sogenannten »Komplexen«, die den Kalk in Lösung halten, so daß er sich nicht an den Wandungen anlegen kann, und für die Bildung einer Schutzschicht an den Rohrwandungen sorgen. Bei Dosieranlagen gilt es zu berücksichtigen,
- daß auch sie verkeimen können,

- daß sie ihre Wirksamkeit bei sehr hohen Härtegraden und bei Temperaturen über 80 °C verlieren (im Gegensatz zu den Ionenaustauschern).

Filtergeräte

Filtergeräte haben die Aufgabe, im Wasser befindliche Feststoffkörper fernzuhalten, die z. B. im Rohrnetz zu Lochfraß führen können. Angeboten werden

- Filtergeräte, die sich hinter dem Wasserzähler einbauen lassen. Sie verhindern, daß Schmutzpartikel, die zu Korrosion bzw. Verstopfung von Hähnen und anderen Regelorganen führen können, in die Leitungen gelangen. Sie enthalten korrosionsbeständige Gewebe (z. B. aus Edelstahl) mit unterschiedlichen Maschenweiten;
- Kleinfilter für die Küche, deren Filtermaterial z. B. aus Aktivkohle besteht. Oft sind sie auch mit kleinen Ionenaustauschern kombiniert, die geschmacksneutrales Wasser, etwa für die Teebereitung, liefern. Ein Sonderfall sind Touristik-Filter, die auf Reisen Keime aus bedenklichem Trinkwasser entfernen sollen.

Bei allen Filterarten hat eine unsachgemäße Handhabung (Verstopfung) aber – wie bei den übrigen Apparaturen – Verkeimungsgefahr zur Folge.

Entkeimungsverfahren

Methoden zur Entkeimung von Wasser wurden bereits genannt (siehe Seite 214). Im privaten Bereich bezieht sich ihre Anwendung überwiegend auf die Reinhaltung von Wasser in Schwimmbecken.
Schwimmbadentkeimung: Zur Entkeimung von Privatbädern stehen als

Name®	Hersteller	Wirkstoffe
Parakaporit	Bayer Leverkusen	Calciumhypochlorit
HTH	Hoelzle & Chelius	Calciumhypochlorit
Micropur	Deutsche Katadyn-Gesellschaft	kolloidales Silber
Eurochlor	Büssing GmbH	Calciumhypochlorit (Tablette oder Granulat)
HTC	ROWO GmbH	Trichlorisocyanursäure
LCH	ROWO GmbH	Lithiumhypochlorit (schnell löslich ohne Rückstand)
HHS 90	ROWO GmbH	bromorganisches Produkt (bei Chlorallergie; langanhaltende Wirkung: zur Verwendung z. B. bei längerer Abwesenheit)

Tab. 19: Handelsprodukte zur Entkeimung von Schwimmbädern.

Chlorierungsmittel in fester Form Calciumhypochlorit und andere chlorabspaltende Verbindungen (Trichlorisocyanursäure, Lithiumhypochlorit) sowie – bei Chlor-Allergie – Brom-Verbindungen zur Verfügung (Tabelle 19). Außerdem sind Präparate mit Kupfersalzen oder Silbersalzen im Handel, bei denen die Nachteile der Chlorung (Geruch, Augenreizung) fortfallen. Nach einmaliger Zugabe von 3 bis 6 g dieser Salze pro m^3 bleibt das Wasser dauerhaft keimfrei bei gleichzeitiger Vernichtung der Algen.

4.2 Nichtalkoholische Getränke

Getränke nennt man dann alkoholfrei, wenn sie weniger als 0,5% Alkohol enthalten. Man kann sie in drei Gruppen einteilen:
- Mineralwässer und ähnliches,
- Fruchtsäfte, Erfrischungsgetränke,
- Kaffee, Tee, Kakao.

4.2.1 Mineralwässer und Tafelwässer

Mineralwässer sind Quellwässer mit mindestens 1 g gelösten Salzen oder 250 mg freiem Kohlendioxid pro Liter. Sie können enteisent, entschwefelt und nachträglich mit Kohlendioxid versetzt sein (da die natürliche Kohlensäure durch die Vorgänge des Entschwefelns und Enteisens größtenteils verlorenging). Sonstige Eingriffe (z.B. Reinigungs- und Entkeimungsverfahren) sind nicht gestattet, denn Voraussetzung für jedes »Mineralwasser« dieser Bezeichnung ist seine (gesetzlich verlangte) »natürliche Reinheit«. (Sie kann die umweltbedingte Grundbelastung jedoch nicht ausschließen.) Darüber hinaus muß es auch eine ernährungsphysiologische Wirksamkeit nachweisen, die sich aufgrund der Mineralstoffzusammensetzung ergibt.

In Deutschland wird stark kohlensäurehaltiges Mineralwasser bevorzugt (6 bis 9 g Kohlensäure pro Liter), »stille« Wässer enthalten 0 bis 3 g Kohlensäure pro Liter. Weitere häufige Bestandteile sind Natrium, Calcium, Magnesium als Kationen und die anionischen Bestandteile Chlorid, Sulfat und Fluorid. Die Bezeichnung von Mineralwässern erfolgt auch nach ihren Hauptmineralstoffen z.B. beim Natrium-Calcium-Hydrogencarbonat-Säuerling oder beim Calcium-Sulfat-Wasser.

Eine verstärkte Mineralstoffzufuhr ist im allgemeinen zu begrüßen. Empfindliche Menschen sollten aber beachten, daß Sulfat harntreibend wirkt (in Konzentrationen ab 500 mg pro l ebenfalls abführend) und eine Verbindung zwischen übermäßiger Aufnahme von Natrium und Bluthochdruck besteht. (Zur Wirkung von Fluor siehe Exkurs Seite 89.)

Daneben bietet der Markt künstliche Mineralwässer (meist »Tafelwässer« genannt), die nach geschmacklichen Gesichtspunkten durch Lösen von Salzen in Trinkwasser (nicht unbedingt Quellwasser) oder Mischen mit Salzsolen gewonnen werden. Hierzu zählt auch das früher (fälschlich) »Sodawasser« genannte kohlensäurehaltige weiche Tafelwasser, das sich vor allem zur Verdünnung alkoholischer Getränke eignet. (»Soda« siehe auch Seite 33.)

4.2.2 Fruchtsäfte, Erfrischungsgetränke

Zerkleinertes Obst wird ausgepreßt, durch Filtern oder enzymatisch geklärt und durch Kurzzeiterhitzung auf 80 °C haltbar gemacht. Konzentrate stellt man durch Eindampfen oder im Gefrierverfahren her, wobei die flüchtigen Aromastoffe aufgefangen und später beim Rückverdünnen wieder zugesetzt werden.

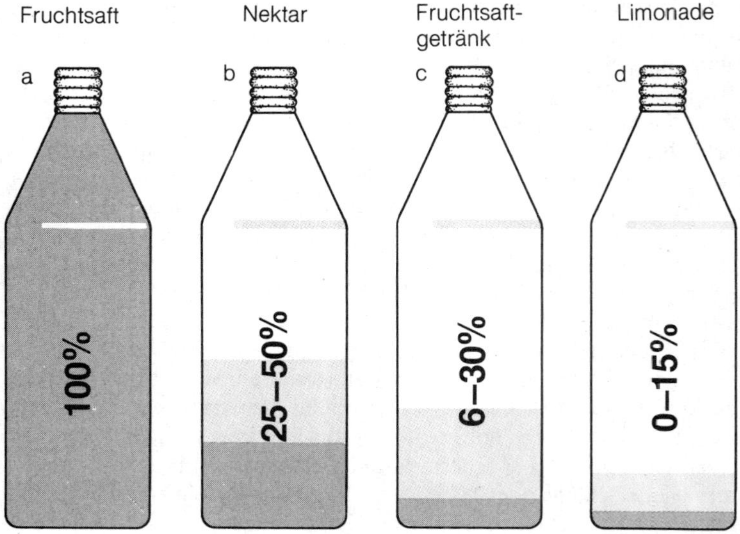

Abb. 14: Mindestgehalte von alkoholfreien Erfrischungsgetränken. Der Mindestgehalt an Fruchtsäften kann variieren. Das richtet sich nach den verwendeten Früchten. Beispiel Nektar: Johannisbeere mindestens 25%, Orangen mindestens 50%. Beispiel Fruchtsaftgetränk: Zitrusgetränke 6%, Beeren- und Steinobst 10%, Apfel 30%.

Der Fruchtsaftanteil der verschiedenen, unter Verwendung von Fruchtsaft hergestellten alkoholfreien Getränken ist in Abbildung 14 dargestellt.

4.2.3 Kaffee, Tee, Kakao

Der anregende Einfluß dieser beliebten Genußmittel beruht auf verschiedenen, sehr ähnlich wirkenden Alkaloiden, vor allem Coffein (besonders in Kaffeebohnen und schwarzem Tee – dort früher als »Thein« bezeichnet) und Theobromin (Hauptalkaloid des Kakaos). (Als Alkaloide bezeichnet man überwiegend in Pflanzen vorkommende basische Naturstoffe mit ein oder mehreren Stickstoff-Atomen im Molekül.)

Kaffee
Von den zahlreichen Substanzen, die Röstkaffee enthält, sind das Coffein (1,3 bis 2%) und die Chlorogensäure, die maßgeblich für die saure Reaktion des Kaffees (pH 5) verantwortlich ist, von besonderer Bedeutung. Für eine Tasse Kaffee berechnet man 6 bis 8 g geröstete Bohnen, die dem Kaffee einen Coffeingehalt von 60 bis 80 mg verleihen.

Da Coffein und die beim Röstvorgang entstehenden Reiz- und Bitterstoffe nicht jedermann zuträglich sind, erzeugt die Industrie auch »behandelten Kaffee«, dem die unverträglichen Substanzen größtenteils entzogen wurden. So verringert sich der Anteil des Coffeins durch Extraktion mit organischen Lösemitteln (z.B. Dichlormethan, Dichlorethan) bei coffeinarmem Kaffee bis auf 0,2%, bei coffeinfreiem Kaffee bis auf weniger als 0,1 der Trockenmasse (also des Anteils wasserfreier Substanz an der gesamten Masse). Um die Magenfreundlichkeit zu erhöhen, zerstört man einen Teil der enthaltenen Chlorogensäure bzw. behandelt die bereits gerösteten Bohnen unter hohem Druck mit Wasserdampf. (Dadurch büßen die Bohnen allerdings ebenfalls einen Teil ihrer aromatischen Komponenten ein.)

Zur Zubereitung des Kaffeegetränks eignet sich Wasser mit 8 bis 10 deutschen Härtegraden am besten. Bei weicherem Wasser tritt die Säure des Kaffees zu stark hervor. Es empfiehlt sich dann ein Zusatz von wenig Kochsalz. Ein zu hoher Härtegrad des Wassers hat zur Folge, daß dessen Calcium- und Magnesium-Ionen zusammen mit der Chlorogensäure Niederschläge oder Häutchen bilden. Um dies zu verhindern, bietet sich die Enthärtung des Wassers durch Zugabe von Natriumhydrogencarbonat an.

Gelegentlich kann bei Zusatz von Milch Gerinnung eintreten, indem das Casein der Milch ausflockt, insbesondere bei niedrigen pH-Werten, hoher Konzentration an Calcium-Ionen und hohen Temperaturen. Manchmal zeigt sich vor allem beim Zusatz von Kondensmilch eine unschöne graue Verfärbung, die auf eine Reaktion von Eisen(III)-Ionen (aus Poren in der Zinnschicht der Dose stammend) mit Chlorogensäure zurückzuführen ist. Beim Warmhalten des Kaffees verschlechtert sich sein Geschmack schon nach einer halben Stunde, sein Coffeingehalt bleibt jedoch konstant.

Kaffee-Extrakte
Sie dienen der schnellen und bequemen Zubereitung und weisen alle Inhaltsstoffe des sonstigen Kaffees auf. Für ihre Herstellung gewinnt man aus geröstetem und feingemahlenem Kaffee zunächst einen hochkonzentrierten wäßrigen Auszug. Dieser erhält durch Trocknung – Sprühtrockung (Versprühen des flüssigen Konzentrats in heißer Luft) oder Gefriertrocknung (Gefrieren im Vakuum) – und anschließende Granulierung eine pulverige oder körnige Form.

Tee
Tee, und damit ist in der Regel schwarzer oder auch grüner Tee gemeint, gelangt aus seinen Ursprungsländern in Asien, Afrika oder Südamerika unter einer Vielzahl von Bezeichnungen zu uns, die Qualitätsunterschiede angeben. Erst nach dem Welken, Rollen, Fermentieren und Trocknen bzw. Rösten kommen die Blattknospen, jungen Blätter und jungen Triebe als »schwarzer Tee« in den Handel. Der gerbstoffärmere »grüne Tee« entsteht durch Dämpfen, Rollen und Trocknen der frisch geernteten Blätter. (Der Fermentationsprozeß, verantwortlich für das charakteristische Tee-Aroma, fällt hier weg.)

Etwa 40% der Trockenmasse der Blätter lösen sich in heißem Wasser. Von den durch Brühen herauslösbaren Stoffe sind die Mineralstoffe (vor allem Kalium und die Spurenelemente Fluor und Mangan), die Gerbstoffe (verantwortlich für den adstringierenden, d.h. zusammenziehenden Effekt und beruhigend für Magen und Darm) und insbesondere das Coffein bedeutsam. Der Coffeingehalt der Teeblätter beträgt im Mittel 3%. In Spuren vorhanden sind die in Wirkung und chemischer Struktur dem Coffein ähnlichen Stoffe Theophyllin und Theobromin.

Die Wirkung eines Teegetränks hängt von der Dauer des Ziehens bei der Zubereitung ab. Während der ersten beiden Minuten wird vor allem Coffein freigesetzt, das für eine anregende Beeinflussung sorgt. Ab der zweiten Minute werden aber ebenso die Gerbstoffe aus den Blättern ausgezogen, die das Coffein wieder binden (und dem Tee einen bitteren Geschmack verleihen). Tee, der 3 bis 5 Minuten gezogen hat, wirkt also eher beruhigend und »stopfend«.

Zur Entwicklung seines Aromas benötigt Tee besonders weiches Wasser, möglichst unter 12 Härtegraden. Wasser mit einer Härte über 22 °d gilt als ungeeignet. Erkaltet das Teegetränk, bilden sich aus dem orangeroten Theaflavin, den rotbraunen Thearubigenen und dem Coffein schwerlösliche Ausflockungen.

Kakao

Kakaopulver, die Grundlage für Kakaogetränke, wird aus den Samen des Kakaobaums (Gattung *Theobroma* – daher der Name des Alkaloids Theobromin) gewonnen. Bereits die Fermentation (»Rottung«) der im frischen Zustand ungenießbaren Kakaobohnen sorgt durch chemische Umwandlungsprozesse für das charakteristische Aroma und die Färbung des späteren Pulvers. Nach Trocknen, Rösten und Zermahlen der Kakaokerne erhält man eine »Kakaomasse«, die zur Hälfte aus Fett besteht. Durch einen Preßvorgang läßt sich daraus Kakaopulver mit einem Fettgehalt von 15 bis 25% gewinnen, bei stark entöltem Kakaopulver verringert sich der Fettgehalt noch mehr.

Das Kakaogetränk stellt eine Aufschlämmung dar (und nicht, wie bei Kaffee und Tee, einen wäßrigen Auszug). Um die feinen Kakaoteilchen in der Schwebe zu halten, bedarf es noch eines alkalischen Aufschlußverfahrens mit Alkalicarbonaten, Magnesiumhydroxid oder Ammoniak.

Bei Kakao tritt der anregende Charakter, der vor allem auf seinem Theobromin-Gehalt von 1 bis 2% beruht, gegenüber seinem Nährwert zurück. (Deshalb zählt Kakao auch zu den Lebensmitteln mit Genußmittelcharakter.) Theobromin regt den Herzmuskel an, wirkt gefäßerweiternd und diuretisch, im Gegensatz zum Coffein aber nur schwach auf das Zentralnervensystem. Daher gelten Kakaogetränke als unbedenklich für Kinder – Kakaopulver und Milch ergeben eine sehr nahrhafte, vitamin- und mineralstoffreiche Verbindung.

Für Allergiker mag der Hinweis hilfreich sein, daß Kakao einen natürlichen hohen Anteil an Nickel aufweist.

4.3 Alkohol und alkoholische Getränke

4.3.1 Alkohol

Alkohol (genauer: Ethylalkohol oder Ethanol C_2H_5OH) ist eine farblose Flüssigkeit, die bei der Vergärung zuckerhaltiger Lösungen entsteht (»Gärungsalkohol«) oder synthetisch durch Anlagerung von Wasser an Ethen hergestellt wird. In den EG-Ländern ist zu Genußzwecken nur Gärungsalkohol zulässig, obwohl Synthesealkohol sich in gleicher Reinheit gewinnen läßt.

Die Gärungstätigkeit der zur Gärung notwendigen Hefezellen hört bei

14 bis 18 Vol.-% Alkohol auf, so daß man zur Erzielung höherer Alkoholkonzentrationen das Alkohol-Wasser-Gemisch destillieren (»brennen«) muß (z. B. »Branntweine«). Chemisch reiner Alkohol wird durch mehrfache Destillation unter Zusatz wasserentziehender Stoffe (z. B. gebranntem Kalk) erzeugt.

Alkohol wird im Alltag vor allem in Form von Alkoholika zu Trinkzwecken oder zur Aromatisierung von Speisen verwendet. Zum Flambieren kalter Speisen benötigt man Alkoholika, die mindestens 50% Alkohol enthalten. Werden erhitzte Speisen flambiert, bilden sich bei Zugabe auch niedrigerprozentiger Alkoholika über der Speise Dämpfe, die mit Alkohol angereichert sind und deshalb brennen. Reiner Alkohol dient außerdem als Desinfektionsmittel, Lösemittel und zu Heizzwekken (»Brennspiritus«; Fondue).

Unterschiedlich ist die steuerliche Bemessung. Während Branntweine zu Trinkzwecken einer hohen Steuer unterliegen, bleibt Alkohol für den Einsatz im technischen Bereich (z. B. Brennspiritus) steuerfrei. Um Mißbrauch zu verhindern, muß solcher Alkohol jedoch ungenießbar sein. Dazu wird er mit verschiedenen Stoffen (Aceton, Pyridin, Petroleumbenzin usw.) vergällt (»denaturiert«). Das Trinken von Brennspiritus ist gesundheitsschädlich.

Auf die physiologischen Wirkungen von Alkohol kann an dieser Stelle nicht eingegangen werden. Erwähnt sei nur, daß seine Einnahme eine hohe einseitige Energiezufuhr für den menschlichen Organismus bedeutet und der regelmäßige Konsum größerer Mengen Alkohol zu körperlichen und psychischen Erkrankungen führt.

4.3.2 Alkoholische Getränke

Als »alkoholisch« bezeichnet man jene Getränke, die einen durch Gärung, Destillation oder Zugabe von Alkohol erreichten Alkoholgehalt aufweisen. Bei zahlreichen Völkern seit Jahrtausenden bekannt, erlangten sie wegen ihrer berauschenden Wirkung in vielen Kulturkreisen Bedeutung.

Bei alkoholischen Getränken läßt sich eine grobe Einteilung in die niedrigprozentigen Alkoholika »Bier«, »Wein« und die höherprozentigen »Spirituosen« treffen. Tabelle 20 zeigt den Alkoholgehalt der verbreitetsten alkoholischen Getränke an.

Bier

Bier entsteht aus stärkehaltigen Rohprodukten, und zwar vor allem durch Vergären von Getreide. Dieser Gärprozeß liefert den Alkohol (Ethanol) und die für Bier charakteristische Kohlensäure.

Das Brauen des Bieres setzt sich aus mehreren Arbeitsgängen zusammen: der Malzherstellung, der Würzegewinnung aus Malzschrot und anschließendem Kochen des Sudextrakts mit Hopfen und aus dem schon erwähnten Gärprozeß. Von der Brauart her unterscheidet man obergärige und untergärige Biere sowie Diätbiere. Obergärige Biere sind in kürzerer Brauzeit und bei höheren Temperaturen hergestellte Biere, die oft aromareicher sind als die bei geringerer Temperatur und längerer Brauzeit erzeugten untergärigen Biere, meist aber auch weniger haltbar. Diätbiere weisen einen hohen Vergärungsgrad auf (hoher Alkoholgehalt!) und enthalten fast keine den Diabetiker belastenden Kohlenhydrate.

Der geschmackliche Wert der unterschiedlichen Biere hängt vor allen Dingen von ihrem Anteil an Stammwürze ab (das ist der Gehalt der zu vergärenden Lösung an Getreideextrakt; bei normaler Vergärung ergibt sich daraus ein Alkoholgehalt, der etwa einem Drittel dieses Wertes entspricht) und von ihrem Gehalt an Bitterstoffen, die die Herbe des Bieres ausmachen.

Der Gehalt an Stammwürze (Malzextrakt) gibt die »Schwere« bzw.

Alkoholika	Gehalt (%)
Biere	
Leichtbier	2
Weißbier	3
Export	4
Märzen, Bock	4,5 – 5,5
Porter, Ale	6 – 7
Weine	
Apfelwein	5 – 6
Deutsche Tafelweine	7 – 10
Spätlesen	9 – 12
Burgunder, Bordeaux	8 – 10
Schaumweine	7 – 10
Wermut	14
Portwein	15 – 17
Spirituosen	
Liköre	24 – 42
Cognac	40
Steinhäger, Obstwässer	35 – 45
Whisky	40 – 45
Arrak	50 – 52
Rum	40 – 70

Tab. 20: Alkoholgehalt einzelner Alkoholika.

»Leichtigkeit« (»Schlankheit«) eines Bieres an: Je geringer der Gehalt an Stammwürze (und damit meist auch an Ethanol), um so »leichter« (»schlanker«) ist ein Bier. Einfachbiere enthalten 2 bis 5,5%, Schankbiere 7 bis 8%, Vollbiere 11 bis 14% und Starkbiere über 16% Stammwürze. Malzbiere (Nährbiere, Karamelbiere) sind alkoholarme dunkle Biere mit einem Extrakt von 7% Malzwürze, die durch Zuckerzusatz auf 11 bis 13% Stammwürze gebracht worden sind.

Die Herbe eines Bieres erreicht man durch Zusatz von Hopfen, dessen bitterer Geschmack auf verschiedene, Humulone genannte organische Säuren zurückzuführen ist. Weiterhin enthält er Gerbstoffe, die durch Fällung von Eiweiß zur Klärung der Würze beitragen, sowie antibiotische, die Haltbarkeit des Bieres verbessernde Inhaltsstoffe.

Beispiele für Obergärige Biere: Berliner Weißbier (7 bis 8% Stammwürze), Bayerisches Weißbier, Malzbier, Grätzer Bier (7 bis 8% Stammwürze), Bitterbiere, wie z. B. Kölsch und Düsseldorfer Altbier (stark gehopfte, also herbe Vollbiere), Englische Biere, z. B. Pale Ale, Mild Ale, Ginger Ale (Ingwer-Bier) (meist 11 bis 13% Stammwürze).

Beispiele für Untergärige Biere: Pilsener Biere – sie sind stärker gehopft (herber) und besitzen weniger Stammwürze (bzw. Alkoholgehalt, schlanker) als der Dortmunder Biertyp –, Lagerbiere (schlank und nicht sehr herb), Münchener Biere (meist dunkle, schwach gehopfte Biere mit Farbmalz-Zusatz, 11 bis 14% Stammwürze), Exportbiere (sie sind weniger gehopft, also weicher, und reicher an Stammwürze, daher schwerer als die Pilsener Biere), Bayerische Starkbiere, wie z. B. Bockbier, Eisbock, Salvator etc. (17 bis 18% Stammwürze), Märzenbier (im Mittel 13,8% Stammwürze, ohne Farbmalz).

Ernährungsphysiologisch fällt bei Bier vor allem sein Gehalt an Alkohol und Kohlenhydraten ins Gewicht. Der Anteil an Eiweiß, Eisen, Vitaminen der B-Gruppe, Nicotinamid und Selen ist zu gering, um von Bedeutung zu sein. Durch den hohen Energiegehalt erreicht ein Erwachsener mit zweieinhalb Liter Bier (5 Flaschen zu je 0,5 l) den gesamten Tagesbedarf an Kalorien bzw. Joule – wobei zu berücksichtigen ist, daß Starkbier mehr Energie liefert (es besitzt mehr Alkohol und Kohlenhydrate) als Vollbier).

Wein

Als »Wein« darf lediglich das Vergärungsprodukt aus frischen Weintrauben bezeichnet werden. Er stellt nicht nur für sich allein ein bereits in großer Vielfalt angebotenes Getränk dar, sondern liefert gleichzeitig die Grundlage für die Erzeugung etwa der kohlensäurehaltigen Schaumweine, der Dessertweine (ihr Alkohol- und Zuckergehalt ist durch Zusätze erhöht) oder auch des Weinessigs. Schwerere Weine (z. B. Madeira, Portwein oder Sherry) lassen sich nicht aus dem Gärungsprozeß

Exkurs: Öchslegrad

Mit dem Gehalt eines Traubenmostes an Zucker und anderen Inhaltsstoffen steigt auch sein spezifisches Gewicht. Der Öchslegrad stellt nichts anderes dar als das Gewicht, um das frisch abgepreßter Traubensaft schwerer ist als Wasser. Ein Liter Most mit 65 Öchslegrad wiegt also 1065 Gramm.

gewinnen, sondern werden durch Zusetzen von Alkohol erzeugt. Bei Obst- oder Beerenweinen handelt es sich um weinähnliche alkoholhaltige Getränke.

Die drei Weinarten »Weißwein«, »Rotwein« und »Roséwein« gehen auf verschiedene Keltermethoden der jeweils geeigneten Traubensorten (wie Riesling, Silvaner, Trollinger, Blauer Spätburgunder usw.) zurück.

Die Geschmacksklassen »trocken«, »halbtrocken«, »lieblich« und »süß« erhalten diese Bezeichnung vor allem aufgrund ihres Restzuckergehalts. Bei einem »trockenen« Wein bestimmen Zucker- und Gesamtsäuregehalt diese Benennung. Der Zuckergehalt muß unter 4 g pro l liegen (bei säuerlichen deutschen Weinen bis 9 g pro l), zugleich darf der Säuregehalt nicht zu niedrig liegen, nämlich höchstens 2 g unter dem Zuckergehalt. Ein »süßer« Wein hingegen muß einen Restzuckergehalt von mindestens 45 g pro l aufweisen.

Die Güteklassifikation der deutschen Weine beruht auf dem deutschen Weingesetz und den Verordnungen der EG. (Die Bestimmungen der Nachbarländer Österreich, Schweiz, Frankreich und die Italiens können hier nicht einbezogen werden.) Nach dem spezifischen Gewicht des Mostes, seinem »Öchslegrad« eingeteilt, erfolgt sie in drei Weingruppen, wie sie in Tabelle 21 genannt sind.

Wie bei Bier, entfällt auch bei Wein der mengenmäßige Hauptanteil zwar auf Wasser, in bezug auf den Energiegehalt nimmt jedoch ebenfalls

Gruppe	Wein	Öchslegrad
1	Tischweine	bis 65
2	Qualitätsweine mit Prüfnummer	nicht unter 65
3	Qualitätsweine mit Prädikat und Prüfnummer (Kabinettweine, Spätlese, Auslese, Beerenauslese, Trockenbeerenauslese, Eiswein)	mindestens 75

Tab. 21: Güteklassifikation. (Nach 50, ergänzt)

der Alkohol die Vorrangstellung ein (bis zu 15 Vol.-% bei schweren Weinen): Ein Liter Wein bestreitet den Tagesbedarf an Kalorien (Joule). Daneben sind in Wein außer dem schon erwähnten Zucker viele organische Säuren (z. B. Weinsäure, Bernsteinsäure, Apfelsäure, Milchsäure) – sie beeinflussen Geschmack und Aroma des Weines –, Mineralstoffe (Eisen, Jod, Kalium, Magnesium, Phosphorverbindungen usw.) sowie Gerbstoffe und Farbstoffe enthalten.

Darüber hinaus findet sich, in Rotwein mehr als in Weißwein, eine natürliche, geringe Menge an Methanol (dessen unerlaubter künstlicher Zusatz zu den Weinskandalen der vergangenen Jahre beitrug). Das giftige Methanol führt zu Dauerschäden (auch Erblinden), die tödliche Dosis beträgt ca. 25 g.

Die Verträglichkeit des Weines wird teilweise als von der Höhe der in ihm vorhandenen biogenen Amine (auf Ammoniak zurückgehende chemische Verbindungen) abhängig gesehen, besonders von Histamin.

Spirituosen

Spirituosen sind Getränke, in denen der Gärungsalkohol durch eine Destillation angereichert wurde. Man unterscheidet in der Hauptsache »Branntweine«, »Geiste« und »Liköre«.

Natürliche Branntweine werden durch Destillation der Gärungsprodukte aus Obst, Getreide oder Zuckerrohr gewonnen. Dagegen erhält man »Geiste« (Himbeergeist usw.) durch Ausziehen der Früchte mit neutralem Alkohol. Besonders süße oder sämige Gewürz- oder Kräuterbranntweine bezeichnet man als »Liköre«.

Für die Verträglichkeit einer Spirituose ist entscheidend, daß die beim Gärprozeß neben Ethanol entstehenden übrigen Alkohole, die sämtlich giftiger sind als Ethanol selbst, destillativ abgetrennt werden. Hier sind im wesentlichen die »Fuselöle« zu nennen, Nebenprodukte aus den Eiweißkomponenten Leucin und Isoleucin beim Gärprozeß. Sie setzen sich vor allem aus n-Propanol, Isobutanol und Amylalkohol zusammen.

Die gleichen gesundheitlichen Bedenken gelten für Methanol (siehe vorher) und die äußerst giftige Blausäure – beide kommen vor allem in Obstbranderzeugnissen vor.

Für den hohen Brennwert von Spirituosen sorgt der gegenüber Bier und Wein gestiegene Gehalt an Alkohol, zuckerhaltige Liköre fügen noch reichlich Kohlenhydrate hinzu.

Anhang

Bibliographie

(Seitennennungen in Klammern bei den Literaturhinweisen bedeuten Quellenangaben für Abbildungen und Tabellen.)

1 Aebi, H., E. Baumgartner, H. P. Fiedler und G. Ohloff: Kosmetika, Riechstoffe und Lebensmittelzusatzstoffe. Georg Thieme Verlag, Stuttgart 1978.

2 Bartnik, F. und K. Künstler: Biological Effects. Toxicology and Human Safety. In: Surfactants in Consumer Products. Theory, Technology, and Application. (Hrsg.: J. Falbe.) Springer Verlag, Berlin-Heidelberg-New York-London-Paris-Tokyo 1986.

3 Bayer AG, Bayer-Mitteilung o. J.

4 Berghäuser, J. in: Zuckerind., 111, 1986, S. 1060.

5 Beyer, H. und W. Walter: Lehrbuch der organischen Chemie. S. Hirzel Verlag, Stuttgart 1984. (S. 802)

6 Blendax-Werke, R. Schneider GmbH & Co, Mainz. (Informationsmaterial zum Themenbereich Zahn- und Mundpflegemittel.)

7 Böllert, V.: Kosmetische Maßnahmen am Haar. In: Ärztliche Kosmetologie, 8. Jg., 1978, Heft 1, S. 18–24.

8 Bukatsch, F. und W. Glöckner (Hrsg.): Experimentelle Schulchemie. Band 8, Organische Chemie II. Aulis Verlag Deubner & Co KG, Köln 1977, S. 55–65 (Kosmetische Stoffe).

9 Bundesgesundheitsamt, Pressestelle: Informationsschrift »Vom Umgang mit Formaldehyd«. Berlin 1985.

10 Bundeszentrale für gesundheitliche Aufklärung (Hrsg.): Familienszenen. Köln 1981. (S. 40f.)

11 Charlett, E. und P. Finkel: Kosmetischer Sonnenschutz – Hintergründe und Zielsetzung. In: Seifen, Öle, Fette, Wachse, 106. Jg., 1980, Nr. 7. (S. 185 bis 187)

12 Deutsche Forschungsgemeinschaft (DFG), Farbstoff-Kommission: Farbstoffe für Lebensmittel. Boldt Verlag, Boppard 1978.

13 DM – Magazin für den Verbraucher. Handelsblatt-Verlag, Düsseldorf. (Zahlreiche Informationen zu den Themen »Gesundheit«, »Hygiene«, »Körperpflege« entnommen von Jahrgängen 1961 bis 1984.)

14 Dralle Arbeitskreis Haarforschung e. V., Hamburg. (Informationsmaterialien zum Themenbereich »Haarbehandlungsmittel«.)

15 Dralle GmbH (Hrsg.): Dralle Coiffeur-Division: Erfolgreicher mit Systemhaarpflege, aber wie? Hamburg o. J.

16 Dralle GmbH, Hamburg. (Informationsmaterial und Produktinformationen zum Themenbereich »Haarbehandlungsmittel«.)

17 Enderlein, L. und H. Weybrecht: Kosmetik heute – Grundriß der theoretischen und praktischen Kosmetik. Paracelsus Verlag, 5. Aufl., Stuttgart 1980.

18 Fey, H. und F. Otte: Wörterbuch der Kosmetik. Wissenschaftliche Verlagsgesellschaft mbH, 2. Aufl., Stuttgart 1974. (S. 74)

19 Fiedler, H. P.: Lexikon der Hilfsstoffe für Pharmazie, Kosmetik und angrenzende Gebiete. Editio Cantor, 2. Aufl., Aulendorf 1981.
20 Forth, W., D. Henschler und W. Rummel: Allgemeine und spezielle Pharmakologie und Toxikologie. Bibliographisches Institut, Mannheim-Wien-Zürich 1977.
21 Haarmann & Reimer: Genealogie der Extrait-Parfums. Holzminden 1979. (S. 169ff.)
22 Henkel Kosmetik GmbH (Hrsg.): Von Kopf bis Fuß – mit Haut und Haar. Über die Wissenschaft der Kosmetik. Düsseldorf o. J. (S. 20, S. 21)
23 Henkel Kosmetik GmbH (Hrsg.): Poly Haarberater – Schönes Haar zum Selbermachen. Schottedruck, Krefeld o. J.
24 Henkel Kosmetik GmbH (Hrsg.): Pflegende Kosmetik – Eine programmierte Information über die richtige Beratung und erfolgreiches Verkaufen von Kosmetikprodukten im Lebensmittelhandel. E. Albrecht Verlags-KG, Gräfelfing o. J.
25 Herders Gesundheitslexikon – Medizin von A bis Z. Herder Verlag, 3. Aufl., Freiburg 1979.
26 Herrmann, F., H. Ippen, H. Schäfer und G. Stüttgen: Biochemie der Haut. Georg Thieme Verlag, Stuttgart 1973.
27 Höll, K.: Wasser. Walter de Gruyter, Berlin 1979.
28 Hütter, L.: Wasser und Wasseruntersuchung. Verlag Moritz Diesterweg, Frankfurt 1979.
29 Industrieverband Körperpflege und Waschmittel e. V.: Tätigkeitsbericht 1982. Frankfurt 1983.
30 Industrieverband Körperpflege und Waschmittel e. V. (Hrsg.): Daten und Fakten aus der Körperpflege- und Waschmittelindustrie. 2., 3. und 4. Aufl., Frankfurt 1981, 1982 und 1984.
31 Janistyn, H.: Handbuch der Kosmetika und Riechstoffe. Band 1 Die kosmetischen Grundstoffe, Band 3 Die Körperpflegemittel. Dr. Alfred Hüthig Verlag, Heidelberg 1978.
32 Janistyn, H.: Taschenbuch der modernen Parfümerie und Kosmetik. Wissenschaftliche Verlagsgesellschaft mbH, 4. Aufl., Stuttgart 1974.
33 Jellinek, J. S.: Kosmetologie. Zweck und Aufbau kosmetischer Präparate. Dr. Alfred Hüthig Verlag, 3. Aufl., Heidelberg 1976.
34 Kapfelsberger, E. und U. Pollmer: Iß und stirb. Chemie in unserer Nahrung. Kiepenheuer & Witsch, Köln 1982; Taschenbuchausgabe dtv 10535, 5. Aufl., München 1990.
35 Kosmetik-Jahrbuch 1978. Verlag für chemische Industrie, H. Ziolkowsky KG, Augsburg o. J.
36 Kübler, W., Vortrag auf dem Kongreß zum Thema »Selbstmedikation«, Frankfurt 22. 3. 1987.
37 Kuschinsky, G. und H. Lüllmann: Kurzes Lehrbuch der Pharmakologie. Georg Thieme Verlag, Stuttgart-New York 1984.
38 Lüth, P.: Das Medikamentenbuch für den kritischen Verbraucher. Luchterhand Verlag, Darmstadt 1976.
39 Maier, G.: Kaffee. Paul Parey, Hamburg 1981.
40 Medical Tribune. Dt.e Ausgabe 49, 1979.
41 Mesch Casa Cosmetica – Chemische Fabrik Gebr. Obstfeld GmbH & Co KG,

Nachrodt/Westfalen. (Produktinformationen zum Themenbereich »Haarbehandlungsmittel«.)

42 Möller, H. und H. Schöneberg: Chemie in der modernen Friseurpraxis – Arbeitsverfahren und Warenkunde in der modernen Friseurkunde. Verlag Handwerk und Technik, 5. Aufl., Hamburg 1980.

43 »Monitor«, Sendung der ARD am 1. 9. 1987.

44 Mutschler, E.: Arzneimittelwirkungen. Wissenschaftliche Verlagsgesellschaft mbH, Stuttgart 1986.

45 Nourse, A. E. und Redaktion von »Life«: LIFE-Wunder der Wissenschaft – Der Körper. Amsterdam 1965.

46 Nüse, K. H. und R. Franck: Lebensmittel- und Bedarfsgegenstände-Gesetz (Textausgabe mit der amtlichen Begründung). Carl Heymanns Verlag KG, Köln-Berlin-Bonn-München 1974.

47 Orfanos, C. E.: Haar und Haarkrankheiten. Gustav Fischer Verlag, Stuttgart-New York 1979.

48 Raab, W.: Hautfibel – Medizinische Kosmetik. Gustav Fischer Verlag, Stuttgart-New York 1976.

49 Schlegel, H. G.: Allgemeine Mikrobiologie. Georg Thieme Verlag, 6. Aufl., Stuttgart-New York 1985.

50 Schormüller, J.: Lehrbuch der Lebensmittelchemie. Springer Verlag, Berlin-Heidelberg-New York 1974. (S. 615)

51 Schrader, K.: Grundlagen und Rezepturen der Kosmetika. Dr. Alfred Hüthig Verlag, Heidelberg 1979.

52 Schrümpf, E.: Lehrbuch der Kosmetik. Verlag Wilhelm Maudrich, 3. Aufl., Wien-München-Bern 1974.

53 Schwarzkopf GmbH, Hamburg. Informationsmaterial und Produktinformation zum Themenbereich »Haarbehandlungsmittel«.

54 Schwedt, G.: Chemie und Analytik der Lebensmittelzusatzstoffe. Georg Thieme Verlag, Stuttgart-New York 1986.

55 Sengupta, C.: Medikamentenführer für die Bundesrepublik Deutschland. Deutscher Taschenbuch Verlag, München 1988.

56 Sinell, J.: Einführung in die Lebensmittelhygiene. Paul Parey, Hamburg 1980.

57 Stellmann, S. D. und L. Garfinkel: Artificial Sweetener Use and One-Year Weight Change Among Women. In: Preventive Medicine, 15, 1986. (S. 195 bis 202)

58 test, Heft 9, 1977. (S. 585)

59 test: Schmerzmittel – wie schnell und wie stark sie wirken. Heft 1, 1981, S. 61–65.

60 test: Medikament und Meinung. Heft 4, 1981, S. 4.

61 test: Eisenpräparate – Eiserne Rationen ohne Gewähr. Heft 10, 1980, S. 36 bis 39.

62 test, Heft 8, 1983. (S. 742)

63 test. (Zahlreiche Informationen zu den Themen »Gesundheit«, »Hygiene«, »Körperpflege«, entnommen den Jahrgängen 1961 bis 1984.)

64 Ullmanns Encyklopädie der technischen Chemie. Bände 8, 10, 12, 17 (S. 647), 21, 24. Verlag Chemie, 4. Aufl., Weinheim 1974, 1975, 1976, 1979, 1982, 1983.

65 Verbraucher Rundschau: Kosmetika. Nr. 3, 1981.
66 Vollmer, G.: Pillen, Pflanzen und Patienten. Ernst Klett Verlag, Stuttgart 1980.
67 Vollmer, G.: Pillen, Pflanzen und Patienten. Lehrerbegleitheft. Ernst Klett Verlag, Stuttgart 1980. (S. 18)
68 Vollmer, G., G. Josst, D. Schenker, W. Sturm und N. Vreden: Lebensmittelführer Obst, Gemüse, Getreide, Brot, Wasser, Getränke. Georg Thieme Verlag, Stuttgart, und Deutscher Taschenbuch Verlag, München, 1990.
69 Villwock, Ch., J. Hubbe und A. Wagner: Ernährungslehre und Nahrungsmittellehre. Verlag Handwerk und Technik, Dr. Felix Büchner, 21. Aufl., Hamburg 1982.
70 Wallhäußer, K. H.: Sterilisation – Desinfektion – Konservierung. Keimidentifizierung – Betriebshygiene. Georg Thieme Verlag, 2. neubearb. Aufl., Stuttgart 1978.

Register